中国现代美学史论丛书

新时期美学译文中的"现代性"
(1978—1992)

赵禹冰 著

商务印书馆
The Commercial Press

2020年·北京

图书在版编目（CIP）数据

新时期美学译文中的"现代性"：1978—1992 / 赵禹冰著． — 北京：商务印书馆，2020
（中国现代美学史论丛书）
ISBN 978-7-100-16183-1

Ⅰ.①新⋯ Ⅱ.①赵⋯ Ⅲ.①美学史－研究－中国－1978－1992 Ⅳ.① B83-092

中国版本图书馆 CIP 数据核字（2018）第 114323 号

权利保留，侵权必究。

2012年度教育部哲学社会科学研究重大课题攻关项目"中国美学的现代转型研究"（12JZD017）资助成果

中国现代美学史论丛书
新时期美学译文中的"现代性"
（1978—1992）

赵禹冰 著

商 务 印 书 馆 出 版
（北京王府井大街36号 邮政编码 100710）
商 务 印 书 馆 发 行
三河市尚艺印装有限公司印刷
ISBN 978-7-100-16183-1

2020年5月第1版　　开本 710×1000　1/16
2020年5月第1次印刷　印张 20 3/4

定价：98.00 元

啥都不管，只想对史实说说话
——《中国现代美学史论丛书》总序

美学并非是古已有之，汉语传播作为现代学科的美学，那已经是19世纪末叶的事情了。人们知道了美学，便也把"前美学"时代的"美学"称为美学了，如"中国古代美学""古希腊美学"等说法。从现代知识角度而言，当我们提到美学时就应该是指现代美学，但因为有前面的扩展使用，就容易混淆两种美学，于是，我们便把作为现代知识的美学称为"现代美学"，这不过是一种考虑言语交流的语用策略。

在一个多世纪的中国现代美学历史中，沉积下的问题范围不过是前现代美学、美学的起源或发生、美学范畴体系、马克思主义美学在中国、新时期美学与现代性、美学的后历史格局与生活美学及美学制度等，当然站在整个中国现代美学的宏观视野上审视，则又有中国现代美学史。我们的这套丛书依据不同部分自身的必要性在讨论的方式上做了审慎的选择，比方前现代美学、美学的起源、美学范畴体系、新时期美学、美学制度等方面，就各成一本书，而马克思主义美学、美学后历史格局与生活美学，我们觉得应该放在整个中国现代美学的历史框架里加以讨论，使这两个题材在连贯性的历史整体结构中得到有效呈现，便都放在中国美学的现代转型问题中进行讨论了。

中国现代美学的"起点"就是中国美学的起源,当然我们也许不去精确确定那个起点,把这个起点(起源)视为一段过程来对待。实际上,在中国现代美学的发生过程中,似乎并不存在被人们说成是中国现代文学起点的《狂人日记》这样的标志,中国现代文学这个起点的确定也并不广泛服众。尊重事实,该精准就精准,该模糊就模糊,才体现了学术精神和科学理性。这是我们必须探索并深入了解的中国美学发生和成长的独特逻辑。

我在写赵强《"物"的崛起:前现代晚期中国审美风尚的变迁》读后心得时曾说:"无论是从美学史角度去考虑,还是从美学转型的角度去考虑,都有一个中国现代美学与中国现代以前的美学史之间的接续问题。那么,这个接续是西方美学移入与中国古代美学的碰撞和汇流呢,还是中国现代美学有一个内源现代性的进程——'前现代'与西方美学的接续互动,进而造就了中国现代美学的起源及其后来的美学演化史呢?当我们借助史料再度探查所假设的'美学前现代'时,感觉到从晚明始不仅在城市生活方式上蕴含着某种'现代'的面向,更为重要的是在社会风尚和社会思想上出现了突出的变化,市民、商人和文人的生活趣味,李贽等人的思想,就是最好的代表。正是以上这些美学观念,在研究方法论和课题机缘等背景的交织与互动中,凝聚成了赵强这本专著的话题。"尽管所谓的"前现代"并未对中国现代美学提供直接的现代学科属性,美学依然是西方移植过来的现代知识,但中国"前现代"出现的欲望、感性、自由等却与西方传来的美学精神在一个河床上共鸣和汇流。

倘若从"美学"这一汉语名字开始在中国出版物上出现算起,至今已过了近一个半世纪,其演变的参照除了思想观点的内涵之外，恐怕便是范畴体系了。范畴及其体系的集中呈现不仅会加深对学科结构的把握，更为重要的是能够与因时而变的美学学科更加直接地形成比照，显示各个时段中国现代美学所构成的变化和节奏。《中国近代美学范畴的源流与体系研究》便欲就此问题做出努力的回答。

新时期中国美学经历了十年的停滞、十年的空白，在人们的认知中已变成特别陌生的知识或学科。整个世界尤其是欧美在美学方面的进展和变化，国人亟须了解，因而新时期的前半期出现了中国美学的第二个译介高峰。如何把这时期的美学译介与中国美学重构联通的焦点找到，并从这一视点展开讨论，显然是必要的，《新时期美学译文中的"现代性"（1978—1992）》就希望能够通过其叙事和讨论，为读者展开这一扑朔迷离、精彩纷呈的历史画卷，尽管，这并不是新时期美学史的完整身姿。

美学与其他现代知识一样，都具有体系化的特点，由这一特点生成的诸多作用中，知识传递的便利是其显著的意义。守望现代知识学科体系的最有力途径就是现代教育课程体系，中国现代美学学科的坚实落地也与中国的美学课设置密切相关。美学课是美学制度多种形式中特别突出的一种。所以，我们当然要讨论美学课等美学制度的历史过程。

这套丛书从整体上说，其意义就是中国现代美学史，但我们希望的是在美学史的叙述和讨论中，能够突出历史变动和鼎革期，在这些关节点上，我们也许会察觉到更多的史论意义，洞见到美学史的走向及其背后的历史偶然和必然，发现变与不变的历史经验及其历史动能，领略文化史的绵延与断裂之宏大景观。读者应该在《中国美学的现代转型》里直接见到作者为呈现上述情况所做的尝试，见到由史料熔接而成的美学因果事件系列，见到我们当代人走近历史现场时的所感所思,见到作者与历史中美学人物的平等对话。

我们尊重史学的研究成果,但不套用史学分期;尊重政治史变迁的事实,但不套用政治史的分期;尊重文化思想史发展阶段的特殊影响力,但不套用以思想文化为主题的分期,而是依据中国美学现代进程自身的特征对其做出分期。总体上中国现代美学应分为三个时期:一是西方美学的引进、消化和建构期;二是中国马克思主义美学的形成和确认期;三是后历史格局与生活美学的发生和展开期。在每个时期的起始处便展示着或悄然拐转,或突变式"重启",或壮阔地跨越,这里正体现着美学转型的历史过程。

我们特别注意到了中国现代美学是在汉字文化圈中尤其是中日之间发生的,由此产生了某种特殊的知识互动交流现象,因此只有在东亚,特别是中日的文化交流关系中来观察和描述中国美学的发生,才有可能趋近于历史的还原。

我们也注意到了中国美学的来源是多起点和多通道的。中国现代美学的发生史不可能像史学家们习惯假设的那样,是一个单一起点的线性过程,相反是在事实上呈现了多起点、多轨迹的发生过程。

我们还注意到了中国美学是作为对生存危机挑战的一种回应而发生的。美学作为中国知识现代性的成果,是时代历史的晴雨表。作为学科的中国美学,因救亡图存的某种信念,曾作为生存技术(建筑学)的附属知识被引进;因相遇于自我苦寂的他者"知己",曾作为悲观人生信念的方法论被挪用(王国维);因西方现代知识对宗教的质疑,曾作为实现人格理想途径的"陶养感情之术"或宗教的替代品被推崇(蔡元培);因现代学校的出现,曾作为课程体系中一个被设定的科目被规划。如此这般，都需要我们进行更为仔细的历史还原和反思。

我们以不论出身、不谈地位的反歧视态度，以美学学科价值和美学史价值为判断尺度，实事求是地努力搜集被遮蔽、忽略、悬置的史料，广泛吸纳新的研究成果，提高美学史书写的真实度。

我们将在中国美学现代转型的整体历史视野下，返回中国现代美学发生的原点，追问中国美学之所以扬弃自身传统，引进、吸收并本土化西方美学的内在需求和学术动机；发掘近现代中国知识分子在东亚文化背景下的"西学东渐"、中日文化交流互动等历史潮流中，为引进和本土化西方美学、清理和重塑中国美学传统所付出的努力和贡献，还原中国现代美学之原初发生的历史实况；梳理百余年中国美学在中国现代化历程中不断回应时代诉求，不断寻求理论突破，逐步整合中西学术资源，建构自身的动态历史进程；发现和阐发中国美学现代转型历程中层层累进的学术积淀、品格和价值取向。

王确

2016 年 10 月 15 日

目　录

前　言 / 1

第一章　20世纪前期美学译文中的"现代性"问题

第一节　"二周"与西方"现代性"文艺思潮的早期译介 / 11
第二节　尼采译介与中国人的"现代性"初体验 / 24
第三节　诗人的敏感：审美"现代性"的译介与发现 / 35
第四节　"十七年"文艺理论译介中的现代性话语 / 47

第二章　新时期"现代性"译介浪潮

第一节　"文化大讨论"与《文化：中国与世界》系列丛书 / 70
第二节　"科学精神"与《走向未来》丛书 / 80
第三节　"美学热"与《美学译文丛书》/ 89
第四节　聚焦《世界美术》的西方艺术思潮译介 / 94

第三章　现代性之"新"的困惑

第一节　怀疑"现代性"从"时间"开始 / 114

第二节 传统变先锋："现代性是一种有着本质区别的艺术观" / 140

第三节 贡布里希译文对新时期艺术观念的影响 / 151

第四章 "光晕消失"的现代性

第一节 波德莱尔《现代生活的画家》译介及"现代性"定义 / 166

第二节 本雅明对"现代性"言说的理论拓展 / 182

第三节 "新的美学"之本土衍义 / 198

第五章 后现代主义：审美现代性的终结

第一节 后工业社会的来临与"现代性"危机 / 217

第二节 哈贝马斯与利奥塔：现代性对抗后现代性 / 243

第三节 后现代主义对"逻各斯"的解构 / 252

余　论 / 270

附　录 / 275

参考文献 / 305

后　记 / 317

前　言

有关现代性的言说在近几十年来充斥着报章杂志,遍布各大学术期刊,甚至渗透于日常生活,成为当代常识性知识的重要内容。但一个尴尬的事实是,时至今日现代性仍是一个我们无法真正说清楚的概念,有关现代性的一些最基本的问题依然是众说纷纭,莫衷一是。正如马歇尔·伯曼在他极具影响的论著《一切坚固的东西都烟消云散了》(发表于1982年)中对现代性的定义:

> 现代性是一个悖论的聚合、一个无法聚合的聚合。它将我们推入了一个大漩涡中,那里是永久的崩溃和更新;是争斗和矛盾;是含混和苦痛。①

我们甚至可以体会到伯曼在选择词汇做以上表述时的反复与纠结,艰辛与无力。"永久的崩溃和更新"道出了现代性定义之难的根源——现代性的内涵和边界总在不停地发生着变化。但是,也许我们弄清楚这种变化、梳理出这种变化的轨迹,即"追踪内

---

① 〔英〕大卫·哈维(David Harvey):《现代性与现代主义》,庄婷译,见李陀、陈燕谷主编:《视界》(第12辑),河北教育出版社2003年版,第3页。

在的叙述线,探究这个或那个依然是面目不清的从属情节,似乎还不失为一种差强人意的办法"①。因为我们总要寻找一种有效的方式来讲述现代性的故事。受文学批评家萨义德"理论旅行"命题的启发,我也视"现代性"为一种跨越东西方的理论或概念,但在本书中重点要讨论的是其源自西方,后随着各种翻译和学术交流活动进入中国后经历的叙事,讨论的是"现代性"理论的中国接受、中国再生产问题。

中国对"现代性"的问题关注很早。新中国成立以前周作人、卢勋、袁可嘉等人翻译的文章里已然出现过"现代性"概念。1933年孙伯謇在《前途》第1卷第6期上发表《中华民族的现代性》一文,同年杨维铨在《新中华》第1卷第14期发表《美国文学的现代性》。诸如此类文章的标题表明"现代性"已然作为一个极具阐释性的话题进入研究者视野。尽管当时"现代性"并没有形成系统的理论,但是中国对"现代性"最早的引进、接受和话语自身的历史逻辑就保存在这些零散的篇章中。"现代性"真正形成普遍影响进入话语实践和社会实践成为中国现代化历史进程的一个有机组成部分,确实还是20世纪80年代以后的事情。新时期,中国社会整体现代化进程进入最为关键的历史阶段,就美学而言,诸多问题都集中呈现在对"现代性"的探讨与言说上。美学所面临的"现代性"挑战主要来自于两个方面:一是因为过去的美学研究出现过断流,关于"现代性"留下许多未竟的讨论和认识;二是我们必须重新放眼世界,了解世界的"现代性"言说已走到何种境地。因而,"现代性"成为新时期以来社会思潮

---

① 〔美〕弗雷德里克·詹姆逊(Fredric R. Jameson):《后现代主义中的旧话重提》,《华中师范大学学报》(哲学社会科学版)1997年第6期。

和美学论争的焦点之一。有关传统与现代、东方与西方、地域性与全球化、当下与未来、美学与社会实践、审美文化与理论建构等诸多讨论均集中呈现于"现代性"言说中。就目前国内的研究状况看来，方法论意义上对"现代性"的研究主要有四种：第一种，对宏大的选择性命题做出判断：比如"捍卫现代性还是批判现代性""选择现代性还是拒斥现代性"继而引发理论论争；第二种，概念的溯源与言说：重点翻译或评析某一个西方思想家、社会学家、哲学家的"现代性"理论；第三种，实践应用层面探讨：例如在中国的社会转型期应该建立一种什么样的"中国现代性方案"；第四种，学术史个案分析：以一个地域、空间或文本为个案回溯探讨中国近现代史中的"现代性"问题。在以上四种研究方法的指导下，新时期以来中国知识界形成了数量极为庞大的先行研究成果。

事实上，作为一个外来语汇，"现代性"是一个跨越东西方的理论概念。我们讨论的"现代性"，是一个源自西方，后随着各种翻译和学术交流活动进入中国的理论。"现代性"无论是其引入、传播甚至理论的自身生长都伴随翻译文本的在场。可以说，"现代性"的翻译文本本身就是中国"现代性"理论话语生成的有机组成部分。因此要厘清"现代性"的基本理论，以翻译文本为角度介入，不失为一个有效途径。问题在于一个概念在本土化过程中，它势必要遭遇不同的源点表征和体制化过程，这就复杂化了对于理论和观念的移植、传递、流通和交流所做的任何解释。当"现代性"进入中国以后，它"是如何被运用或如何被拒绝的？又是如何定位和移动的？"，它"在后殖民的混乱和争议的不平等的空间中是如何旅行的？它的困境是怎样的？"，现代性理论在中国如何"旅行"，以及西方理论家如何在中国"旅行"，这些都是"错综的尚未解决的问题"。①"现代性"问题是近年来中国学术界众说纷纭的热点话题之一,关于"现代性"内涵、边界以及理论渊源的考察和讨论,以及这些讨论所产生的分歧表明,要弄清这个概念的来龙去脉,也许最切实际的方法就是返回它被译介、引进到汉语学术体系的历史语境中,在动态的历史现场中考量"现代性"概念的本义及其在译介、使用过程中的意义转换。探讨现代性思想和理论离开其原产地传播到中国文化情境后的种种"遭遇、变形、调适、重组与再造的过程及其规律"。

"六经皆史",一切经典包括理论的逻辑都是在历史中生成的。本书意图通过考察新时期美学译文中的"现代性"言说和逻辑背后的历史,来展现新时期中国美学的核心理论命题与其现实关切。因此在讲述"现代性"故事的同时,也试图关注以下三方面内容:第一,考察"现代性"言说与新时期中国社会、思想、文化诉求的关系。对于中国而言,"现代性"始终是一个未完成的历史命题。鸦片战争以降,国门洞开,"现代性"便成为中国社会持续的整体性历史追求。在"五四"新文化先驱所开创的启蒙理性传统和后来的历次思想文化论争中,出于民族自立、自强的现实需要,"现代性"在一种实用理性的思维作用下,被阐释为社会达尔文主义的线性历史演进目标。中国现代美学早期关于"现代性"的言说,也呈现出某种单纯的乐观和向往。新中国成立后,"现代性"讨论和美学研究经历了一段历史沉寂;新时期学界重提启蒙,试图接续"五四"启蒙理性传统,关于"现代性"的讨论、言说,自然而然地在理性和科学、革新与传统、古今新旧之

---

① 〔美〕詹姆斯·克利福德(James Clifford):《关于旅行与理论的札记》,叶舒宪译,见李陀、陈燕谷主编:《视界》(第8辑),河北教育出版社2002年版,第25页。

争等诸多话题上展开。因此,"未完成的现代性"构成了新时期以来中国美学论争和建设的基本出发点。第二,梳理新时期"现代性"言说的概念和历史,洞察"现代性"的开放性和生成性,探讨新时期"现代性"言说的学术动因。当新时期中国学者再度放眼世界,"后现代主义"已成为世界范围内的前沿话题。现代性研究之所以成为三十年来中国学术的热点,在某种程度上可以说是出于"补课",即学术回溯的需要。20 世纪 80 年代初,"现代派"等一系列美学问题方兴未艾;而 1985 年美国学者詹明信(即弗雷德里克·詹姆逊,又译杰姆逊,詹明信是他自己选定的中文名字)在北京大学所做的主题为"后现代主义与文化理论"的系列演讲,无疑向中国学者展示了国外"现代性"研究的最新进展和多元景观。此后,韦伯、哈桑、费德勒、福柯、德里达、哈贝马斯、吉登斯、利奥塔等人的著述相继被翻译和引进;先锋派、大众文化、消费文化、都市经验、环境问题等日益受到关注。关于"现代性"的言说和讨论在视角、方法上越来越多样、重合,很难以学科界限进行类分。这表明"现代性"是一个开放性、生成性命题,它所涵盖的对象、指涉的内涵直到当下仍在拓展。本书力图通过对各类"现代性"言说的梳理,提供一幅用以探索中国新时期"现代性"命题的详尽知识地图。第三,反思新时期"现代性"言说形成的系列重要命题,对比中国学者的理解与阐释,发现"理论旅行"中的本土化衍义。

基于以上内容,本书期许完成以下研究目标:首先,期望为"现代性"概念研究提供一个切实的研究视角。面对丰富的翻译文本资源,研究重点不停留在流派、理论的串联,以及文本的翻译对照上,而是通过翻译文本了解"现代性"话语形成的历史语境。"现代性"究竟在何种历史语境驱动下形成多线条、多层次甚至是大相径庭的具体理论逻辑陈述。其次，在行文中特别重视"现代性"理论的现实针对性。新时期的"现代性"言说形成了一系列较为集中的问题域，如现代与传统，本土化与全球化，精英文化与大众文化、消费文化，环境与生态，艺术自律与生活世界、艺术终结等。这些命题之所以成为近年来中国美学关注的热点和前沿，固然是学术研究大势所趋，但更大程度上是基于中国社会转型的现实需要。因而，新时期中国美学呈现出一种学术与现实互文对话、文化传统与当下身份建构杂糅并置的复杂性理论景观。对这些问题进行关注，能更直接地切入当下，探索"现代性"研究对现实社会、生活的直接作用。最后，尽一切可能完整地调查整理所有新时期有关"现代性"言说的美学译文及相关文献。在写作过程中，立足于史料钩沉索隐，反对在研究中有意无意地忽视、遮蔽甚至歧视基本史料，不因史料主体的身份、声望高低选择史料，而是对名声显赫的史料主体与名不见经传的史料主体一视同仁，力图在已经掌握的文献资料基础上，发现更加丰富的证据，进一步接近历史真相。

关于本书的研究对象，还需要厘清两个问题：

第一，为什么是"新时期"？关于本书研究的时段选择有必要做一说明。按照历史学家的划分，新时期是从1978年底党的十一届三中全会做出把党和国家的工作重心转移到现代化建设上来，实行改革开放的伟大决策开始，至1992年党的十四大提出建立社会主义市场经济体制的改革目标为止。这其中经历了1982年党的十二大提出建设有中国特色的社会主义；1987年党的十三大制定了党在社会主义初级阶段的基本路线，规定了实现现代化"三步走"的战略部署。而在美学及文学领域，对于"新时期"的历史分期则一直存在着不同的意见。有的学者严格依照历史学的分期法，如雷达和於可训，均明确地以中国开始确立向社会主义市场经济迈进的1992年作为从新时期到新世纪的分界点[①]；而有的学者则从文学自身的发展进程出发进行分析，如程光炜在2006年10月中国当代文学研究会学术年会上说，新时期文学实质上就是限定在"伤痕文学"上；陈晓明宣布1987年为"新时期文学终结"的时间[②]。还有的学者如张颐武沿着他的新时期文学—后新时期文学—新世纪文学来展开文学史描述，这种用法与时下的完全按年代划分的八十年代文学—九十年代文学—新世纪文学的架构和用法有着相似的重叠[③]；再有就是张未民"将'新时期文学'作更为开放式的理解，即新时期文学也许并不是一个具有单一性的固定的本质含义的概念"，在广义上理解的"新时期文学"，"它就是一个至今仍然很有效地使用的大的时间性历史范畴，'新世纪文学'被其所包含"。[④] 本书所采取的是雷达和於可训的分期方法，即历史学的分期法，一方面是因为，"现代性"问题与大的社会事件之间的联系要更为密切，国家政策的改变会直接影响到有关"现代性"的讨论；另一方面是因为，80年代"美学热""文化热"的最终消解时间大致在1992年前后。新时期对"现代性"概念进行论说的译著译文主要集中在以下几大译丛和期刊中，分别为李泽厚主编的《美学译文丛书》及《美学译文》刊物；金观涛主编的《走向未来》丛书；以甘阳为代表的"文化：中国与世界"编委会

[①] 见雷达：《新世纪文学初论》，《文艺争鸣》2005年第3期；雷达、任东华：《新世纪文学：概念生成、关联性及审美特征》，《文艺争鸣》2006年第4期；於可训：《从新时期文学到新世纪文学》，《文艺争鸣》2007年第2期。
[②] 见陈晓明：《"新时期终结"与新的文学课题》，《文汇报》1992年7月8日。
[③] 以上所有关于新时期时间划分的总结均为张未民先生在《"新世纪文学"的命名及其意义》一文中所列。
[④] 张未民：《"新世纪文学"的命名及其意义》，《文学评论》2009年第5期。

主编的《现代西方学术文库》《新知文库》和《文化：中国与世界》论文集。期刊类有关"现代性"的译文大多集中于《国外社会科学》《现代外国哲学社会科学文摘》《第欧根尼》和《世界美术》等杂志中。比如含有大量"现代性"译文的"三大译丛"中的《走向未来》丛书于1989年停止出版；《美学译文丛书》自行停止于1992年，"文化：中国与世界"编委会主编的《现代西方学术文库》发行至1995年。基本上来说，这段时间有关"现代性"的言说形成了一个完整的内在逻辑体系。本书以1978年至1992年作为研究的主要起止时间，突出新时期，但同时又将研究文本向前追溯至20世纪初，以90年代初的"后现代主义"讨论作为尾声，原因有二：首先，学界公认新时期"启蒙现代性"重新崛起，既然是"重新"，它最开始是在什么时候获得关注和讨论的？到底为什么将其称为"启蒙现代性"？这种论述是否准确？除了"启蒙现代性"，没有"审美现代性""文化现代性"的发生吗？这需要返回译介现场进行确认，然后才能在此之上证明所谓"新时期'启蒙现代性'重新崛起"的合法性。"现代性"概念最早被译介到中国是20世纪二三十年代的事情，新时期的"现代性"译介是承续其历史逻辑，还是在时空的流转及意识形态的更替中发生了流变？这需要对比考证；其次，新时期的"现代性"从译介之初，就伴随着后现代主义在中国掀起的浪潮而来，"后现代性"和"现代性"在新时期短短十几年间"被并置于同一空间，形成一种独特的景观"。① 到20世纪90年代，以"后"命名所有事物一夜之间成为时尚。"后现代性"无论与"现代性"有多少择不清、道不明的联系，它依旧不再是"现代性"。随着"后现代主义""后

---

① 张志忠：《现代性理论与中国现当代文学研究转型》，《文艺争鸣》2009年第1期。

现代性""后历史时代"讨论的深入,"现代性"迅速地让位给了"后现代性"。"现代性"也早已蔓延出其"美学文本"的限定,不再仅集中于审美领域,进入了我们无法将其进行学科分类的困境。这个时期,人们使用的"现代性"概念讨论的是社会学还是哲学?经济学还是自然科学?地理学还是心理学?文化批评还是政治学?当什么都可称为"现代性"的时候,也就没有了"现代性",至少它已经不是我们在最初讨论的"现代性"。因此本书的研究对象,集中于一个相对完整的时空结构中还具有相对独立价值观念体系的"现代性"。

  第二,本书主要以新时期美学译文中的"现代性"概念作为研究对象,但不以文本的翻译对照为重点。作为一个"理论旅行"的概念,它在"旅行"过程中从一地到另一地的运动,必然会遭遇传递过程中在另外的历史时期或者境域中变得截然不同的状况。因此,如若梳理一个概念完整的"旅行"过程,进行不同语言系统下的翻译对比是必需的工作。而且通常情况下,在进行跨文化研究时,但凡涉及"翻译文本",涉及译介者,总会有关于译本优劣、译者翻译能力问题的探讨。我们必须承认,在翻译时,语言能力不仅重要,更是关键所在,原因是语言代表了译者及翻译的文本所传承的文化传统。由于一般读者无法清楚原作与译本的具体关系,译错甚至"美文不可译"都会造成读者对文本的"误读"。但是,新时期以来中国人对"现代性"问题的言说与讨论大多就是基于这些"误读"之上。在我看来,我们也完全可以把误读判定为观念和理论从此地到彼地的历史流传过程的一部分。比如,面对相同的译介对象——本雅明、尼采或哈贝马斯,不同的译者,选择的译介文本是不一样的;即使同一篇文本,对其解读的重点也不同。中国学者们关注的"现代性"在不同的时代具有不同的面相。翻译活动是种种外来及本地体制权力协商的过程，"现代性"的每一篇译文必然都带着译者自身的"阅读前见"，译者就是叛逆者。是否误读需要细致的辨析，这样的工作很必要，也是跨文化实践活动的重要内容，但这样的工作只能留待将来，本书并不想纠结于"信、达、雅"的问题，而仅仅是想讲述一个故事——一个关于"现代性"旅行到中国之后发生的故事。

第一章　20世纪前期美学译文中的"现代性"问题

正式进入对"现代性"概念在中国新时期以来的大规模移植、传递、流通、重组与再造过程的叙述之前，有必要先回溯一下1978年前中国美学领域中对"现代性"的译介情况。作为一个未完成的历史命题，作为一个被翻译过来的概念，"现代性"在新时期以前曾经被哪些人译介与使用过？在什么情境下被使用？在断流之前，对它的认识已发展到何种境地？这些问题，需要做一简单回顾。

第一节 "二周"与西方"现代性"文艺思潮的早期译介

新中国成立之前，对"现代性"的翻译工作就已经有学者在做了。经考证，可以确认中国最早将modernity翻译为"现代性"的文献是周作人的译文《陀思妥夫斯奇之小说》。该文刊登在《新青年》第4卷第1号（1918年正月十五出版），作者是英国人W. B. 特里狄斯（W. B. Trites），在文中出现了"现代性"一词。原文说：

"现代性是艺术最好的试验物,因真理永远现在故。"关于周作人翻译的这篇文章,在文学批评史上不止一次被人们谈起,但大多是从世界文学与比较文学分析角度入手,以"中国介绍陀思妥耶夫斯基小说第一篇"来定位其价值。现在我重拾此文,想在"现代性"这个新的文化语境中对其进行考察与评价。

《陀思妥夫斯奇之小说》译自《北美评论》①第717号,作者为英国小说批评家W. B. 特里狄斯,他于1816年出生于加拿大,1866年移民英国,同年,陀思妥耶夫斯基创作了长篇巨著《罪与罚》。在文后的"译者按"中,周作人说:"陀氏……其最重要者,为罪与罚。英法德日皆有译本各数种。汉译至今未见,亦文学界之缺憾也。今吾辈方着手移译,但未知何日得成耳。"陀思妥耶夫斯基小说《罪与罚》在此之前的中国并无译本及书评,周作人此文固然有弥补外国文学史空缺之价值,但更为重要的是,作为周作人发表在《新青年》上的第一篇文章,他选择此文目的何在?隐含在这篇文本背后的历史真实是什么?与"现代性"有何关联?

我们首先读一读译文中涉及"现代性"的段落:

> 陀思妥夫斯奇是俄国最大小说家,亦是现在议论纷纭的一个人。陀氏著作,近来忽然复活。其复活的缘故,就因为有非常明显的现代性。(现代性是艺术最好的试验物,因真理永远现在故)人说他曾受迭更司Dickens影响,我亦时时看出痕迹。但迭更司在今日已极旧式,陀氏却终是现代的。止有

---

① *The North America Review*,1815年创刊于波士顿,后迁至纽约,被认为是19至20世纪最优秀的文学杂志之一,1940年停刊。第717号发行时间是1915年8月。

约翰生博士著沙卫具传,可以相比。此一部深微广大的心理研究,仍然现代,宛然昨日所写。①

我们可对照英文原文中的这一段来判断周作人将哪一个词汇译为"现代性":

> Dostoievsky, the greatest of the Russian novelists, is also today the most discussed one. Dostoievsky has had of late a singular revival. It is his striking "modernity" (modernity is the supreme test of art, since only the truth remains always modern) which has brought about this revival. Dostoivesky is said to have been influenced by Dickens, and occasionally, indeed, I seem to detect a Dickens touch in him; but how old-fashioned Dickens seems today, while how modern seems Dostoievsky! Dostoievsky seems, indeed, as modern as Dr. Johnson in his Life of Savage, that large, profound, and tender study in psychology which might have been written yesterday, if anybody had been alive yesterday capable of writing it.②

周作人非常准确地将 modernity 译为"现代性",并且文中给"现代性"下了明确的定义:作为文艺领域的"现代性",它是判断艺术优劣的标准,是真理,并永不过时。西方美学史上公认的一个事实是,从 19 世纪中叶以后,西方美学和审美意识发生了特

---

① 〔英〕W. B. 特里狄斯:《陀思妥夫斯奇之小说》,周作人译,《新青年》1918 年第 4 卷第 1 号。

② W. B. Trites, Dostoievsky, *The North American Review*, Vol. 202, No. 717 (Aug.,1915), pp. 264-270.

别明显的嬗变，它意味着"一个全新的时代已经到来，这个时代的总体特征就是现代性。现代性成了时代的精神，谁不具有现代性，就会被认为是落后于时代的"①。而陀思妥耶夫斯基的《罪与罚》自 1866 年完成以来，是"近来"突然复活的；那么"近来"西方美学领域发生了什么事情？从哪个层面可重新判断"陀氏著作"具有了"现代性"？对译文本身的分析可以回答这两个问题。

W. B. 特里狄斯为什么在文中断定陀思妥耶夫斯基的这部《罪与罚》是"永远现在"或"仍然现代"的呢？

其一，是因为"此一部深微广大的心理研究"；周作人在"译者按"中也说"罪与罚记拉科尼科夫谋杀老妪前、当时及其后心理状态，至为精妙"。心理描写及研究成为作品是否具有"现代性"的标准之一。

《罪与罚》中有大段的内心独白及自言自语，译文中也花了大量的篇幅摘述主人公的心声。拉科尼科夫（周作人译）是大学生，有头脑，爱思考，是"过人的才华与贫贱的生活如此不协调，使他成了一个白日梦者，整天象发寒热病似地生活于幻觉与现实的撞击之间"。"行凶前"，他的"脑子里老是梦游似地出现非洲的棕榈树和沙漠中的驼队、潺潺的蔚蓝色的溪水……"，他的"整个作案过程都是精心谋划的，然而却又象梦游般地完成；有缜密的理论思考作为作案的指导，而作案本身又是纯然的盲目的感情冲动"。②从 19 世纪中期发起的现代主义运动，其最重要的一个特点就是非理性的意志主体对其内在性的无限性开掘，开掘它的无意识和神秘的内在性的世界。20 世纪初叶，精神分析美学思潮的

---

① 牛宏宝：《西方现代美学》，上海人民出版社 2002 年版，第 146 页。
② 徐葆耕：《西方文学：心灵的历史》，清华大学出版社 1990 年版，第 345 页。

蔓延，使这种非理性意志主体为基础的现代意识对个体独异性的寻求更为剧烈，它只承认自我的唯一性，对自我真实性的强烈关心使得动机（自我内在的冲动），而不是行动（对社会的道德影响）成为伦理与审美判断的源泉。比如拉科尼科夫（周作人译）在杀害放高利贷的老太婆和她无辜的妹妹时，其目的就不是为了金钱，而是为了实践自己的"理论"，"想做人类的恩人"，考验自己付诸行动的勇气。我想正是这一点契合，成为"陀氏著作，近来忽然复活"的缘由。周作人在译文后做评论时引用"英国培林 M. Baring 氏"的话说："此书作时，心理小说之名，尚未发明。但以蒲尔基 Bourget 等所著，与此血泪之书相较，犹觉黯然减色矣。"就是说，在《罪与罚》创作时，还没有"心理小说"这个名称，而"近日"以"心理小说"反观《罪与罚》，它比心理小说家保罗·布尔热（Paul Bourget，1852—1935）的作品更为优秀。"心理小说"的命名是在19世纪末心理学作为一门独立的学科诞生之后的事情，由此可断定，这所谓"近日"至少应该在1875年[①]至1915年之间。而此时在西方美学领域，正是精神分析学创建和发展时期，弗洛伊德就用精神分析理论对陀思妥耶夫斯基做过专题研究，撰写过文章《陀思妥耶夫斯基和弑父者》（1928年）。卢那察尔斯基说，陀思妥耶夫斯基是洞察人类心灵的大师，"他所有的中篇和长篇小说，都是一道倾泄他的亲身感受的火热的河流。这是他的灵魂奥秘的连续的独白。这是披肝沥胆的热烈的渴望"[②]。陀思妥耶夫斯基的《罪与罚》刚好契合了"近日"最新的文艺思潮、时代精神，难怪作者要说它具有"非常明显的现代性"了。

[①] 1875年，心理学家冯特建立有史以来的第一个心理学实验室，标志着心理学作为一门独立的学科诞生。

[②] 〔苏联〕卢那察尔斯基：《论文学》，蒋路译，人民文学出版社1978年版，第213页。

有意思的是，无独有偶，鲁迅在《新青年》同年（1918年）第4卷第5号（5月15日）上发表了《狂人日记》，此文不仅是鲁迅创作的第一部白话文小说；第一次以笔名"鲁迅"发表文章；同时也是他发表在《新青年》上的第一篇文章。关于此文在文学史上的"特殊地位"就不用再赘述了。但兄弟二人在《新青年》上发表的首篇文章均以心理分析为内容，以狂人、白日梦患者为题材，这就不能仅仅归于巧合。在1917年至1918年间，鲁迅和周作人的日记里频繁出现关于《新青年》的信息——或阅读，或兄弟间互寄，或赠亲朋，甚至送与图书馆，等等。当将这些日记里的线索汇聚一处时，我们会得出一个结论，即周作人翻译的这篇《陀思妥夫斯奇之小说》，事实上是非常前沿的一篇文本，文中"现代性"内涵与西方现代派艺术、现代主义文学的美学特征相一致。周作人此篇译文发表于1918年出版的《新青年》第4卷第1号，但具体翻译时间在1917年9月7日至17日间，有周作人日记为证：

> 九月七日　晴。上午往寿宅，转至大学访蔡先生，又在馆稍坐。访颐芗①出，至八宝胡同买点心。下午二时返，得羽太三十日函；高风二日函；寄家信（四七）；孙君函；录北美评论第七—七中ドストエフスキ②论。晚，早睡。
>
> 八日晴。上午录前论至下午了，商君来访，得四日家信……
>
> 十三日阴。上午抄前所录论至下午五时未了……
>
> 十四日　阴晦。上午往寿宅，又往访季茀……抄论了共

---

① 北京的那些年里，周作人和鲁迅非常想念绍兴菜。当时北京专门做绍兴风味菜的山阴馆子有两家，一家名为杏花村，另一家叫颐芗斋，在万民路。
② 即ドストエフスキー，陀思妥耶夫斯基。

五千字,下午……

十七日阴,风。上午往寿宅,大雨,留饭,又呼车送回。下午……以前论交钱君转送新青年。夜,大雨。①

9月17日,周作人完成此文交与《新青年》,而《罪与罚》小说日文版是在10月2日由日本邮到周作人手中的:

十月二日 晴。下午阴。得津门二十五日函,二十四日由家转寄新刊月报一册。东京堂十八日寄小包一。内《罪卜罚》②、《死人ノ家》③、《日本昔バナシ》④三种五册。晚得国史编纂处函,云四日会议。阅チェホフ⑤小说集,内三年一篇最长。⑥

同一天,鲁迅日记中也有这样的记载:

十月二日 晴。上午东京堂寄来陀氏小说三本,高木氏童话二本,共一包。⑦

至于是哪三本陀氏小说,日记中并没有交代。但《罪与罚》在鲁迅日记里出现得要更早一些,在1913年8月8日的日记里披

---

① 周作人:《周作人日记(影印本)》(上),鲁迅博物馆藏,大象出版社1996年版,第693—695页。
② 罪卜罚,即《罪与罚》。
③ 死人ノ家,即《死屋手记》。
④ 日本昔バナシ,即《日本古老传说》。
⑤ チェホフ,即安东·巴甫洛维奇·契诃夫。
⑥ 周作人:《周作人日记(影印本)》(上),鲁迅博物馆藏,大象出版社1996年版,第698页。
⑦ 鲁迅:《鲁迅全集》第15卷,人民文学出版社2005年版,第297页。

露了这样一些信息:

> 八日 晴。晨寄二弟一葉书。赴部。收相模屋书店信,六月二十六日发,又小包一个,内德文《印象画派述》一册,日文《近代文学十講》一册,《社会教育》一册,《罪と罰》前篇一册,七月二十六日发。午后⋯⋯①

W. B. 特里狄斯的这篇文章发表于 1915 年,《北美评论》上刊登的大多为当时最"流行"的批评思想。由日记中记载可知,鲁迅、周作人的日常阅读与创作是几乎与西方同步的。关于陀思妥耶夫斯基对鲁迅的思想影响,有学者已经做过非常详尽的考证:鲁迅有多少本介绍陀氏及其作品的藏书?在哪些文章里一再提及陀思妥耶夫斯基对他的影响?甚而陀氏有哪些著作是在鲁迅的参与和指导下翻译的?② 以上这些问题不再复述,本书关注的重点是,这条日记里除了交代鲁迅最初购买《罪与罚》的时间外,还有一条信息值

---

① 鲁迅:《鲁迅全集》第 15 卷,人民文学出版社 2005 年版,第 74 页。
② 据北京鲁迅博物馆编印的内部资料《鲁迅手迹和藏书目录 (3)》(1959 年 7 月版),鲁迅收藏有很多德文、日文版的陀氏译著,如德文版的《罪与罚》(*Schuld und Sühne*)、《白痴》(*Der Idiot, ein Roman*)、《死屋手记》(*Memoiren aus einem Totenhaus*);日文版的《陀思妥耶夫斯基全集》(外村史郎等译,1934—1935,东京三笠书房,十九册)、《罪与罚》(内田鲁庵译,1913)、《赌徒》(附《穷人》)(原白光译,1924)等;还藏有一些日文版研究陀氏的论著,如安德烈·纪德的《陀思妥耶夫斯基研究》(アンドレ・ジイド著,竹内道之助译,1933)、《陀思妥耶夫斯基论》(アンドレ・ジイド著,秋田滋译,1933)、《(综合研究)陀思妥耶夫斯基再观》(昇曙梦译编,1934)、《文豪评传丛书·第一编·陀思妥耶夫斯基》(ボロスディン著,黑田辰男译,1925—1927)。据《〈穷人〉小引》中所记,他重点读过《陀思妥耶夫斯基文学著作集》、梅列日科夫斯基的《陀思妥耶夫斯基与托尔斯泰》和昇曙梦的《露西亚文学研究》;据增田涉回忆,鲁迅还买过日文版的《舍斯托夫全集》,因此也必然会接触到《悲剧哲学:陀思妥耶夫斯基与尼采》、《克尔凯郭尔和陀思妥耶夫斯基》、《战胜自明(陀思妥耶夫斯基诞辰一百周年纪念)》等著作。中文版的陀氏著作,他至少藏阅有韦丛芜译的《穷人》和李霁野译的《被侮辱与被损害的》等书。

得重视，即购买"德文《印象画派述》一册"。印象派同样兴起于19世纪60年代，"疯狂、怪诞、反胃、不堪入目！"这是巴黎一位艺术批评家的怒斥。以印象派为起点的现代派艺术，和正在流行的精神分析美学一样，喜欢把"丑的、恶魔般的、扭曲的、畸形的、怪异的、非规则的、癫狂的、厌恶的、非对称的、不合比例的和阴森恐怖的东西，作为艺术和审美的内在方向"，甚至"从审美和艺术创作的动力机制上"把非理性方面（丑）作为艺术的本体确定了下来。这一点在后来由其"诱发的达达主义、超现实主义等现代主义艺术运动的审美追求中也得到了充分的显示"，"而且，就其核心推断原理——一切审美和艺术都是被压抑的无意识'升华'和变相满足——来说，精神分析美学实质上是将丑和审美真正从本体意义上无法分离地结合了起来"。① 日常生活中真实的丑恶、下等、污秽和平凡的人是印象派艺术的主角，同样，陀思妥耶夫斯基《罪与罚》的主人公也是这样的人，这与 W. B. 特里狄斯断定"陀氏著作""永远现代"的第二条依据也相关。

其二，是因为"陀氏能够令读者发起一种思想，觉得书中人物，与我们同是一样的人"。"他写出一个人物，无论如何堕落，如何无耻，但总能令读者看了叹道：'他是我的兄弟。'"描写"同尔我一样的人"而不是"伟大高贵的"，"身穿锦绣珠玉，住在白玉宫殿里"的人，这样的作品被称为"现代的"，这标志着一种有别于传统艺术标准的新的美学风格出现了，它明确地突破古典主义的规则以及对美的过分理想化和永恒化的信念，直面人生的真实，甚至在"丑"中发现"美"。

W. B. 特里狄斯在文中说：

---

① 牛宏宝：《西方现代美学》，上海人民出版社2002年版，第184页。

陀氏著作，就善能写出这抹布的灵魂，给我辈看。使我辈听见最下等、最秽恶、最无耻的人所发的悲痛声音。醉汉睡在烂泥中叫唤；乏人躲在漆黑地方说话；窃贼、谋杀老妪的凶手、娼妓、靠娼妓吃饭的人，亦都说话。他们的声音，却都极美。悲哀而且美。他们堕落的灵魂，原同尔我一样。同尔我一样，他们也爱道德，也恶罪恶。他们陷在泥塘里，悲叹他们的不意的堕落，正同尔我一样的悲叹，倘尔我因不意的灾难，同他们到一样堕落的时候。

　　陀氏专写下等堕落人的灵魂。此是陀氏著作的精艺。又是他唯一的能事。……醉汉（靠着他卖淫的女儿终日吃酒）、当铺主人（他十六岁的妻子，因不愿与他共处，跳楼自尽），他们灵魂中，也有可怕的美存在。陀氏就写给人看。①

　　陀思妥耶夫斯基作品的"现代性"表现在：他的主人公是被称作"抹布"的、被踩在"烂泥"里的"最下等、最秽恶、最无耻"的一群人，"窃贼、醉汉、娼妓、靠娼妓吃饭的人"的灵魂是他的描写对象。这种选择，与当时很多杰出的艺术家很相似，他们后来均被称作现代派的先驱与大师，但在创作的最初却备受争议与冷落，我们可举几例进行对比：印象派的精神领袖和奠基者，爱德华·马奈在《草地上的午餐》和《奥林匹亚》里描绘的是在街上拉来的妓女维克多莉娜·默朗，裸体的女人不是古典的女神，而是世俗的妓女，这"太不道德"了。文森特·梵高喜欢临摹荷兰画家冉伯让的"丑老太婆"，他说"他画的是美的老太婆，有的

---

① 〔英〕W. B. 特里狄斯：《陀思妥夫斯奇之小说》，周作人译，《新青年》1918 年第 4 卷第 1 号。

贫穷，有的不快活，但因忧伤而找到了灵魂"。①梵高在博里纳日的煤矿区，画那些住在破破烂烂的草屋里，受冻、发烧、挨饿的矿工及其妻子和儿女们；画冬日街头提着热水和煤炭的小老太婆；画手里拿烟在地板上静坐的妓女莎杨。梵高生前，这些画一幅也没卖出去，因为这与那些在画廊里漂亮的、宏美的作品太格格不入了。罗丹雕塑的主人公老妓女欧米哀尔的身躯比木乃伊还要皱老，她弯着腰无力地低垂着头，胸部干瘪如柴，肚皮布满道道松懈的皱纹，四肢筋节犹如干枯的老树。这座雕塑在创作之初同样被人评价"太丑了！"从1857年波德莱尔的《恶之花》问世起，丑就渐渐成为震撼传统的以形而上学为哲学基础的美学，对丑的认识，构成了西方美学在19世纪末转向现代的内在嬗变，并成为20世纪初现代主义美学和艺术中"现代的"审美标准之一。这恐怕就是陀思妥耶夫斯基"仍然现代"的根本原因。

  周作人说《罪与罚》主人公在"谋杀老妪前、当时及其后心理状态，至为精妙"，"然陀氏本意，犹别有在。罪与罚中，记拉科尼科夫跪稣涅前曰：'吾非跪汝前，但跪人类苦难之前。'陀氏所作书，皆可以此语作注释"。在以上举例的那些作品中，丑恶、下等、污秽蔓延每个人的日常生活，苦难与不幸是艺术家对动荡的社会现实的体验。如果说妓女、盗贼、"最下等、最秽恶、最无耻"的人是日常生活的主体，心理描写可算是表现这种生活的手段，那么这种对"人类苦难"的陈述和追问才是艺术家们的终极关怀。当这种"流行"的、"现代的"外国文艺思潮与中国20世纪初的社会现实遭遇之后，最先被中国学者重视与追问的，不是

---

① 〔美〕伊尔文·史东（Irving Stone）：《梵谷传》，余光中译，台湾九歌出版社2009年版，第82页。

关于"丑"和"精神分析"美学的理论建构，而是"人""人道主义"的凸显，"人"成为"五四"以来新文学的主题。周作人在同一年（1918年）的《新青年》第5卷第6号上发表的著作《人的文学》中开篇即说：

> 我们现在应该提倡的新文学，简单的说一句，是"人的文学"。应该排斥的，便是反对的非人的文学。①

周作人在文中强调"我们所说的人，不是世间所谓'天地之性最贵'，或'圆颅方趾'的人"，而是普普通通的人，"从动物进化的人类"。"人的文学"写的是"人的平常生活"，记录研究"人生诸问题"，这才是"人道主义"。在同期的《新青年》上，周作人还发表了另一篇译作《小小的一个人》，作者为日本"新进作家"江马修，周作人说翻译这篇小说皆因其"有人道主义的倾向"。关于"人的问题"，周作人还进一步提出了"女人与小儿的发现"，想要做"儿童学与女子问题这两大研究"。在《新青年》第4卷第5号（1918年5月15日）上发表的译作《贞操论》（日本作家与谢野晶子著）以及后来的儿童文学理论建构均是在此问题上的探索与实践。在鲁迅的作品中，"人"的价值更进一步被放大，各色普通人身上的可怜、可恨之处被突出，改造国民性成为其"呐喊"的内容。鲁迅明确地提出要"重个人"，但这是"道术"，是手段，其目的是在"立人"，从而"立国"。鲁迅曾对人说："我的小说都是些阴暗的东西。我曾一时倾慕陀思妥耶夫斯基和高尔基等人，今后我的小说也将都是些阴暗的东西，

---

① 周作人：《人的文学》，《新青年》1918年第5卷第6号。

在中国能够有什么光明的东西吗？"①鲁迅小说中的"人"后来大多被解读为国民之麻木、愚昧的典型人物，性格中的单一面被放大，被批判，被讽刺；但每个人，作为独特个体的人的多样性，每个人的心理及灵魂被忽略了，发展到"十七年"时期，作为"现代性"的内涵之一，当"人"变成"人民"时，"现代性"的指涉又具有了另外一层面的含义。

也许周作人对"现代性"概念的翻译和使用是不自觉的，但鲁迅与周作人兄弟二人在20世纪初对陀思妥耶夫斯基作品的购阅、偏爱和学习却是自觉的。鲁迅对陀思妥耶夫斯基艺术风格的青睐，以及周作人译介此篇文章的目的，绝不是简单地只与陀思妥耶夫斯基个人相关，而是"时代精神"使然。19世纪中期以后西方社会环境和人的自我感觉都发生了重大变化，对现代生活中正在改变的政治、社会、经济和文化特性做出回应的现代艺术运动，追求的是一种有别于"古典"的，被称为"现代性"的独特品质。此"现代性"要求将一种基于超验的理想美的信念而建立的永恒美学和艺术，转变成一种变异的、内在的美学。其核心价值是变化和新异，而其基础则是主体概念的支配地位，其实践包括陀思妥耶夫斯基的写实主义小说，也包括后来的印象派、象征主义、后印象主义、新印象主义甚至表现主义等。"主体"的觉醒契合了中国清末民初的社会生活和文化状况，更是中国"现代性"的现实要求。因此，最早由周作人挪用过来的"现代性"，在中国有其可流通与传递的语境。

---

① （日）山上正义：《谈鲁迅》，见鲁迅研究室编：《鲁迅研究资料》(2)，文物出版社1977年版，第187页。

第二节　尼采译介与中国人的"现代性"初体验

20世纪以来，中国知识分子为建设"中国的现代"将尼采的现代性理论译介进来。然而，饶有意味的是，尼采是一个"反现代的现代怀疑论者"，所以后来被誉为"后现代性之父"[①]——这不禁令人心生疑窦：在绵延近一个世纪的理论译介和观念移植中，中国知识分子从尼采的智慧中所发现的"现代性"，到底是他身处其中、口诛笔伐的"现代性"，还是这种批判锋芒所折射出的、被后人称之为"后现代性"的"现代性"？

要回答这一问题，就要返回到尼采的现代性理论传入中国的历史现场。在20世纪汉语学术思想和文化界，曾经出现过两次尼采译介的高潮，一次是"五四"前后；另一次则是80年代。在这两次关于尼采译介和讨论的热潮中，尼采的"现代性"观念和思想，在不同的层面得到了充分的阐释，并且留下了鲜明的中国问题、时代症候的烙印。

一、"创造性破坏"和"破坏性创造"：早期尼采译介中的"现代性"

经考证，最早明确阐发尼采之"现代性"观念的译文，是在1935年发表于《时事类编》(第3卷第20期)的一篇文章《尼采与现代思想》。该文著者为日本学者三木清，原载日本《经济往来》杂志。在历来的学术史研究中，这篇文章常被用以论证尼采的"超人"理论，而其有关尼采之"现代性"观念的阐释，则被有意无意间遮蔽了，中国知识分子的本土语境思考与选择本身就具有了深刻意义。这里先看三木清是如何评价尼采的"现代性"

[①] 〔美〕S.A.艾里克逊：《尼采与后现代性》，曹远溯译，《哲学译丛》1993年第2期。

观念的：

> 当他（尼采）以后的各种哲学于转换期受历史波涛之冲洗而迅速地消逝的时候，厌恶现代性的他的哲学，以最"现代的"哲学而活着。①

这句话有两层含义：第一，"最'现代的'"意味着当前、不过时。当历史的转型期过后，很多哲学都"渐渐有时代落伍之感"，而只有尼采"非常奇怪，还完全是现代的"。之所以赋予尼采哲学以如此崇高的地位，是因为作者认为，"尼采对于现代社会思想也有各种各样的影响，包含种种的关系"。也就是说，尼采哲学也许不成系统，但其影响是广大的，许多现代哲学流派都"与尼采有内在的血统关系"，深受其影响。所以尼采哲学是"最'现代的'"，不过时的。第二，作者揭举出尼采之永葆"最'现代的'"原因，恰恰在于其"厌恶现代性的"哲学品格——这里所说的"厌恶现代性"，是复古，还是超前？抑或是尼采的哲学思考触及了人类困境的永恒问题，因而能与时偕行、常变常新？

这就要从他所"厌恶"的"现代性"本身说起。三木清首先在文中举了一个例子来说明尼采与哪些"现代社会思想"有关系：

> 尼采与工团主义理论家梭列尔（Georges Sorel）② 有关系。梭列尔所说的"暴力"，可以看做是尼采所说的"权力"的

---

① 〔日〕三木清：《尼采与现代思想》，卢勋译，《时事类编》1935 年第 3 卷第 20 期。
② 梭列尔，即乔治·尤金·索雷尔（Georges Eugène Sorel），法国哲学家，工团主义革命派理论家。提出神话和暴力在历史过程中创造性作用的独特理论，代表作《暴力论》（1908）。

"意志"之一个表现。两个思想家都承认悲观主义的本能,他们都厌恶现代性。他们二人都以为欧洲的世界太老,失却原始的活气,他们都希望实现一种理想,这种理想,尼采叫做"欧洲无政府主义",梭列尔按照维哥(Giovanni Battista Vico)①的用语叫做"更新"。②

文中说尼采与索雷尔都"承认悲观主义的本能",所以他们都"厌恶现代性"。这似乎将"现代性"与"悲观主义"置于水火不容之地。那么,"悲观主义"与"现代性"究竟是一种什么样的关系?文中还有这样一段话:

尼采的悲观主义,第一是颓废理论,这是随旧世界的解体与没落必然地而来的,现在正在来的东西;第二,虚无主义不仅是论理,而且是伦理,这表示哲学者加速解体过程的意志,我们必须是破坏者,自己必须希望没落,不必畏惧与虚无见面……;第三,虚无主义就是没落,同时也表示初端。尼采说"颓废同时是初端"。初端就是"混沌"。"一切东西都可以看做混沌,旧的失去了,新的任何东西都没有出现。""我们的本能现在都自己回来了,我们自己是一种混沌。"我们为新的生产与新的生存起见,落入这样的混沌与虚无之中,是必要的。"所谓生,一般的意义,就是在危险当中。"③

由此可知,所谓尼采的"悲观主义"是指处于"旧世界的解

---

① 维哥,即维柯(Giovanni Battista Vico),意大利哲学家、美学家,代表作《新科学》。
② 〔日〕三木清:《尼采与现代思想》,卢勋译,《时事类编》1935年第3卷第20期。
③ 〔日〕三木清:《尼采与现代思想》,卢勋译,《时事类编》1935年第3卷第20期。

体与没落"的过程中旧的已经失去了，而新的东西还没有出现时的情绪和心理状态。此时的世界是一片混沌的，是颓废的，是一片由无序、破坏、混乱、个人异化和绝望组成的世界，这就是尼采所厌恶的"现代"。这个"现代"指的是已经失却原始活气的、已经老了的欧洲世界。从启蒙运动以来就崇尚理性、秩序、文明的世界，其"被科学和知识统治的现代生活的表面之下"，竟隐藏着尼采所说的"野蛮、原始，而且完全冷酷无情的生命力"。尼采认为，要打破这个没落的世界，就必须充当破坏者，"必须希望没落，不必畏惧与虚无见面"。就此而言，尼采的虚无主义既是"没落"，"同时也表示初端"——"初端"就是颓废、混沌。尼采说，"我们为新的生产与新的生存起见，落入这样的混沌与虚无之中，是必要的"；"所谓生，一般的意义，就是在危险当中"。这恐怕就是老子的所谓"反者道之动""有生于无"。

在尼采对酒神狄奥尼索斯的神话形象的分析中，也曾经表达过这样的观点。他说："在一个时间里，同时具有'破坏性的创造'和'创造性的破坏'"，"对自身加以肯定的惟一途径就是在这种有着破坏性创造和创造性破坏的漩涡中采取行动，展示个人意愿，即使其结局注定是悲剧性的"。[①] 尼采所说的悲剧，如同在恩格斯等人的概念中一样，它本身就意味着强大旧势力中的新生事物。它代表着一个先进的东西，面向的是未来，是新价值体系的导引。但它又的确在整个历史环境中是弱小的力量，必然受到原有文化、制度、环境的严重打击和压迫。因此，肩负破旧立新重任的现代艺术家、思想家、哲学家、诗人、建筑师、作曲家们，就需要杀身成

---

① 〔英〕大卫·哈维：《现代性与现代主义》，庄婷译，见李陀、陈燕谷主编：《视界》（第12辑），河北教育出版社2003年版，第8页。

仁、舍生取义的勇气,扮演英雄的角色,即使其结果注定是悲剧性的。于是,尼采的悲剧哲学,或者叫作虚无主义,又延伸出两层意思:第一,假如"创造性的破坏"是现代性的基本条件,那么,"永恒不变"就失去了其不证自明的合法性。现代主义者们必须在破坏中进行创造,必须"在混乱、短暂和破碎中驻足",在经过破坏的过程中才能重现永恒的真理。这就是大卫·哈维后来所说的"创造性破坏和破坏性创造"。① 因而,尼采所说的"现代性",首先是在"过渡、短暂和偶然"中的"永恒和不变"。第二,与前者的观念息息相关,在实践上,"现代性"体现为一种破旧立新的历史冲动。只有在"这种'创造性破坏'的意象"中,"现代性"的诸种激进面向才能得到理解:"如果没有对过往的破坏,何以创造新世界?正如从歌德到毛泽东这一系列的现代主义思想家阐述的那样,不把鸡蛋打破,怎么做煎蛋卷呢?"②

总之正是尼采哲学中的这个"论理",符合了近代以来中国知识分子和革命家们对传统摧枯拉朽的破坏精神,以及欲"新民""立人""立国"的迫切愿望。而要实现这些,事实证明唯一有效的手段即是索雷尔的"更新",或者说是"暴力"。这就是尼采的"权力"的"意志"。所以在这个意义上,三木清断言:

> 说人类是"掠夺禽兽"的尼采,可以说是帝国主义思想的拥护者,称颂"国民团结"(国民单纯化与集中化)的尼采,也可以说是最近国社主义国家的思想家。③

---

① 〔英〕大卫·哈维:《现代性与现代主义》,庄婷译,见李陀、陈燕谷主编:《视界》(第12辑),河北教育出版社2003年版,第9页。
② 〔英〕大卫·哈维:《现代性与现代主义》,庄婷译,见李陀、陈燕谷主编:《视界》(第12辑),河北教育出版社2003年版,第8页。
③ 〔日〕三木清:《尼采与现代思想》,卢勋译,《时事类编》1935年第3卷第20期。

在创造性破坏、清除障碍的过程中，也许为了不影响计划的进行，为了建立一个美妙的世界；或是为了创造一片崭新的景观，实现崇高的图景，就可以不惜一切地扫除阻碍这一进程的所有人和物，可以牺牲数万人的生命也在所不惜，新世界就应该建立在旧世界的灰烬之上。这也就是尼采厌恶"现代性"，而他的哲学却又以"最'现代的'"哲学而活着的真正原因。对此马歇尔·伯曼在《一切坚固的东西都烟消云散了：现代性体验》中的看法是："即便发展的过程将一块荒漠转变成了一个欣欣向荣的物质的和社会的空间，但它同时却在发展者自身内部再创了一块荒漠。这就是发展造成的悲剧。"[1] 当然，关于这"生"之上的"危机"，以及"暴力"背后的"现代性罪恶"，在三木清的文章中并没有进一步地反思与讨论，但此文撰写于1935年，正当日本国内军国主义膨胀之时，也是世界各国欲建立"新体系"之际，这篇论文发表和翻译的恰逢其时，并不是偶然的。

二、存在主义："尼采热"中"现代性"的别样面孔

三木清的《尼采与现代思想》一文，本身其实包含了多重意蕴，这其中既有上文提到的激进的"创造性破坏"与"破坏性创造"的一面，又有其存在主义内涵。但是在20世纪的两次"尼采热"中却被凸显了不同的侧重点，如20世纪上半期的中国人更关注其"破旧立新"对于救亡图存的重要性，因而凸显了"创造性破坏"与"破坏性创造"的一面；80年代所要应对的则是个体的信仰和精神危机，所以就凸显出了其存在主义的一面。由此可见，

---

[1]〔美〕马歇尔·伯曼：《一切坚固的东西都烟消云散了：现代性体验》，徐大建等译，商务印书馆2003年版，第87页。

20世纪尼采的中文译介确乎出现了关注重心的转换。

正如郜元宝先生在《尼采在中国》的序言中所说:"尼采与中国,因缘可谓深矣。"① 从1902年梁启超称尼采哲学为"十九世纪新宗教"② 以来,王国维、鲁迅、陈独秀、蔡元培、傅斯年、胡适、范寿康、郭沫若、郑振铎、朱光潜、瞿秋白、梁宗岱、冯至等,凡自近现代以来我们耳熟能详的大师们,几乎全部都介绍或评论过尼采。溯其原因,我很赞同郜元宝先生的说法:

> 尼采反基督,颇合"五四"知识分子反孔孟;尼采非道德,颇合"五四"知识分子反对封建礼教;尼采呼唤超人,挑战众数,颇合"五四"强烈的个性解放要求;尼采鄙视弱者,颇合当时中国普遍流行的进化争存的理论与落后挨打的教训(这点40年代被"战国策派"推到了极致);尼采攻击历史教育的弊端在于忽略当下人生,颇合"五四"知识分子对提倡读经复古的国粹派的反驳;尼采说"我们拥有艺术,为的是不亡于真理",这被鲁迅概括为"实利离尽,究理弗存"的艺术至上主义,为新文艺家挣脱传统的载道思想而以自由创造的艺术替固有文明解毒带来了希望。胡适认为"五四""新思潮的意义"主要就是"评判的态度",即用现代理性精神和现代价值标准全面批判固有文化和固有的生活方式,尼采"重新估定一切价值"的反传统反偶像的狂歌醉语,无疑从多方面契合了这种"评判的态度"。③

---

① 郜元宝选编:《尼采在中国》,上海三联书店2001年版,第1页。
② 梁启超:《进化论革命者颉德之学说》,《新民丛报第十八号》1902年10月16日。
③ 郜元宝选编:《尼采在中国》,上海三联书店2001年版,第1页。

尼采哲学中的诸多可能性,仿佛在所有层面上,都已被20世纪上半期的中国思想文化界进行了阐发。"凡所评介,涉及尼采生平、著作、知识背景、思想渊源与前后变化、知识论、历史观、人生观、宇宙观、价值观、进化观、艺术—美学观、政治观、道德观、宗教观、教育观、妇女观以及文体风格,范围之广,今之研究者欲更所增益,恐怕也难。"①

既然如此,为何在20世纪80年代后期,又会有一场席卷思想文化界的"尼采热"卷土重来?这次"尼采热"对尼采之"现代性"思想的阐释,与"创造性破坏"和"破坏性创造"这一理解又有何异同?

20世纪80年代的"尼采热"中,人们更为关注的是尼采与存在主义哲学的渊源。而早在三木清的文章中,就已注意到尼采哲学的存在主义倾向。三木清是日本近代著名哲学家,日本历史哲学研究的开拓者,同时也是一位翻译家。中国近现代的许多思想家都阅读过其作品,如鲁迅的藏书里就有三木清译的《舍斯托夫选集》。三木清早年留欧期间,接受了许多存在主义的观点,晚年还曾专心研究西田哲学和净土真宗鼻祖亲鸾的思想,试图把存在主义和日本的佛教结合起来。众所周知,雅斯贝尔斯、海德格尔、萨特等人的学说"都是根据从尼采那里接受过来的见解建立起来的。正是在这个意义上,我们可以认为尼采是存在主义的一个前先驱"②。由此看来,关注存在主义的三木清,对尼采哲学产生兴趣就是顺理成章的事情。他在《尼采与现代思想》一开始就表达了类似的见解,并确实指出尼采和存在主义之关系:

---

① 郜元宝选编:《尼采在中国》,上海三联书店2001年版,第3页。
② 〔美〕L. J. 宾克莱:《理想的冲突——西方社会中变化着的价值观念》,马元德、陈白澄、王太庆等译,商务印书馆1986年版,第186页。

尼采与现代思想关系之深，是难推测的，他的哲学没有普通所谓体系，影响所及的地方也非常广大。就是不直接在他影响之下的场合，许多现代思想也含有尼采的要素，与尼采有内在的血统关系。

……

若照现代哲学史之一般的解释，则尼采的哲学属于"生的哲学"的范畴。尼采的确可以看做是生的哲学者，在这一意义上，他是第尔泰（Dilthey Wilhelm）①与西曼尔（Simmel, Geory）②的先驱者。但受当时风潮之限制，而有康德派倾向的西曼尔，现在已渐渐有时代落伍之感，即不能脱出康德的问题设定的第尔泰，也是一样，但尼采非常奇怪，还完全是现代的。他与现在的"实在哲学"有很深的关系。"实在哲学"，可以看做是生的哲学之最近的发展，也可以看做是它自身形成一种新的倾向。问题是尼采与基尔克加德（Sören Sabye Kierkegaard）③的内在的血统关系，同时指出尼采对于海台克（Martin Heidegger）④一派的哲学之影响，也不是困难的。⑤

文中所谓"实在哲学"即存在主义哲学的最早译名。三木清指出，尼采与存在主义哲学有着内在的"血统关系"，存在主义哲学的创始人克尔凯郭尔、海德格尔都受到他的影响。由这段引

---

① 第尔泰，即德国哲学家威廉·狄尔泰（Wilhelm Dilthey）。
② 西曼尔，即德国哲学家格奥尔格·齐美尔（Georg Simmel）。
③ 基尔克加德，即索伦·克尔凯郭尔（Soren Aabye Kierkegaard），丹麦宗教哲学心理学家、诗人，存在主义哲学的创始人。
④ 海台克，即马丁·海德格尔（Martin Heidegger），德国哲学家，存在主义哲学的创始人。
⑤〔日〕三木清：《尼采与现代思想》，卢勋译，《时事类编》1935年第3卷第20期。

文可确认的事实是，三木清对尼采的介绍的确与存在主义有着非常密切的关系。然而，这一时期，国人所关注的，却并非存在主义。卢勋翻译这篇文章的目的，自然还是源自中国知识界欲"立人"再"立国"的思想，尼采所以被中国五四时期的知识分子广泛接受，就在于其"实现个人自我价值"的论述符合了中国知识分子的现代性诉求。但中国知识分子所"欲立之人"，不是笛卡尔倡导的理性主义之下与自然相分立的主体，也不是从宗教束缚中解放出来的自由个体，而是要与被中国封建帝王制度驯化千年的奴性做抗争，希图唤起的是被鲁迅称之为麻木不仁的可怜可恨的不争不幸者之"人性"，这"欲立之人"是与中国独立强国之梦联系在一起的，因此，这也正是《尼采与现代思想》一文中"存在主义"内涵被20世纪上半期的中国学者所遮蔽的主要原因。卢勋的这篇译文发表在《时事类编》①上，该杂志主要翻译世界各国报刊对当时国际形势、时事的评论和分析等，上有白崇禧、李宗仁的亲笔题字，它是抗战时期的必读刊物。而此文于1935年抗日战争全面爆发前夕译介发表在这样一份对时事敏感的杂志上，我想这绝不是巧合，源于尼采哲学的"立人"与"立国"是其内在原因。就像李大钊所说尼采哲学"尤足以鼓舞青年之精神，奋发国民之勇气"②。

80年代的"尼采热"，是伴随着存在主义哲学的大放异彩而重新将尼采拉回人们视线的。此次"尼采热"，与五四时期以救亡为导向的"立民""立国"初衷不同，而是要解决中国当代青年知

---

① 《时事类编》由中山文化教育馆发行，1933年8月10日创刊，1937年9月改名为《时事类编特辑》，期数另起。共出5卷101期，杂志设有时论摄要、国际时事漫画、世界论坛、学术论著、科学新闻、人物评传、文艺、文坛消息、新书介绍等栏目。
② 守常（李大钊）：《介绍哲人尼杰》，《晨钟报》1916年8月22日。

识分子群落中所呈现出的"精神危机最严重的形态"——信仰危机。正如有论者所言,"尼采热"迸发在"文革"所带来的精神和信仰废墟之上:"'文革'所造成的社会危机已经使得任何一种社会政治信仰失去了大一统的威力,在某种意义上可以说,'文革'和'文革'后成长起来的这一代人是没有信仰的一代",他们在尼采"'上帝死了'的宣告中找到了精神共鸣","敢于攻击使我得到安慰的信仰,敢于问什么是我所宠爱的理论的前提"。① 这种质疑和思考的眼光重新发现了尼采的价值:"在信仰沦丧的时代,真诚的人如何能生活下去?这是尼采苦苦思索并试图解决的问题。"② 当代中国青年知识分子们试图在他那里找寻到答案,这即是中国80年代"尼采热"的新背景。

总之,当中国的思想家及社会实践家们还在建构中国的"现代性方案"之时,既是"传统主义者","同时亦是预言者"的尼采,已经断言了"现代性"的结束。此"现代性"指的是由启蒙运动开启的崇尚理性、文明的世界;是被科学和知识统治的现代生活;是现代主义思想家们在"创造性破坏"过程中建立的秩序。尼采"厌恶的现代性",既有颓废的、个人主义、虚无主义、暴力的一面;又有先锋的、人道主义的甚至是革命的、创造性的一面,对这种无法解决的矛盾的洞察就是尼采哲学的深刻之处。但这种超前的思想在20世纪上半期的中国并没有得到明显的回应,尼采哲学中被中国学者接受的部分是其人道主义的立场以及毁灭偶像的方法,他对现代性的批判只能作为"一个隐性主题潜伏下来",直到90年代随着"后现代性"话语的展开才再次进入

---

① 〔美〕L. J. 宾克莱:《理想的冲突——西方社会中变化着的价值观念》,马元德、陈白澄、王太庆等译,商务印书馆1986年版,第190页。
② 周国平:《尼采与现代人的精神危机》,《中国青年报》1988年7月22日。

人们的视野。

第三节 诗人的敏感：审美"现代性"的译介与发现

近现代以来，中国学界第一篇明确以"现代性"为篇名并对其内涵进行阐述的文章，是由袁可嘉翻译、英国诗人史班特撰写的《释现代诗中底现代性》。该文原载 *Tiger's Eye*，译文发表于《文学杂志》1948年第3卷第6期，是联合国文教委员会艺文组与《文学杂志》的交换稿件。该文的英文原题为 What is Modern in Modern Poetry? 也就是说，在袁可嘉的翻译中，与"现代性"一语对应的英文是 modern，而并非通常可见的 modernity。这一译法是耐人寻味的，或许，这仅仅意味着在概念的翻译、本土化过程中存在着不同的译法及能指混用的现象。然而，如果考虑到在20世纪前期，modern 一语已经有了一个极为稳定、常用的音译——"摩登"，那我们就有必要追问这一译法的初衷及其具体所指了。

许多当代学者在探讨中国现代派诗人和象征主义理论时，都曾引用过这篇文章，但这一问题似乎从未引起过关注。可能，这仅是一处细小到可以忽略不计的细节，然而，如果将其放置到"现代性"问题的汉译、东传及其本土化的"问题史"中加以考量，我们就会发现其价值所在：这篇文章所涉及的不仅是对一个诗歌流派或一位诗歌理论家的评价和解读，它还牵扯到了对整个20世纪上半期中西方"现代性"言说中关于"都市现代化""现代都市体验"及"现代文明反思"等问题的交流与共鸣。

一、什么是"艺术底现代性"?

所谓"诗中的现代性",即"审美现代性"的概括。审美主义论述是现代性问题中的一个坚核[①],文章将"现代性"的解释划定在了艺术领域之内,这标志着在中国学界"审美现代性"内涵的明确提出。

文章标注作者史班特 Stephen Spender,即英国诗人、评论家、文化政治家斯蒂芬·斯彭德爵士(1909—1995年)。斯彭德23岁的时候,在艾略特的引荐下由费伯出版社出版他的《1933年诗集》后成名。他与艾略特的关系极为密切,这个"与艾略特一起吃午饭,与弗吉尼亚·伍尔芙一起度周末","与艾伦·金斯伯格相交甚善的人",在20世纪三四十年代,与戴·刘易斯、威斯坦·休·奥登和路易斯·麦克尼斯等同属受马克思主义影响的诗人。其早期作品倾向关注社会问题,在诗中喜欢使用反映现代文明机械化性质的意象,而在《释现代诗中底现代性》一文中,斯彭德对"诗中的现代性"问题的研讨也主要围绕此议题展开。

斯彭德在文章的一开始就交代,他的"目的是要讨论现代性在某一特殊艺术——诗——中的含义",但同时他也说:"我所将分析的诗中底现代性在绘画与音乐中也正有平行的例子可循。"因此,可以说斯彭德概括的是关于"艺术底现代性",只不过在文中以"诗歌"这一文学体裁为例而已。何为"艺术底现代性"?文中有明确的定义:

> 那些支持现代作品的人们把现代性看作一种清楚的目

---

① 刘小枫:《现代性社会理论绪论——现代性与现代中国》,上海三联书店1998年版,第299页。

的。他们所谓现代并非仅是当代的意思。他们是指一种特殊的写作方法，写特殊的题材，摒弃写诗的古老的形式而采用自由体；或者发现所谓"新形式"，或以完全新的手法来运用旧形式。①

从此定义入手，有以下三个问题需要讨论：

首先，我们要明确，斯彭德在文中所说的"艺术"，或"现代作品"，或"诗"指的是现代主义或现代派文学。因此在此文中，所谓"现代性""现代化运动""现代主义"是同义转换的词，这一点需要注意。以此为前提，可从斯彭德这段对"现代性"的分析中总结出两点内容：第一，"现代性并不仅仅指时尚的或当前的"，因此，"作为目的的现代性是会逐渐过时的"，所以作为会"过时"的"现代性"就有了被批判的可能。第二，当现代性作为目的时，它指的是在题材和手法上与传统文学形成一道分水岭的新的文学流派，即肇始于19世纪下半叶的以法国象征主义为开端的现代主义运动。它在艺术方法上开拓创新，运用"特殊的写作方法"，"摒弃写诗的古老的形式而采用自由体；或者发现所谓'新形式'，或以完全新的手法来运用旧形式"；它"写特殊的题材"，转向大都市的丑恶和人性的阴暗面，打破了浪漫派的"真善美"观念；在手法上，"主张用物象来暗示内心世界，打破了直抒心情、白描景物的老方法"，总之，以上这种"导向内心和主观世界的倾向和反陈述、重联想的手法"即是现代派文学的基本特征。② 所以此文中的"现代性"实际上与19世纪中期以来的一种

---

① 〔英〕史班特：《释现代诗中底现代性》，袁可嘉译，《文学杂志（1937年）》1948年第3卷第6期。
② 袁可嘉：《欧美现代派文学概论》，上海文艺出版社1993年版，第5页。

文化嬗变有关，即西方现代美学和艺术称之为"现代主义"的文艺思潮，其追求的是一种新的社会生活和文化状况，而在此文发表之际，它有了"过时的"趋势。

其次，斯彭德在文中还从"批评艺术底现代性"的方法上证明了此文中的"现代性"针对的仅是现代派文学与现代主义思潮。他认为有两种方法是必要的：

> 第一是心理分析。要求现代化的欲望存在于我们底脑际，它是众多艺术家的强烈的推动力。它具有错综（Complex）底巨力，有时甚至相当于一种神经病。它可能是一个盲目而具有强迫性的力量，而还没有带入批评的意识圈里。……第二个去了解现代性的方法是提出一解释当代诗人与当代世界间关系的理论。这样，我们就得研讨现代性，把它作为以想像来解释当代现象的诗的方法。①

袁可嘉曾经在其《欧美现代派文学概论》一书中总结说现代派最重要的成就之一就是对人类的心理机制做了深入的探索。斯彭德所说的这种"盲目而具有强迫性的力量"，甚至是一种"神经病"，指的就是象征主义诗人和现代意识流小说家们对神秘与复杂的梦幻和无意识的探索。如果要"研讨现代性"，只能运用"想象力"来解释"当代现象的诗"。这种说法的指向性非常鲜明，斯彭德针对的就是从爱伦·坡、波德莱尔到马拉美、艾略特的象征主义，甚至后来的未来主义、意象主义、表现主义、意识流、超现

---

① 〔英〕史班特：《释现代诗中底现代性》，袁可嘉译，《文学杂志（1937年）》1948年第3卷第6期。

实主义这一系列的现代主义流派。

最后，斯彭德认为现代主义的"蛟龙时代"已经要过去了，因此他主张要想继续发展"现代主义"，必须要"击破诗的正常形式的自由诗体。接着是新形式，新模式，新韵法的创造"。他毫不讳言他"急欲以完全新的形式表现完全新的内容"。"同时要求新奇的观念先以形式的改革出现"，他为现代诗提出的改进运动的三个阶段，最先就是"诗形式的革命"，"其次是诗中现代主题的引入"，"第三是对于包含于现代诗中诸经验的态度的发展"。① 从20世纪30年代起，随着国际反法西斯运动的开展，欧美出现"左倾"文学，于是现代主义阵营分化，标志着现代主义衰退期的开始。而被称为"左翼诗人"的斯彭德，在他的文章中强调新形式、新模式、革命，重视作品的现代主题，进而要求对经验论的态度进行判定，这些倾向不但与苏联"社会主义现实主义"文学一脉相承，也与袁可嘉为代表的"九叶诗派"的文学观念相一致。这恐怕就是袁可嘉于1948年选择斯彭德而不是其他现代派评论家的文章进行翻译的原因之一。袁可嘉在1947年天津《大公报·星期文艺》发表的《新诗现代化——新传统的寻求》及《新诗现代化再分析——技术诸平面的透视》两篇文章中就曾提到过与斯彭德相似的诗论，他说："一种文体，一种节奏，要想有意义，必须同时包含一种有意义的心智活动，而且必须产生一种新内容对于新形式的需求。""新形式既产生自新内容的要求，我们对于技术诸平面的分析自必以其来源为出发点。"② 袁可嘉还说："艺术作品的意

---

① 〔英〕史班特：《释现代诗中底现代性》，袁可嘉译，《文学杂志（1937年）》1948年第3卷第6期。
② 袁可嘉：《新诗现代化的再分析——技术诸平面的透视》，《大公报·星期文艺》1947年5月28日。

义与作用全在它对人生经验的推广加深,及最大可能量意识活动的获致,而不在对舍此以外的任何虚幻的(如艺术为艺术的学说)或具体的(如以艺术为政争工具的说法)目的的服役";新诗现代化尝试者的诗作,"应反映人生现实性","诗篇优劣鉴别纯粹以它所能引致的经验价值的高度、深度、广度而定,而无所求于任何迹近虚构的外加意义"。① 这种几近相同的观点证明,袁可嘉包括"九叶诗派"是深受西方现代主义思潮影响的,而斯彭德"左翼诗人"的背景又恰恰与中国 20 世纪 40 年代的时局相契合,因此斯彭德的现代诗论进入中国得以畅行无阻。

二、为何批判"现代性"?

需要再次重申的事实是:此文中的"现代性"指的就是"现代主义"的基本特征。詹明信在 20 世纪 80 年代中期来华讲学时,曾有过这样的表述,他说:"和现代主义相联系的有两方面,一是纯文化,如艾略特、乔依斯、普鲁斯特的作品,这代表的是现代主义中一个倾向;另一方面就是现代化,工业的现代化,生活的现代化。"进而他又问道:"那么艺术的现代主义和日常生活的现代化是怎样联系起来的呢?"② 我认为斯彭德在文中回答了这个问题。上文所述的"艺术底现代性"问题,其实就是詹明信所说的现代主义的第一个方面,即现代主义在题材和手法上区别于传统文学的特点分析;而第二个方面关于生活的现代化、工业的现代化问题,其实是现代诗人在诗中所表现出来的作为一个现代人的情绪与感受,而这种感受与时代背景相关,与人的生存状态相关,

---

① 袁可嘉:《新诗现代化——新传统的寻求》,《大公报·星期文艺》1947 年 3 月 30 日。
② 〔美〕弗雷德里克·杰姆逊:《后现代主义与文化理论——杰姆逊教授讲演录》,唐小兵译,陕西师范大学出版社 1987 年版,第 3 页。

更与现代文明的进程相关。所以在此意义上，詹明信才会评价说："在艾略特的《荒原》中，对城市生活的描写和手法中的创新使得这首诗超出了文学自身中较为狭窄的兴趣，虽然这种兴趣也是极有意义的，从而使整个文化渗入了这首诗。"[①]

艾略特和斯彭德都喜欢在诗中描写城市的生活，喜欢采用一些反映现代都市中机械化性质的意象，用以表现西方人面对现代文明濒临崩溃、希望颇为渺茫的困境，以及精神极为空虚的生存状态。现代诗人的这种经验是工业文明出现危机前的传统诗人们没有的情感和经验。鲁迅将这些现代主义诗人称为"都会诗人"，他说："都会诗人的特色，是在用空想，即诗底幻想的眼，照见都会中的日常生活，将那朦胧的印象，加以象征化。将精气吹入所描写的事象里，使它苏生；也就是在庸俗的生活，尘嚣的市街中，发见诗歌底要素。"[②]李欧梵先生在《上海摩登——一种新都市文化在中国（1930—1945）》的序言里曾经说过，现代性的一部分与都市文化有关，"没有巴黎、柏林、伦敦、布拉格和纽约，就不可能有现代主义的作品产生"[③]。中国的"现代性"的一部分也与都市文化有关，在20世纪30年代的中国也有可与巴黎相比拟的现代都市，如《上海摩登——一种新都市文化在中国（1930—1945）》中描写的上海、香港，如王中忱先生在《蝴蝶缘何飞过大海？》一文中提到的殖民都市大连。因此中国的现代都市也孕育了大批的"都会诗人"，他们发表诗作的平台最典型的当属1932年由

---

① 〔美〕弗雷德里克·杰姆逊：《后现代主义与文化理论——杰姆逊教授讲演录》，唐小兵译，陕西师范大学出版社1987年版，第3页。
② 鲁迅：《十二个》后记，见《鲁迅全集》（第7卷），人民文学出版社2005年版，第311页。
③ 〔美〕李欧梵：《上海摩登——一种新都市文化在中国（1930—1945）》中文版序，毛尖译，北京大学出版社2001年版，第3页。

上海现代书店发行的《现代》杂志，主编施蛰存先生在提到关于"此刊中的现代诗"时有过以下的定义，他说：

> 现代中的诗是诗。而且是纯然的现代的诗。它们是现代人在现代生活中所感受的现代的情绪，用现代的词藻排列成的现代的诗形。
>
> 所谓现代生活，这里面包含着各式各样独特的形态：汇集着大船舶的港湾，轰响着噪音的工厂，深入地下的矿坑，奏着 Jazz 乐的舞场，摩天楼的百货店，飞机的空中战，广大的竞马场……甚至连自然景物也与前代的不同了。这种生活所给予我们的诗人的感情，难道会与上代诗人们从他们的生活中所得到的感情相同的吗？①

由此可见现代主义有一个很重要的部分就是现代都市经验的典型表现。在现代诗人的诗篇里"摩登"成为他们描绘现代生活最常用的词汇，他们在文中铺叙了大量现代性所带来的各式各样的物质象征，艺术的现代主义和工业现代化、日常生活的现代化可以说就是这样联系起来的。那么这些现代都市经验和生活所给予诗人的感情来自哪里呢？仅仅是那些都市里的物质现象吗？斯彭德在文中的回答是否定的，他说：

> 当我们说到诗中的现代性时，并非说诗人可以引用蒸汽机，汽车，毒气制造厂，陋巷，电话铃，而是说这些事物已变为诗感性底部分，使他能用一种在声音的隐义及意象的构

---

① 施蛰存：《文艺独白：又关于本刊中的诗》，《现代》1933 年第 4 卷第 1 期。

造上是现代人用的现代语言向他的同代人说话。

……

因此,想做到我所说的"摩登",并不仅仅是当代的现象。成为当代的因素的,是我们把现代性看作艺术目标的固执。希腊人总是求新,人们一向喜欢时髦,某些时代曾经渴望革命,但我所勉力描写的现代性超过这些。他是一有意识的企图,想把创造想像的内在世界放在与当代环境的某种关系中。而这个目的只能从对已存关系的不满情绪中产生。①

因此,斯彭德所说的"现代性"又不仅仅是指"求新""革命""时髦"了,他在文中举例说"波德莱尔极传统地,甚至习俗地运用诗形式",但"他的材料对感性所起的影响上"却是现代化的,因为在他的诗中"对欧洲诗歌贡献了现代城市的烦腻,人性,丑与美"。也就是说,斯彭德在前面提出的现代诗改进运动三个阶段中的"诗形式的革命""现代主题"实际上是为"现代诗中诸经验的态度的发展"而服务的。不是运用了心理的描写方法就是现代主义;不是在诗中有蒸汽机、汽车、毒气制造厂、陋巷、电话铃、百货店这些意象就算是现代诗,而是要在这意象的背后有一种意识,诗人创造想象的内在世界要能反映当代人的生存环境,并说明人与环境的关系,对现代文明有深层反思才是现代性。他进一步说,这种"已存的关系"已经引起了现代人的"不满情绪",这就是波德莱尔在现代城市中看到的"烦腻,人性,丑与美",也就是"现代文明的危机"。袁可嘉说现代派文学的主要成

---

① 〔英〕史班特:《释现代诗中底现代性》,袁可嘉译,《文学杂志(1937年)》1948年第3卷第6期。

就首先就是"它广泛而深刻地表现了现代西方工业社会的危机意识和变革意识"——"所谓变革意识是指在思维方式、感觉方式和表达方式上的剧烈变化";"所谓危机意识不仅包括经济危机、信仰危机、价值危机等等,更根本的是在人类四个基本关系方面——人与社会、人与自然、人与人、人与自我——产生的脱节和扭曲"。① 说到底,就是现代机械文明衍生出了大都市的丑恶和人性的阴暗,这是现代哲学家批判"现代性"的根本原因。

三、如何批判"现代性"?

在斯彭德看来,现代诗人不仅要在诗中展现出这些矛盾和危机,更要寻求解决的方法和道路。基于此,他谈到以下几点内容:

第一,当他提到现代性的时候,他只是"想将所谓'机器时代'的种种现象:丑,美,不人道的镜头摄入诗中去"。因为这世上的"每一件机器,每一次战争,每一条陋巷,每一种组织都是在外在世界中内在的人类希望,恐惧,热性的结晶","将每一件机器看作人类力量的结晶",把机械本身看作是"人类热情的诗的象征体",是这个"人造"时代提供给诗人的唯一的"诗的材料",所以诗中那些机械时代的现代世界有悖人性的令人沮丧的观念,并不是要使诗反人性,诗人只是想通过对这些现象的描绘来说明"现代性"的后果并引起我们的警惕。

第二,斯彭德认为诗歌最终的指向其实就是人生的问题。他认为现代诗人"活在二个平面上":"一个是人格与幻想的内在的,多变的,异常流动的平面","内在的世界是经常变化着的想像生活";"另一个则是外射的平面",但在现代工业文明背景下

---

① 袁可嘉:《欧美现代派文学概论》,上海文艺出版社1993年版,第5页。

的"这个外界"已经让人无法逃开,是个"确定不移的景色"。当诗人的梦无论怎样变换都离不开"所外射的机械,城市,强权政治及战争的梦"的时候,那么现代诗人做的就是"永远醒不过来的恶梦"。当诗人们发现自己"毫无希望地冻结于这个梦中而醒不过来"时,诗人会说"当代世界是反人性的",他们只觉得世界"充满了组织与发明而不再有它们原来的那一份人的气息","到处被组织所围","这些组织"不但不再是用来组织诗人"愿望的工具",用来集中诗人"想像力的象征体",而是反过来变为"组织我们生活的工具,并夺取我们的人性"。意思就是,机械工业、现代国家体制等本来是为了人的自由而服务的,但结果人却恰恰被其剥夺了自由与人性。针对这两个平面,于是"现代艺术里就出现了二种趋势","一种是躲开看来如此反人性的,客观的世界而遁入个人的,私己的,晦涩的,怪癖的,及不管轻重的世界";"另一种是设法将想像生活与现代人类所创造的广大的而反人性的组织取得联系"。斯彭德将这两种趋势均称为"典型的寻求现代性的态度"。他认为无论诗人如何努力,如何试图在这种"反人性"的世界中,"在一切人类的发明中"试图"看出经验新感觉,创造新世界,新力量的可能性",但终究都是一段"可悲的旅程"。这注定是一个即将要"解体的世界",在斯彭德的眼里现代世界对于那些现代艺术史上"最伟大的吞剑者"们是"太大的灾难",如"乔也司[①],詹姆士,毕加索",他们"在解体的世界中",试图保持"悲剧地愉快的微笑,他的讽刺感,他的感性";试图"在艺术中创造更多更多的包含一切的形式,更广大的与全面历史相关的观点和更大的人格的外裂",但这些努力终究是无用的。所以斯彭德

---

① 乔也司,即乔伊斯。

断言:"现代艺术的蛟龙时代业已逝去。现代主义已不再是目的。态度,哲学,形式已成为较纯真的谦诚的艺术家们的目的,而现代化运动已不再是当代的事了。"[1]

第三,斯彭德说他面对的"现代诗的第三个问题"是:"诗人对于特殊地现代的经验的态度"到底应如何?他在文中举了艾略特的例子,他说在《荒原》中"艾略脱[2]的态度是全面的绝望,全面的毁灭","对于艾略脱,解决的方法是回到宗教","这个回转内含"意味着完全从"荒原的现实撤退"。艾略特后来发展的意义是在"当他继续失望于社会,他发现基督教可能是个人的救星"。也就是说,当现代诗人们在经过各种努力,无论是遁入内心世界,还是参与外界打破体制的"革命",都无法改变现代机械文明衍生出的大都市的丑恶和人性的阴暗时,那么唯一的路径也许只能是寻求宗教了。

总之,在《释现代诗中底现代性》一文中所说的"现代性",是伴随着现代主义运动展开的现代艺术中的"现代性",而现代艺术描绘的是大约自19世纪下半叶以来的现代生活中正在改变的政治、社会、经济和文化的特性。这种现代生活是都市化的、基于工业生产的,它的性质由资本或一切皆可进行财富交换的观念所界定。当这种观念无法遏制自己的野心,用乏味的物质、机械淹没了全世界,包括艺术、信念、美德的时候,对现代生活特别敏感的诗人们在心底产生了对现代的不安,甚至绝望,他们把这种情绪通过艺术形式表达出来,但却没有找到解决人生问题的办法。也许重新恢复伦理可挽救人性的虚空与丑恶,于是在"现代性"

---

[1] 〔英〕史班特:《释现代诗中底现代性》,袁可嘉译,《文学杂志(1937年)》1948年第3卷第6期。
[2] 艾略脱,即艾略特。

的概念里出现了"宗教"的内涵。韦伯曾用"脱魅过程"来描述现代的社会质态:"脱魅过程指世界图景和生活态度的合理化建构,致使宗教性的世界图景在欧洲崩塌,一个凡俗的文化和社会成型。"① 所谓凡俗的文化就是日常的生活样态,建立在启蒙理性、工业科技之上的都市生活是其表现,遗憾的是由启蒙运动开启的理性时代并不如最初规划的那般美好,当"现代性"不得不重新拾起曾被它抛弃和推翻的"宗教"时,这意味着如果我们还想继续使用"现代性"这个词汇,那么唯一可做的就是改变它的内涵及评判标准。

1948年,由袁可嘉翻译的这篇文章事实上已经开启了中国学术界反思和批判"现代性"的序幕,但紧跟而来国内形势的变化打断了这个趋势,受苏联文艺理论系统的影响,人民性、革命性、社会主义现实主义等内涵为"现代性"赋予了新的"光环",它又成了衡量一切艺术形式的"唯一"标准。这说明在中国"现代性"概念的演变具有极复杂的变化轨迹,作为一个跨文化理论,它不只是西方启蒙理性建构的"现代性"、法兰克福学派讨论的"现代性",它还是受苏联文化界斗争浪潮左右的"现代性"。

第四节 "十七年"文艺理论译介中的现代性话语

我们追溯"现代性"在中国的理论旅行,就不能忽略现代性言

---

① 刘小枫:《现代性社会理论绪论——现代性与现代中国》,上海三联书店1998年版,第300页。

说的各种可能性，无论这种言说离我们今天理解的"现代性"概念有多远，但它就是历史进程中不可缺失的一环，不对它进行讨论，"现代性"的概念就不完整。"十七年"期间，中国学界对"现代性"概念及其相关问题的翻译、接受和理解，主要源自苏联的文艺理论系统。经统计，这期间国内发表在各种期刊上关于"现代性"的译文共有12篇①，全部译自苏联。这些译文中的"现代性"概念呈现出与其他时期迥然不同的特点——"人民性""革命""社会主义现实主义"规定了"现代性"这个词汇的性质。以此为前提，"现代性"成为一个不容置疑的褒义词，它被所有文艺工作者奉为最高目的。在此之前学界关于这十七年间的"现代性"内涵鲜有考证，本书不仅想要厘清这段时间内现代性的言说脉络，更重要的是在这个词汇身上想要观察到意识形态如何在文化中发挥作用。

一、何谓"现代性"？

这一时期译文中对"现代性"有很精确的定义。苏联关于

---

① 12篇译文如下：（1）〔苏联〕斯·卡夫坦诺夫：《全力促进高等学校中马克思—列宁主义基本知识的讲授》，江文译，《人民教育》1950年第2期；（2）〔苏联〕伊·聂斯齐耶夫：《人民性与现代性》，高学源译，《音乐译文》1955年第3期；（3）〔苏联〕盖·胡鲍夫：《音乐与现代性：论苏联音乐的发展问题》，张伯藩译，《音乐译文》1955年第5期；（4）〔苏联〕K.朱波夫：《小剧院与斯坦尼斯拉夫斯基体系》，江帆译，《电影艺术译丛》1956年第2期；（5）〔苏联〕艾德林：《关于毛主席的诗文创作》，郭应阳译，《华南师院学报》（社会科学）1959年第2期；（6）〔苏联〕B.斯卡捷尔希夫：《修正主义者反现实主义的十字军东征》，佟景韩译，《美术研究》1959年第1期；（7）〔苏联〕伊林：《寓意和象征》，刘骥译，《美术研究》1959年第2期；（8）〔苏联〕A.库卡尔金：《卓别林与现代性》，李溪桥译，《电影艺术》1959年第2期；（9）〔苏联〕斯别什涅夫：《电影剧作和现代性：苏联代表斯别什涅夫同志的报告》，李溪桥译，《电影艺术》1959年第3期；（10）〔苏联〕德·尼古拉也夫：《文学和现代性》，邹正译，《学术译丛》1959年第3期；（11）〔苏联〕亚历山德罗夫斯卡雅：《这里也有我们的过错》，张守慎译，《戏剧报》1960年第1期；（12）〔苏联〕波·特洛非莫夫：《文学和艺术中的现代性》，《学术译丛》1960年第6期。

"现代性"一开始有着几种不同争论,比如,"有些人把现代性问题归结为现在的现象和过去的、未来的现象的纯年代上的区别",还有一些人则认为"现代性是我们时代现象的比较本质的特征,它不同于其他时代的现象的特征";"第三种人说:现代性就是人民社会中的主要的、最重要的、主导的东西,即可以作为社会生活发展一定阶段的特征的东西"。① 这三种看法,事实上有一个非常鲜明的递进关系:第一种人的定义是我们接触"现代性"概念时,最初采用的一种方式,就是单纯地从时间上、纯年代上进行过去、现在、未来的划分;第二种人的定义,非常中性,"现代性"就是"我们时代现象的比较本质的特征",一是用"我们时代"与"其他时代"进行了时间上的区分,另外强调了现代性是时代本质的表征;第三种人的定义更多了一些限定词,"人民社会"这个概念与"资本主义社会"相对,因此这里的现代性就有了批判的倾向,它只属于"人民社会",是社会主义社会的东西,不是资本主义社会的东西。在苏联文艺理论家们看来,哪怕是第三种"现代性"概念也还不够准确,他们走得更远,除了"社会主义现实主义"的现代性,除了"人民性"与"革命性",其他内涵均遭到抛弃和批判。如苏联代表斯别什涅夫同志1959年《电影剧作和现代性》报告中对"现代性"所下的定义:

> 现代性,这就是今日社会的脉搏,它激动着所有的人,它帮助人们看清复杂的世界,并找到自己在为美好的生活而进行的斗争中所占的地位。
> 现代性也是人与人的关系进行社会主义改造的过程,是

---

① 〔苏联〕波·特洛非莫夫:《文学和艺术中的现代性》,《学术译丛》1960年第6期。

人的新的社会心理的发展与巩固。

现代性也是为争取和平与各国人民之间的相互了解而进行的斗争；是千百万人的创造性劳动；这是对宇宙的征服；这是对社会主义原则的历史正确性及其实际成果的肯定。①

在这三个段落中，"现代性"这个主题词的宾语是"今日社会的脉搏""人与人的关系的社会主义改造""人的新的社会心理的发展""斗争""征服""千百万人的创造性劳动"以及对"社会主义原则"的肯定。"社会主义"从语法角度作为修饰语，它确定无疑是一个政治词汇，它同"人民""斗争"一起规定了现代性概念的性质。第二个给"现代性"下定义的是波·特洛非莫夫，他在《文学和艺术中的现代性》一文中对文学和艺术领域中的"现代性"进行阐释的时候说：

文学和艺术中的现代性，必须理解为一定历史时期的最主要的、最本质的特点和矛盾在作家和艺术家的作品中的艺术的反映。我们文学和艺术中的现代性，首先是现代的主题、现代的描写对象、艺术家用自己的创作这种武器来争取建成共产主义的斗争。②

在这个定义里"现代性"首先被限定为"文学和艺术领域中的现代性"；其次，除了把时间确定为"现代"之外，更重要的是规定了作品必须反映当前社会最核心的主题与描写对象，这是现

---

① 〔苏联〕斯别什涅夫：《电影剧作和现代性：苏联代表斯别什涅夫同志的报告》，李溪桥译，《电影艺术》1959 年第 3 期。
② 〔苏联〕波·特洛非莫夫：《文学和艺术中的现代性》，《学术译丛》1960 年第 6 期。

实主义的基本要求；最后，作家写作的艺术目标是"现代性"，作为目的它又是为了终极目标"共产主义的斗争"的胜利而服务的。所以，我们可以确定的是，此处的现实主义是"社会主义现实主义"，这一创作原则不同于原有的现实主义，它要求艺术家们从客观现实出发，在不断革新世界的过程中去描写现实，作为艺术目标的现代性要表现旧事物必然死亡、新事物必然胜利的客观规律，要用社会主义精神鼓舞和教育广大人民群众。

二、现代性与人民性

"人民性"作为文学艺术作品在思想和艺术方面所表现出来的属性之一种，它的审美倾向是提倡人们理想与战斗的、乐观的人生观，反映的是人民强健、乐观的面貌。在这特殊的时代语境里，人民性被看成现实主义艺术的根本特征，它成了"真正现代性"的必要条件。所以苏联文学理论家德·尼古拉也夫会说"一部作品的主题，'材料'是不能成为作品是否是'现代性'或'非现代性'的标准的"。他认为一部作品是否真正是现代性的"不仅要根据它的主题，而且还要根据它所提出的问题，根据它的社会政治热情。文学只有当它和社会思想、社会情绪以及群众的希望息息相关的时候，它才能真正地为现代生活服务。文学如果不具有巨大的社会政治思想，如果不反映人民的思想和他的意愿，即使它描写的是'现代主题'，也必然会死气沉沉、萎靡不振以至趋于死亡"。[①] 因此，现代主题是为人民的思想和意愿服务的。"人民性"与大众、与国民性不同，它向来就是一个政治词汇，它关注的现代性作品，不仅在主题方面要求有"现代性"，而且要求提出一系

---

① 〔苏联〕德·尼古拉也夫：《文学和现代性》，邹正译，《学术译丛》1959年第3期。

列真正迫切的、激动着广大集体农民和全体人民的问题，这样的作品才可称为"真正的现代性"。这也就是音乐理论家盖·胡鲍夫所说的，目前"已确定了苏联音乐创作在体现现代性的题材和形象上倾向现实主义与人民性方向的一个根本性的、有决定意义的转变"[1]的发生。这种情况不仅发生在苏联，也同样在中国的文艺理论界产生了共鸣，对"人民性"的首要强调，影响了这一时期文艺界对各种艺术流派的态度，最突出的现象是对形式主义的批判。"形式主义艺术"即现代派艺术，其遭到抛弃的最主要原因就是它们违背了"人民性"。

苏联向来是反对形式主义的最强堡垒，对形式主义倾向斗争的政治立场特别坚决。在苏联文艺理论界，形式主义向来是与社会主义现实主义相对立的概念，因此，形式主义与现代性也绝不相容。比如，在影视艺术方面"现实主义学派的导演技巧不是以形式上的机灵和巧计来衡量的，而是以导演所做的解释的高度思想性，创作意图的深刻性和现代性来衡量的"[2]。K.朱波夫的这段文字明显地将"形式"放在"现代性"对立面使用。同样在音乐领域也"剧烈地反对堕落为形式主义音符游戏的所谓'纯交响乐法'这种抽象公式和暧昧的概念"[3]，反对旧的忧伤的圆舞曲与小市民歌曲的陈词滥调。原因就在于"这些音调是不能丰富我们的整个音乐文化；不能以新的、进步的因素补充群众的音调语汇的。别林斯基曾就这一类的创作说过：'它不能领导群众，而只是

---

[1] 〔苏联〕盖·胡鲍夫：《音乐与现代性：论苏联音乐的发展问题》，张伯藩译，《音乐译文》1955年第5期。

[2] 〔苏联〕K.朱波夫：《小剧院与斯坦尼斯拉夫斯基体系》，江帆译，《电影艺术译丛》1956年第2期。

[3] 〔苏联〕盖·胡鲍夫：《音乐与现代性——论苏联音乐的发展问题》，张伯藩译，《音乐译文》1955年第5期。

逢迎他们；甚至不能确立新的时样，而只是随着时样跑'"。也就是说，歌曲的现代性取决于"它的思想感情是否适应我们苏维埃现实；决定于它反映人民生活新的、进步方面的程度"①。在美术领域，这种对形式主义的批判具有更鲜明的倾向性。以我国学者王琦于1958年第1期《美术研究》杂志上发表的题为《现代资产阶级的形式主义艺术》的文章为例。王琦首先对何谓"形式主义艺术"做了阐释：

> 形式主义艺术是指十九世纪末以来的资产阶级颓废没落的艺术。它包括从印象主义开始以后的一切现代资产阶级的艺术流派，其中主要的是指野兽主义、表现主义、立体主义、未来主义与超现实主义。这些不同的流派，都有它的共同特征，即是忽视艺术的思想内容，专门在形式上玩弄花样。……使内容服从于形式，这是形式主义艺术和现实主义艺术的最大分歧点。②

在文中，王琦分别总结了野兽派、立体主义、机械主义、未来主义、超现实主义各个流派的艺术特点，对每种艺术形式的概述基本准确，但由于他所采用的政治思想倾向标准，这些艺术流派必定受到批判与清算。因为这些艺术"已不再是反映人类生活，认识生活的武器，而是完全离开了客观世界的主观观念的游戏"，它们的实质是反现实主义的形式主义艺术，它们"排斥人和社会生活在艺术中的地位"，是"对于人性的敌视与人道主义的破坏"。

---

① 〔苏联〕伊·聂斯齐耶夫：《人民性与现代性》，高学源译，《音乐译文》1955年第3期。
② 王琦：《现代资产阶级的形式主义艺术》，《美术研究》1958年第1期。

比如，雕刻家亨利·摩尔作品的原始主义倾向，王琦就认为，在这种超现实主义的作品里，人成了原始时代兽类的化身，而高尔基说过"艺术文学是'人学'"，"光辉的'人'的形象，这些形象感染着后世千百万人的心灵和感情，培养了他们对于人的尊严和美好的道德观念，然而形式主义艺术家却弃绝了这一切美好的传统，却在'革新''创造'的美名下，从事对于人和人性的破坏工作"。"形式主义对于人的侮辱，是帝国主义时代资产阶级仇视人和人类文化的疯狂意识心理在艺术上的具体反映。"[1]这样，在民国时期由林风眠、刘海粟、汪亚尘、倪贻德、丰子恺等人引入中国的西方现代派艺术就在新中国成立后出现了断流；在20世纪40年代由"新诗派"、袁可嘉等人重视的现代性体验和对现代生活的敏感在这里也遭到了贬斥。比如机械主义艺术的代表莱歇尔"对于现代文明所产生的机器——大铁桥、电缆车、飞机、停车的信号圆盘、工厂的钢架、天梯等感到莫大的兴趣，而且从那里看到'美'的构成"，可王琦却说莱歇尔的作品是压抑"人性"的，"人是机械，耳、目、口、鼻、手、足，都是零件"。[2]而资本主义社会制度的空虚、荒谬、狂妄与丑恶"就在于：在这个制度下，本来负有把人从沉重的劳动下解放出来这一使命的完善的机器，却把人变成了自己的奴隶"[3]，这就是苏联电影理论家A.库卡尔金的《卓别林与现代性》一文中对"人"与"现代性"关系的探讨。

所以"现代性"不能背离人民性，不能背离社会主义现实主义，否则就是"反现实主义的修正主义"。旧势力"在自己的方法和思想上制造一种'进步''现代'和'革新'的假象，它用'现

---

[1] 王琦：《现代资产阶级的形式主义艺术》，《美术研究》1958年第1期。
[2] 王琦：《现代资产阶级的形式主义艺术》，《美术研究》1958年第1期。
[3] 〔苏联〕A.库卡尔金：《卓别林与现代性》，李溪桥译，《电影艺术》1959年第2期。

代性''新的发展条件''现代局势的变化'等概念和诸如此类的论调从事投机买卖……因此在对修正主义美学的批判上,在反对向现实主义展开的各种攻击和袭击的斗争中,必须把所有的观点全部摆出来","争论的中心绝不是形式或者'表现方面',不是'现代性'或者'古风''革新'或者'传统主义'——所有这些都只是掩盖分歧的真正本质的一些字眼"。① 那么,现代性真正的本质是什么?答案就是为人民服务的社会主义现实主义。

三、激进的"革命"锋芒

从前文斯别什涅夫和波·特洛非莫夫的现代性定义中可知"斗争"从一开始就是包含在"现代性"的概念之中的,包括对立面之间的斗争,新东西与旧东西之间的斗争,衰颓着的东西和发展着的东西之间的斗争,等等。尤其是新与旧的斗争是"现代性"概念中非常重要的一个论题,后来的"革新、先锋"等"现代性"内涵都与这种非常典型的"苏联模式"的意识形态话语方式有关。新与旧的斗争问题可以分成两个层面进行探讨:一是革新与传统之间的关系,二是"现代性"作品描写的对象到底要限定在"当代生活"还是可以描写"过去生活"?

第一个层面,革新与传统的关系。今天我们早已学会反思古典与现代、新与旧本就不应做一刀切的划分,但是从晚清就承袭的破旧立新的社会变革所煽起的热情,以及向传统观念挑战的激进的精神,在20世纪五六十年代的苏联和中国已经燃烧到了极致,"新与旧之间的竞争和新东西底胜利"成了唯一的美学标准。在所

---

① 〔苏联〕B. 斯卡捷尔希科夫:《修正主义者反现实主义的十字军东征》,佟景韩译,《美术研究》1959年第1期。

有的艺术领域里,"新"标准无处不在——美术领域里,"无论绘画和雕塑方面,对象征性作品的兴趣显著地在增加,现代的令人激动的事件,产生了新的概念,新的形象,苏联人民要在这里看到自己成就的体现"①;音乐领域里,"歌曲底成功决定于它底思想感情是否适应我们苏维埃现实;决定于它反映人民生活新的、进步方面的程度。……这样,新歌曲充分符合于我们人们底理想与战斗的、乐观的人生观,这便决定了新的苏联青年歌曲底人民性与其声音底真正现代性"②;电影剧作领域里,"我们认为,在今天无论是现代主题,或是对它的艺术见解都不能脱离开人们之间相互联系的新的性质来处理……我们社会主义阵营的电视剧作家必须了解并且展示出劳动人民的历史责任,以及现代世界中人与人之间出现的新的联系,应该去探索并支持新的事物,而不是在新事物中寻找旧的东西、传统的东西,我们的艺术是一项战斗的艺术,人类的先锋队"③。这里面涉及"现代性"概念中非常重要的话题,即革新与传统的关系。当"现代性"被社会主义现实主义定义的时候,要求"新的形象""新的概念""新的联系""新的事物""新的性质",但同时传统又不能完全被抛弃,传统中能够体现"人民性",能够为"我们的今天"服务的合理因素要适当地吸收。所以,像未来主义这样"舍弃一切传统艺术的规律,要求创造纯粹'新'的艺术","无论在内容与形式上都要与过去传统截然绝缘"的艺术又是必须被批判的。

第二个层面,可以概括为现代性中的"古今之争"的问题。

---

① 〔苏联〕伊林:《寓意和象征》,刘骥译,《美术研究》1959年第2期。
② 〔苏联〕伊·聂斯齐耶夫:《人民性与现代性》,高学源译,《音乐译文》1955年第3期。
③ 〔苏联〕斯别什涅夫:《电影剧作和现代性:苏联代表斯别什涅夫同志的报告》,李溪桥译,《电影艺术》1959年第3期。

关于现代性作品描写的对象到底是毋庸置疑的"当代生活",还是"现代性"不只等于现在和今天——"当过去的事件和现代生活有某些共通点的时候,描写过去也能反映现代的某些方面和现代的迫切问题"①的时候——"现代性"也可以描写过去的生活,这个问题在理论界一直存在着争议。比如德·尼古拉也夫就认为"现代性"并不等于"今天",他说在文学界有"不少看来是描述'今天'、实际上却远离现代生活的作品。这些作品以其表面的类似真实掩盖了内容的贫乏,掩盖了缺乏真正的、深刻的真实的状况。这些作品的作者只是浮光掠影地看到表面现象,多多少少还算顺利地把这些现象记录下来,但他们并不打算深入现象的本质,不想揭示生活的规律。因而就成了平铺直叙,一味罗列事实,丝毫没有提出时代的重大问题的企图"。他认为在文艺界现在确实存在着这样一些现象,这些人判断作品的标准"往往不是凭作品的真实的艺术价值,而是根据'材料'来评价作品。只要作者声称:'活动的时间是我们今天',这就足以承认这是一部现代性的作品了"。他讽刺说,甚至有些人认为只要作品里"人物的活动是在集体农庄或机器拖拉机站里展开的话,那么,这部作品就被认为是'迫切需要的'了"。他坚决抵制这种判断标准,他认为"作品具有多少现代性,在很大程度上是取决于冲突的意义重大与否的"②,不能仅从取材的年代和地点的选择上来进行现代性的判断。持不同观点的是波·特洛非莫夫,他批评说:"有人认为艺术中的现代性不决定于描写什么,不决定于描写现代生活,而决定于如何反映现实,用什么观点反映现实。他们认为主要的是艺术家的观点,

---

① 〔苏联〕波·特洛非莫夫:《文学和艺术中的现代性》,《学术译丛》1960年第6期。
② 〔苏联〕德·尼古拉也夫:《文学和现代性》,邹正译,《学术译丛》1959年第3期。

而不是现实。可以写过去，也可以写未来。但这样的看法未必是正确的。因为最优秀的文学和艺术作品主要是反映当代生活的作品。当代生活向来是世界文学和艺术的主要对象。"[1] 尽管对现代性作品是否就是描写"当代生活"存在争议，但有一点是所有理论家们共同坚持的，就是——无论作品的选材是过去、现在还是未来，都必须服务于现代生活的主题，"用现实主义的艺术手段向人们讲述苏联的共产主义建设、人民民主国家的社会主义建设、各族人民争取和平的斗争"，"因为这是我们时代先进艺术的最现代的主题"[2]，不可动摇。

四、社会主义现实主义

我们探讨的是"十七年"文艺理论译介中的现代性话语，其实更确切地说，我们的调查并不只局限于这 17 年，是特殊的时代环境造成了"文革"期间所有杂志社、出版社处于停刊无译文的状态。并且如果细心观察，就会发现这 12 篇文章的译介时间全部集中在 1950 年 2 月至 1960 年 7 月之间，而这两个时间点恰与历史上中苏关系的两个重要节点相重合——中苏于 1950 年 2 月 14 日签订《中苏友好同盟互助条约》；1960 年 7 月 16 日苏联召回专家。我们以这 12 篇译文为平台探讨"现代性"概念的内涵，既看到了它由一地向另一地运动这个活生生的事实，同时也看到了这种向新环境的运动绝不是畅行无阻的，它被政治形势和国际环境直接影响着。在中苏关系破裂前，"苏联模式"的社会主义现实主义对中国文艺理论界影响巨大，它是中国文艺界从新中国成立之

---

[1] 〔苏联〕波·特洛非莫夫：《文学和艺术中的现代性》，《学术译丛》1960 年第 6 期。
[2] 〔苏联〕波·特洛非莫夫：《文学和艺术中的现代性》，《学术译丛》1960 年第 6 期。

后一直延续到"文革"前的最重要的,也是公认的唯一的创作方法,因此这一时期"现代性"的核心所指就是社会主义现实主义。社会主义现实主义的创作原则是苏联在20世纪30年代提出来的,它的经典定义,始见于1934年第一次苏联作家代表大会通过的《苏联作家协会章程》:

> 社会主义的现实主义作为苏联文学与苏联文学批评的基本方法,要求艺术家从现实的革命发展中真实地、历史地和具体地去描写现实,同时艺术地描写的真实性和历史具体性必须同用社会主义精神从思想上改造和教育劳动人民的任务结合起来。①

在我国,在1953年9月23日至6月10日举行的"第二次全国文代会"上也正式确认了"以社会主义现实主义作为我们文艺界创作和批评的最高准则"。周恩来在政治报告中的"为总路线而奋斗的文艺工作者的任务"部分,明确指出:"以社会主义现实主义作为我们文艺界创作和批评的最高准则,这是很好的。"因此,这一时期判断文艺作品是否具有"现代性",判断作品是"现代性"的还是"非现代性"的,均以是否符合社会主义现实主义作为标准,"社会主义现实主义永远是,并且首先是力图使艺术家通过原则性的选择和相当地掌握生活现象来肯定社会生活的先进事物,巩固社会主义立场,并谴责阻碍我们走向共产主义的一切东西"②。

---

① 中国社会科学院外国文学研究所编:《七十年代社会主义现实主义问题》,中国社会科学出版社1979年版,第12页。
② 〔苏联〕斯别什涅夫:《电影剧作和现代性:苏联代表斯别什涅夫同志的报告》,李溪桥译,《电影艺术》1959年第3期。

詹明信在1985年第一次来中国时提出了一系列的问题，他问道："意识形态在文化中起作用吗？有没有进步的文化与反动的文化？能不能从意识形态角度谈艺术作品的效果，这样做的结果令人满意到什么程度？""意识形态对一位作家文学创作的形式是否有影响，是不是有了正确的意识形态就会有好的形式，而没有正确的意识形态，形式就会失败。"① 当我们考察"十七年"文艺理论译文中的现代性话语的时候，我们也时刻面临着对这些问题的反思。"现代性"概念原本就具有深刻的意识形态性，在"十七年"里这个特点更为鲜明，完全以"人民性""革命"和"社会主义现实主义"作为判断现代性作品的标准无疑是片面和缺失的，但这又的确构成了特定历史语境下学术界对这一概念的基本理解和阐释。而新时期以后，当"人民性""革命"和"社会主义现实主义"等一系列政治意识形态话语逐渐消隐，"启蒙""先锋主义"和"大众化"等命题登上"现代性"所设定的语义场时，我们会发现，在这种话语、概念的更迭背后，实际上仍然蕴含着某种耐人寻味的连续性和一贯性。

总而言之，当我们提到中国的"现代性"时，通常会将其发生追溯到新文化运动时期，"中国社会、中国文化、中国文学的'现代性'正式形成于五四新文化、新文学运动，与那时所说的'新'是基本相同的一个文化概念。迄今为止，它仍然是体现中国社会、中国文化、中国文学整体社会历史特征的一个文化概念"②。在西方，"现代性"被叙述为社会世俗化的一段历史；在中国，"现代性"被描述为一段有别于传统中国社会、文化的全新的

---

① 〔美〕弗雷德里克·杰姆逊：《后现代主义与文化理论》，唐小兵译，陕西师范大学出版社1986年版，第22—23页。
② 王富仁：《"现代性"辨正》，《北京师范大学学报》（社会科学版）2013年第5期。

历史发展阶段。这种"大境界"使用的"现代性"与仅仅在译文中"小境界"使用的"现代性"概念是否是同一个"现代性"？

当我们描述20世纪前半期整个中国社会意识形态的关键词时，将其称为"启蒙现代性"，它建立在新文化运动"科学、民主、自由、平等"思想原则的基础之上，明确以"立人"为社会目标，进而以"拯世救民""经世治国"（"立国"）为理想。这样一种整体社会发展趋势的概括是否符合"现代性"概念本身在使用层面上的实际情况？如前所述，我们可对此问题做一回答。

首先，"二周"译文中的"现代性"关注的是主体的觉醒，这与"启蒙现代性"确有一致性。西方的"现代性"，通常从"文艺复兴"说起，从"人"的觉醒说起，一直到18世纪启蒙思想家那里，理性既是神学的对立面，也是自然的对立面，理性成为"现代性"的一个核心观念。中国的新文化运动向来被称为中国的"文艺复兴"，中国的"启蒙运动"，"科学、民主、自由、平等"对立的不是西方的神学，而是中国"旧文化"中的儒家以"忠孝节义"为主要内容、以"忠君爱国"为最终指向目标的一整套伦理道德的价值观念，是它的神圣性遭到怀疑。因此，从"立人"角度而言，"二周"在译文及文艺创作中，"提倡新的文学"即"人的文学"其指涉性非常鲜明，即仅仅是"一个人"的觉醒。"人"是普通的个人、社会中的人，这样的"人"的个体的命运在中国历史上从未被关注过。它与"十七年"话语体系中的"人民"不一致，"人民"与"民为贵、君为轻"中的"民"和"百姓"一样是集体名词，它并不关心每一个独特的"人"的日常生活体验与心情。"什么是觉醒的'人'、觉醒的'个人'？觉醒的'人'、觉醒的'个人'就是用自己的眼光看待自己和自己周围的世界，用自己的心灵感受自己和自己周围的世界，并以自己的力量努力使自己周围的世界变得更适于人的成长和发展的世界的'人'和'个人',用鲁迅的话来说就是要'为人生'并且要'改良这人生'。"①若从"立人"而言,"二周"的确是呈现出了"启蒙现代性"的典型特征之一,他们的全部作品,尤其是鲁迅后来的《野草》等文艺创作里包含着现代意识,但这其中表现出来的"现代性"与其后来被理解和运用的"革命现代性"还有着一定的距离。陀思妥耶夫斯基是洞察人类心灵的大师,在个体生命意识同客观世界之间的碰撞与渗透中讨论"人"的价值,这是周作人与鲁迅关注的"现代性",它是在精神上觉醒的"人",而不是在政治和经济层面上解放的"物质现代性"的"人"。当然"20世纪中国的现代性'启蒙'并不仅仅是指'个人'的觉醒,它同时还是作为'想象的共同体'——现代民族国家意识的觉醒,'救亡'不但不是'启蒙'的对立面,而且是'启蒙'的一个基本环节。中国现代文学中的'个人'始终是民族国家中的'个人',或者是作为民族国家变体的另一个'想象的共同体'——'阶级'中的'个人'"②。从"救亡"这个层面上讲,鲁迅从"个人觉醒"之"立人",到拯救国民之灵魂的"立国"之选择表现了这个议题。虽是个人的文本,但其"以民族寓言的形式投射到一种政治",即其作品包含着中国近现代以来的"大众文化和社会受到冲击的寓言",这是其与后来的"左翼"文学、延安文学、"十七年"文学产生联系的共同的趋力。

其次,早期尼采译介文本中的"现代性"成为被译介的对象,除了因为其"超人哲学"契合了五四运动时期救亡为导向的"立

---

① 王富仁:《"现代性"辨正》,《北京师范大学学报》(社会科学版)2013年第5期。
② 张志忠:《现代性理论与中国现当代文学研究转型》,《文艺争鸣》2009年第1期。

民""立国"初衷；更为重要的是其突出了"启蒙现代性"的另外两个主题：其一是批判性，其二是创造性。所谓"批判性"，尼采为中国"旧文化"中的传统价值观念和封建思想意识形态的批判找到了理论依据。它在承继千年的"独尊儒术"及"忠君爱国"固有的完美和神圣里发现了不完美、不神圣乃至荒诞的、丑恶的性质和特征，这就是王国维等人率先接受尼采哲学的原因。后来这种"批判性"，即"破坏性创造"，进而又被"革命性"发展，强烈的战斗意识被夸大，从而成为中国"左翼"文学、革命文学的理论来源之一。而所谓"创造性破坏"，它可以不完美、不神圣，但它预示着独创、新颖和未来发展的一种新趋势，故而又表现为一种预示着未来发展前景的"先进性"。一味地求"新"，勇往直前地探索，充当"先锋"，"历史地看，先锋派通过加剧现代性的某些构成要素、通过把它们变成革命精神的基石而发其端绪"。[①] 最终，尼采"现代性"概念里的矛盾性体现为后期"现代性的一种激进化和高度乌托邦了的说法"。因此，尼采的"现代性"概念既包含了对过去的激进批评，也包含了对变化和未来价值的无限推崇，他的译文因此而具有价值。

再次，从1918年至1948年，袁可嘉译介的"现代性"已明显呈现出与"二周"不同的内涵。历经三十年，"现代性"开始抛弃其曾经挚爱的"现代主义"文艺思潮，表现出了一种由"现代性"向"后现代性"发展的趋势，尽管在那时还没有人对此种思想风格予以定义。其迹象有三：第一，文中明确表示，现代主义的"蛟龙时代"已然要过去了，尤其是现代主义文学样式中的心

[①] 〔美〕马泰·卡林内斯库：《现代性的五副面孔：现代主义、先锋派、颓废、媚俗艺术、后现代主义》，顾爱彬、李瑞华译，商务印书馆2002年版，第103页。

理分析已没有任何新鲜感,若要继续发展,"形式革命"也许可以解决这个问题,就是要"以完全新的形式"表现新的内容,或以完全新的手法来运用旧形式。"现代主义已不是目的,态度、哲学、形式已成为目的",即开启了观念艺术、艺术哲学、形式创新(抽象与形式分析)的序幕。在 20 世纪 40 年代的中国艺术领域,观念艺术和艺术哲学的概念尚未形成,但是以林风眠为代表的一批中国近现代艺术家,已经在探讨中国艺术改革的新路子——用西方现代绘画的形式美与中国传统绘画的气韵生动和抒情意趣相结合。但其对形式美的追求不如徐悲鸿从西方引来现实主义用以改良中国画的方式更符合革命现实主义的要求,因此"现代性"的概念在中国的流通过程中在此时出现了一个拐点。若继续沿着西方的"现代性"发展脉络,紧接着必然是 60 年代的后现代主义思潮与中国艺术之间的交流和碰撞,如前所述,在文中已经有了这样的倾向。但是中国的社会现实有着自己的实际情况和选择,当"人民性""革命"和"社会主义现实主义"等意识形态话语成为中国五六十年代"现代性"评判的唯一标准,中西对"现代性"的定义出现了完全不同的走向,可以说是从现代主义回归于现实主义,虽然它是具有限定性的"社会主义现实主义";第二,尽管作为九叶诗人的袁可嘉在翻译此篇文章时,是因为作者斯彭德"左翼诗人"的政治立场,但是文中所讨论的"艺术的现代性"却并没有与"启蒙现代性"的革命文学纠缠在一起,而是表现出了与中国"新感觉派"的现代主义小说更为密切的血缘关系。施蛰存、刘呐鸥、李金发、穆时英作为"新感觉派"小说的代表,首先在他们的作品中大量运用了蒙太奇、意识流、感觉主义和心理分析等手法,这是"二周"在译介陀思妥耶夫斯基小说时明确表示的"现代性"的艺术表现手法。所以仅就译文而言,"新感觉派"才是承续文中所讨论的西方现代派、现代主义文学审美现代性的一支。此外，刘呐鸥作为"新感觉派"小说都市文学的最初尝试者，他对都市人的生活体验和感知描写，展现出了他对都市的富丽、享乐、繁华、妖媚等物欲色彩的熟识。这虽然只突出了他对于都市生活的感觉，而没有自觉地将其与工业文明的后果联系起来。但其作品中展现了中国20世纪上半叶现代都市充满活力的现代性面貌。其短篇小说集《都市风景线》中那些纷乱、喧嚣、滚动的城市意象，突出了都市生活是世俗性的物质主义生活，是充满激情的旨在放纵的声色犬马的生活。作品中所表现出来的都市男女狂热迷乱的感性欲望，都市人的空虚、颓废与人生烦闷，金钱社会人伦尽失物欲横流的都市畸恋，就是对都市、资本主义和工业主义关系的反思。这既是新时期才进入"现代性"译介文本中的本雅明、詹明信、贝尔批判工业主义的都市的主要议题，也是马克思、韦伯、涂尔干和福柯等人解剖现代制度的先声；第三，斯彭德在《释现代诗中底现代性》中举例说明诗人艾略特在失望于"现代机械文明衍生出的大都市的丑恶和阴暗"之后，转向基督教寻找救赎之路。现在学界对这种趋势也已经有了一个相对明确的概念，即"反现代性"。这是一种由现代性向古典性、经典性、传统性复归的趋势，在西方或可表现为对宗教的回归，但这却不是中国的文化根脉。21世纪第一个十年，中国文化的潮流出现"国粹热""国学热""儒学热"，社会意识形态的关键词是"中国模式""民族性"[①]；第二个十年，提倡"传统文化复兴"，这才是中国对"现代性"的反思道路。所谓复归，自因其源头不同而指向不同——西方的"现代性"源于对上帝魔法的清除；中国

---

① 王富仁：《"现代性"辨正》，《北京师范大学学报》（社会科学版）2013年第5期。

的"现代性"源于对旧文化中传统价值观念的抛弃。但是二者还有一个共同整饬和征服的内容,即"自然世界"。18世纪的西方启蒙理性既是神学的对立面,也是自然的对立面;19世纪末20世纪初中国的"师夷长技"以及"赛先生"同样以征服自然为目标。其结果就是爆发工业文明危机,这才是现代哲学家批判"现代性"的根本原因——对人的批判。人从自我发现,个人主义发展,到自然为人的绝对意志所主宰,斯彭德说"因为人与社会、自然、自我四者之间产生了脱节和扭曲",所以才有了现代社会的"经济危机、信仰危机、价值危机"。因此,重新讨论人,重新讨论人与自然的关系,才是"现代性"的唯一出路。而中国古典传统哲学中"天人合一"以及"道法自然"等思想为中西方学者提供了共同的参考体系。但是这个逻辑线索直到20世纪末才被连接上,比如1999年舒斯特曼宣称他在中国古典哲学里找到了建构"身体美学"的思想资源,紧接着伴随着"全球化"议题的深入,生态美学、环境美学渐成显学。上溯到袁可嘉的这篇译文,寻找其蛛丝马迹,"现代性"内涵中关于人与自然关系的讨论早已萌芽,这才是我们今天重读这篇译文的意义所在。

总之,无论是"二周"、袁可嘉、卢勋,抑或是"十七年"间的译介文本,就总体而言,对"现代性"的讨论虽还只是集中于文学、艺术、哲学领域,讨论的是现代主义文化的特征及带给人的感受,还没有溢出审美领域进入现代社会的组织形式的讨论,也没有对现代国家的政治构想。进入新时期以后,伴随着国家政治方针、经济潮流的变迁,社会意识形态的关键词从"现代性"变成"后现代性",随着"现代性"概念讨论的深入,学科界限逐渐被打破,对"现代性"概念的讨论就变得更加艰难了。

第二章　新时期"现代性"译介浪潮

王富仁先生在《"现代性"辨正》一文中曾说:"即使一个翻译家,如果没有对中国社会、中国文化、中国文学的承担精神以及对这种承担的有效性的追求,也不可能知道翻译什么以及怎样翻译。而不通过翻译,西方的还是西方的,与中国社会、中国文化、中国文学的联系还是建立不起来的——对于中国社会、中国文化、中国文学,西方社会、西方文化、西方文学永远不只是一个如何评价的问题,而更是一个如何转换的问题,亦即如何通过对西方社会、西方文化、西方文学的转换来承担中国社会、中国文化、中国文学自身发展的艰难的问题。"① 作为一个被译介过来的跨文化概念,新时期的哪些具有"承担精神"的人、刊物或机构为"现代性"在中国的传递与交流提供了平台?他们为何不约而同地将有关"现代性"讨论和争鸣的资料视为学术关注点?翻译及讨论现场的还原和梳理,是进一步探究"现代性"概念在新时期中国学术语境下传播及流变的前提。这是一项极其必要的基础工作。

作为新时期里一个完整的十年——"80 年代"已不仅仅是一

---

① 王富仁:《"现代性"辨正》,《北京师范大学学报》(社会科学版) 2013 年第 5 期。

个时间的概念，后来有人笼统地把它作为"新时期"的文化标签来使用。如查建英在她编辑的《八十年代访谈录》序言中说，她一直认为"二十世纪八十年代是当代中国历史上一个短暂、脆弱却颇具特质、令人心动的浪漫年代"①。新时期短短的十几年间就出现了"美学热""文化热""'85新潮美术"等大大小小几十场文艺运动，在这之后的中国学术界再无可与80年代规模相比拟的文艺思潮涌现。由文艺界肇始的这几场文化思潮，甚至波及社会生活的各个领域，最终又全部在90年代初戛然而止，迅速消解。当年的人事早已风流云散，如今重提这些旧事，举凡有所议论臧否，都是针对"现代性"概念译介背景做学理分析，如果在行文中涉及过去争论中的人和事，也仅就事论事，并以其80年代期间的活动为主要线索，尽量以资料取证，同一事件以多个当事人的回忆相佐证，毕竟《罗生门》给我们的启示是：人的记忆不可信，会被主体改写与重构。

新时期的"现代性"概念是裹挟在以上提到的几场大规模的文艺思潮活动中被移植到中国的，学者们一方面欢呼西方现代派艺术和思想如今终于有条件合法进入中国，因此先尽可能多多益善地将西方现代学术"拿来"认识和使用；另一方面又确实来不及深入思考，确有"不求甚解"的倾向，人们满足于对现代主义的肤浅了解，甚至还有很多人依旧热衷于从社会意识形态立场论争"举什么旗"的问题。但如果重新对这些译著进行梳理整合，就会发现在新时期的中国学术界对"现代性"在20世纪的复杂表现，及其与当代文明之间的深刻联系已经有了很多介绍与考察，一些思考甚至在80年代后期浮出水面渐渐走向成熟。这一时期

---

① 查建英主编：《八十年代访谈录》，生活·读书·新知三联书店2006年版，第3页。

在行文中对"现代性"概念进行论说的译著、译文主要集中在以下几大译丛和期刊中。学界公认的、产生巨大影响的、比较重要的有三大译丛,分别为"文化:中国与世界"编委会主编的《现代西方学术文库》、《新知文库》和《文化:中国与世界》论文集(共5期);李泽厚主编的《美学译文丛书》及《美学译文》刊物(共3期);金观涛主编的《走向未来》丛书。期刊类有关"现代性"的译文大多集中于《国外社会科学》《现代外国哲学社会科学文摘》《第欧根尼》《美术译丛》和《世界美术》等杂志中。

新时期的三大民间文化机构:"文化:中国与世界"编委会、"走向未来"编委会、"中国文化书院"编委会。有人曾评价说:上述三大文化"圈子"实际上成了引领中国大陆人文科学各种思想风潮的主要"思想库"。陈来曾经写过一篇文章叫《思想出路的三个动向》①,文中对80年代"文化热"中涉及的这三大"文化典型"进行过总体概括。他说:"'走向未来'的科学精神,'文化:中国与世界'的文化关怀,'文化书院'的传统忧思,在一定程度上代表了近年中国大陆文化讨论的几个侧面。与大陆所处的历史进程紧密相关,金观涛和甘阳分别想以当代西方的科学文化和人文文化改造中国文化,都表现了一种从文化上推进现代化的努力。"②与"走向未来"和"文化:中国与世界"大异其趣,1984年10月由张岱年、朱伯崑和汤一介等教授发起的"中国文化书院",重点进行的是对中国传统文化的深入研究,虽然它也探讨改革开放后中国文化的走向,其宗旨也是为了"推动中国文化的现代化进程",其目的是要"弘扬固有的优秀文化传统"。尽管它是21世

---

① 陈来的这篇《思想出路的三个动向》,写于1987年11月,原载台湾《当代》杂志1988年1月第21期。

② 甘阳主编:《八十年代文化意识》,上海人民出版社2006年版,第569页。

纪第一个十年"国粹热""国学热""儒学热"文化潮流的先声，但作品多为汉语著述，因此，将其放在中西比较的背景中加以介绍，不作为单独研究对象。与此同时，20世纪80年代另一大文艺思潮"美学热"也有其重要代表，即由李泽厚主编的《美学译文丛书》的出版发行。《美学译文丛书》与《走向未来》丛书，以及《现代西方学术文库》，这三大丛书对西方现当代文学艺术、社会学、经济学、历史学、心理学等学科的最前沿话题及经典著作进行了全面介绍。这三大丛书反映了新时期西方学术介入知识界的真实状况，是新时期"现代性"理论译介的主要阵地。当社会处于一种巨大的历史变革之中，其动荡的根源总是来自科技和文化两个方面，而新时期的三大丛书就呈现出了以科学与文化作为译介对象的不同旨趣。由文艺家和人文知识分子引领风潮的80年代，虽然远非一两场"以北京为中心、以知识精英为骨干"的"文化热""美学热"所能概括，但这些人确实是"现代性"思潮的最主要译介群体。

第一节 "文化大讨论"
与《文化：中国与世界》系列丛书

《文化：中国与世界》系列丛书从"一九八五年开始酝酿，真正打招牌是一九八六年"①，同时实施的是四项工程：由生活·读书·新知三联书店承担出版的有三个子系列：《现代西方学术文库》《新知文库》以及《文化：中国与世界》论文集；由上海人民出版

---

① 查建英主编：《八十年代访谈录》，生活·读书·新知三联书店2006年版，第196页。

社承担出版的有一个子系列《人文研究丛书》。其中《现代西方学术文库》是编委会的主推项目,这在文库总序里有直接的说明:

> "文化:中国与世界系列丛书"编委会在生活·读书·新知三联书店的支持下,创办"现代西方学术文库",意在继承前人的工作,扩大文化的积累,使我国学术译著更具规模、更见系统。文库所选,以今已公认的现代名著及影响较广的当世重要著作为主。至于介绍性的二手著作,则"文化:中国与世界系列丛书"另设有"新知文库"(亦含部分篇幅较小的名著),以便读者可两相参照,互为补充。①

《文化:中国与世界》论文集,共发行五辑,时间比较集中,从1987年6月起,至1988年11月止,每一辑间或有二至三篇译文,其余主要为编委成员及译者所撰论文,就内容看,可算是作为最早的一批接受者们在译介"西学"后的理论解读。当然,由丛书编委撰写的专著另有《人文研究丛书》,是中国学者对中国学术及传统更为系统深入的批判反思,是体现编委会学术思想倾向的研究性专著,共计12种。《新知文库》共出版92种,全部为译著,其在选材上与《现代西方学术文库》相比更倾向于对西方现代主义流派的介绍和西方思想家评传的综合,也有部分重要的思想性、知识性著作,因此对文库是一非常重要的补充。《现代西方学术文库》进行的是20世纪最重要的人文哲学著作的翻译工作,是三大译丛中唯一一个在新时期丛书编委会解散之后仍继续出版

---

① 《现代西方学术文库总序》,见〔法〕萨特:《词语》,潘培庆译,生活·读书·新知三联书店1988年版。

发行的丛书。该丛书的出版发行前后有两批，经统计第一批共计出版 36 种。从 1986 年 12 月起，至 1995 年 8 月止，其中有 27 种在 1989 年编委会解散前即已出版；第二批从 1999 年 6 月起至今，其中大部分译著为第一批中经典作品如海德格尔的《存在与时间》、萨特的《存在与虚无》、尼采的《悲剧的诞生》等作品的重校修订本，也有一小部分为第一批就已经着手翻译的著作，由于各种原因没有译完，后来在第二批中首次刊行。以上著述目前都还在出版与重印中，数字暂不统计，本文仅以第一批为研究对象。

与《走向未来》丛书相比，《文化：中国与世界》系列丛书最突出的特点是：重视人文，特别是哲学、社会学、伦理、宗教等领域。丛书以研究所以上的学术界从业人员为对象，不像《走向未来》丛书更接近一般知识界，因此有人将"文化：中国与世界"编委会称为"学院派"。甘阳曾自己评价他们编委会在 80 年代做的事情，认为"从知识视野、自我定位、问题意识、学术水平"方面的评价都非常高。原因有二：第一，是他们的"学术起点很高"，"很短的一个时间内确实进入到西方哲学思想史的一个最深刻的问题里面去了"；第二，他们和 80 年代的批评，比如浮躁，毫不相关。编委会"踏踏实实在工作，翻译质量非常站得住，像《存在与时间》"[1]，海德格尔入室弟子熊伟教授认为《存在与时间》的中译本不逊于英译本[2]。1999 年后，第二批译著的刊行，证明今天学界大多数人对"文化：中国与世界"编委会的评价也是很高的，它"被普遍看成象征当时中国学术新生代的崛起，日后中国思想学术界的著名人物如刘小枫、陈来、阎步克、陈平原、陈嘉

---

[1] 查建英主编：《八十年代访谈录》，生活·读书·新知三联书店 2006 年版，第 222 页。
[2] 甘阳主编：《八十年代文化意识》，上海人民出版社 2006 年版，第 567 页。

映、李银河等,均出自这个编委会"。同时,《现代西方学术文库》也被誉为是"对那个时代影响最大的丛书之一,不仅奠定了当代中国对西学研究的基础,也为当代中国'反思现代性'浪潮的兴起提供了思想基础"。甘阳曾经说过:

> 那时候没有"现代性"这样一个提法。当然这个问题是对西方文明的一个反省。现在叫现代性问题,我们当时叫技术时代。①
> ……
> 法兰克福学派对文化工业的批判是我们其中的一个 discourse,这是我们的惯用语言,就是文化工业,我们谈话经常都是讲技术时代、文化工业、大众文化,这些都是贬义词,都是否定性的。所以……我回顾起来,八十年代我们实际上是一种对现代性的诗意批判……②

这段话透露出两层意思,一是"现代性"问题即是对西方文明的反省,或者说是对文化工业、技术时代的批判;二是在 80 年代,尽管"文化:中国与世界"编委会成员们并没有使用"现代性"这个词汇,可却已经有意识地在讨论关于"现代性"问题。甘阳是研究伽达默尔、卡西尔、利科出身,他和"文化:中国与世界"编委会的成员们"试图用解释学方法解决中国文化现代化问题,致力于引入西方文化来发展中国文化"。源出欧陆人文哲学传统的当代解释学,其重点即是对文化工业中的科学主义进行批

---

① 查建英主编:《八十年代访谈录》,生活·读书·新知三联书店 2006 年版,第 222 页。
② 查建英主编:《八十年代访谈录》,生活·读书·新知三联书店 2006 年版,第 226 页。

判。因此，正像陈来所说："在这个意义上，以解释学出身的甘阳为主编的'文化：中国与世界'系列丛书编委会，正是在自觉的文化关切支配下，一个与科学主义相对立的文化派别。"①

与其他两大丛书相比较而言，"文化：中国与世界"编委会的成员构成最单一，主要与两个学术机构相关——北京大学外国哲学研究所、中国社会科学院哲学研究所现代外国哲学室。个别来源于其他机构的编委也多是"朋友圈"里的人，或是被"拉"来或"推荐"而来的"臭味相投"的朋友。比如中国人民大学法律系的梁治平，是被赵越胜领来的，而二人是在新华书店认识的；中国社会科学院研究生院宗教系的何光沪是徐友渔介绍进来的；南京大学的刘东是被王庆节推荐来的，他还是《走向未来》丛书的编委。②其实，这三大丛书之间并不是毫不相干的，不但有着千丝万缕的联系，而且也相互影响。甘阳就曾说，原本他起的名字是《中国与世界》，是李泽厚建议加了文化两字，成了《文化：中国与世界》③。另外，金观涛也曾经对刘东说过，希望"走向未来"和"文化：中国与世界"两个编委会合并，后来还是因为理念与思路不同而作罢。"文化：中国与世界"编委会的班底基本上就是北大读书时候的同学和北大期间的朋友，后来又大多成了中国社会科学院的同事。在学术研究上，这群人大多师承当时北大外哲所的洪谦、熊伟两位老先生，"外哲所那时候有新康德主义、新黑格尔主义，然后现象学，然后海德格尔，然后那边就是分析哲

---

① 甘阳主编：《八十年代文化意识》，上海人民出版社2006年版，第566页。
② 查建英主编：《八十年代访谈录》，生活·读书·新知三联书店2006年版，第215—216页。
③ 查建英主编：《八十年代访谈录》，生活·读书·新知三联书店2006年版，第215—216页。

学"①。洪谦当年留学的时候是维也纳学派领袖人物石里克的助教，因此洪谦在西方分析哲学界的辈分很高；而熊伟是海德格尔的弟子，陈嘉映一进入北大外哲所开始就跟随导师熊伟翻译海德格尔，后来的《存在与时间》中译本的出版就是顺理成章的了。所以《现代西方学术文库》追寻的是现代西方哲学的脉络，具有很强的学术性，相比较《走向未来》丛书它的阅读群体必然是"研究所以上的学术界从业人员"。如果说《美学译文丛书》和《文化：中国与世界》系列丛书对20世纪80年代中国的思想界产生了非常重大的影响，随之而来的90年代"反思现代性"浪潮也源于此，那么，至少可以得出一个结论：有关"现代性"的反思首先开始于学术层面的探讨。

"文化：中国与世界"编委会的解散，并不像"美学译文丛书"编委会那样"自行停止"②，也不像"走向未来"编委会因为外部事件的影响断然结束，而是"祸起萧墙"，由内部引发的矛盾导致"不欢而散"。主编甘阳在《八十年代访谈录》中说是因为编委会后期的时候里面分成了几个小群体，有人玩乐，有人干活，就产生了一些摩擦，编委会后来就分裂了。③可编委会的"核心成员"徐友渔却说："编委会的工作在1989年春季就因为内部分裂而陷于停顿，但原因绝非主编所说一拨人干活，一拨人玩乐，他大概是因为面子。""我对事情的起因、进展、结局一清二楚，但我不想在此以文字加以说明。因为其间心理上的折磨，那种人性深处的渺小、自私，那种高尚、美丽言辞和内心剖白掩饰之下的家天下、小圈子作风，那些热衷于拉帮结派、分化瓦解的手法，实在不能

---

① 查建英主编：《八十年代访谈录》，生活·读书·新知三联书店2006年版，第192页。
② 李泽厚：《关于"美学译文丛书"》，《读书》1995年第8期。
③ 查建英主编：《八十年代访谈录》，生活·读书·新知三联书店2006年版，第221页。

见诸笔墨。我从此对于群体性活动分外警惕,哪怕是由思想高超、学识广博的人士操弄的。"① 这种各执一词的情况恰恰说明了,历史的真实,我们本来就只能趋近,却永远不能证实。

甘阳说"不谈政治,强调学术的重要性"是《文化:中国与世界》系列丛书的宗旨,这一点与《美学译文丛书》一致,李泽厚也曾说过《美学译文丛书》"和政治毫无干系"。然而这种有意地"反叛"与"规避"只是与《走向未来》丛书参与社会改革的强烈愿望相比较而言。

所以,"这场'文化讨论'绝不是脱离中国现代化这一历史进程所发的抽象议论,而恰恰是中国现代化事业本身所提出来的一个巨大历史课题或任务"②,是对于"现代性"的回应。在甘阳的《关于八十年代文化讨论的几个问题》一文中,他用简练的文字,勾勒出了引发全民族对于文化问题产生狂热的几个发展"步骤":

> 自十年动乱结束,现代化的任务被重新提出以来,中国人走了三步才走到文化这个问题上来:首先是实行对外开放、引进发达国家的先进技术;随后是加强民主和法制并进行大踏步的经济体制改革,因为没有相应的先进管理制度,先进技术有等于无;最后,文化问题才提到了整个社会面前,因为政治制度的完善、经济体制的改革,都直接触及到了整个社会的一般文化传统和文化背景、文化心理与文化机制。我以为,这就是今日"中国文化热"和"中西比较风"的真正背景和含义。也因此,着眼于中国文化与中国现代化的现实

---

① 徐友渔:《记忆犹新》,《经济观察报》2012年9月14日。
② 甘阳主编:《八十年代文化意识》,上海人民出版社2006年版,第11页。

关系问题，当是我们今日讨论中国文化的基本出发点。①

新世纪以后，在重新回顾这场"文化讨论"的时候，张旭东在他的《改革时代的中国现代主义：作为精神史的80年代》中也提到了这段文字，他评价说："这是依据其历史和社会背景而对新兴文化思潮作出的清晰、冷静的评价。就长时段的历史视野着眼，这一思潮可以说是对于中国现代性问题长达一个世纪之久的争论在当代的延续、深化和强化。"②

因此，用"全盘西化"来定义甘阳及其"文化：中国与世界"编委会是不准确的。面对"中国传统文化"和西方"现代化进程"他们一直处于矛盾、纠结与论战、选择之中，这种困惑就被甘阳概述为"现代性问题"。面对传统，他说："我们对于传统文化，不但有否定的、批判的一面，同时也有肯定的、留恋的一面，同样，对于'现代社会'，我们不仅有向往、渴求的一面，同时也有一种深深的疑虑和不安之感。我以为，这种复杂难言的、常常是自相矛盾的感受将会长期地困扰着我们，并将迫使我们这一代知识分子（至少是其中部分人）在今后不得不采取一种'两面作战'的态度：不但对传统文化持批判的态度，而且对现代社会也始终保持一种审视的、批判的眼光。如何处理好这两方面的关系在我看来正是今后文化反思的中心任务，今后相当时期内中国文化的发展多半就处于这种犬牙交错的复杂格局之中。"③面对西方，他引用哈佛著名中国思想史专家华慈（B. I. Schwartz）教授早在20世

---

① 甘阳主编：《八十年代文化意识》，上海人民出版社2006年版，第12页。
② 张旭东：《改革时代的中国现代主义：作为精神史的80年代》，崔问津等译，北京大学出版社2014年版，第39页。
③ 甘阳主编：《八十年代文化意识》，上海人民出版社2006年版，第5页。

纪70年代初的预言：

　　一旦中国知识分子从"文革"的噩梦中醒来，重新恢复他们对西方的兴趣时，他们就会发现，今日的西方已不是"五四"人眼中的西方了，因为西方自身正比以往任何时候都更陷入深刻的精神危机和思想危机之中。不消说，这种状况必然会对正在思索中国现代化之路的中国知识分子造成极大的"困惑"，因为它意味着：现代化的进程并不只是一套正面价值的胜利实现，而且同时还伴随着巨大的负面价值。而最大的困惑更在于：至少在西方，这些正面价值与负面价值并不是可以一刀切开的两个东西，而恰恰是有着极为深刻的内在关联的。简单点说，自由、民主、法制这些基本的正面价值实际上都只是在商品化社会中才顺利地建立起来的，但是商品化社会由于瓦解了传统社会而必然造成"神圣感的消失"，从而几乎必然导致人（尤其是敏感的知识分子）的无根感、无意义感，尤其商品化社会几乎无可避免的"商品拜物教"和"物化"现象及其意识以及"大众文化"的泛滥，更使知识分子强烈地感到在现代社会中精神生活的沉沦、价值基础的崩溃。人类在现代社会中所面临的最根本二难困境正在于此。在我看来，近现代以来尤其是本世纪以来西方大思想家的中心关注实际上都是围绕着这个根本困惑而进行的，因此我们对于现当代西方文化的把握必须紧紧抓住这个人类共同面临的中心性大问题即所谓"现代性"（Modernity）的问题。[①]

[①] 甘阳主编：《八十年代文化意识》，上海人民出版社2006年版，第6—7页。

总之,《文化:中国与世界》系列丛书基本上就是想反映出近年来青年知识分子们对"现代性"的困惑之感。所以在《现代西方学术文库》所收录的36部译著中,全面介绍了马克斯·韦伯、丹尼尔·贝尔、马尔库塞、弗洛姆、本雅明、阿多尔诺、海德格尔、福柯的思想以及欧陆人文学哲学的基本走向。1989年出版的《八十年代文化意识》下篇"彷徨"更精选了其中一批文章作为讨论"现代性"的代表。甘阳在出版前言中明确表明了原因,即这些译著"其中心关注都是在于:力图通过研究这些西方当代大思想家对西方近现代文化的反省和检讨,来更全面地把握现当代西方文化的内在机制和根本矛盾,从而也就是间接地在反思中国文化今后的走向"①。因此,从一开始,《文化:中国与世界》系列丛书其目的就是经由西方之"现代性"讨论中国之"现代性",归根结底是对中国道路的讨论。关于此,甘阳等人并没有结论,只是困惑于中西方都在讨论的"现代性"问题,他说:

> 这里自然就引出了"现代性"问题的另一面:知识分子作为文化和价值的主要创造者、承担者,其自身的终极价值依托究竟应置于何处? 换言之,知识分子自身的人格理想和价值认同究竟应该是什么? 儒家的路子行不行? 道家的路子行不行? 儒道互补的路子又怎样? 同样,从尼采到今日德里达等后结构主义者的"虚无主义"道路行不行? 从狄尔泰到今日伽达默尔等的"诠释学"路子行不行? 从早期法兰克福学派到今日哈贝马斯的"批判理论"立场又怎样? 从当年阿诺尔德(M. Arnold)到今日贝尔的"文化保守主义"路子又

---

① 甘阳主编:《八十年代文化意识》,上海人民出版社2006年版,第7页。

怎样？所有这些问题说到底也就是整个社会的价值重建问题。也就是说，在旧的价值信念、旧的理想追求已被证明是虚幻的以后（这是当年的"红卫兵"、"知识青年"们普遍的痛苦感受），还要不要、能不能建立起新的、真正的价值信念和理想追求。这不但在"文革"后的中国一直是个根本性的大问题，而且在西方也同样是近现代以来特别是近几十年来一直困扰人的大问题。对这一问题的思索，无疑将是一条漫长的、极其艰难的道路。①

由此可见，由"文化：中国与世界"编委会等人参与的这场"文化大讨论"是有意地把中国的问题性和现代性本身的问题性带入了历史的审视。

第二节 "科学精神"与《走向未来》丛书

《走向未来》丛书，由四川人民出版社发行，由包遵信和金观涛先后担任主编，自 1983 年 4 月筹备，1984 年 2 月开始出版，至 1988 年终，原计划出版 100 种，已编辑 88 种，1989 年已付印的第六批 14 种没有出版，最终统计已出售的前五批共 74 种，其中翻译作品 25 种。《走向未来》丛书编委会的发起者是金观涛，但也有人回忆说："圈内人都知道张黎群是这套丛书的'始作俑者'。"② 丛书的发行方四川人民出版社的傅世悌编辑也曾回忆说："1983 年

---

① 甘阳主编：《八十年代文化意识》，上海人民出版社 2006 年版，第 7—8 页。
② 赵和平：《张黎群和〈走向未来〉丛书》，《河南教育（高校版）》2005 年第 6 期。

春，当时的中国社会科学院青少年研究所，在北京组织了一批中、青年理论工作者，准备出版一批书。"① 丛书顾问、编委中的张黎群、钟沛璋、唐若昕等人都在当时的中国社会科学院青少年研究所任职，所以至少该研究所与丛书的密切关系应符合历史事实。

《走向未来》丛书出现之前，80 年代初的中国社会一度"流行所谓'三信危机'（信仰、信任、信心）。人民对严肃的图书，特别是社科、政治读物的兴趣是很不高的，甚至有反感。这就导致所谓'读者不愿读，作者不愿写，卖者不愿卖，编者不愿编'的反常现象的出现。造成这种局面的原因是多方面的，其中有一点是我们深有感受的。人们对于用陈旧的知识理论，僵化的思想方法，过时的模式体系去阐述、解释和回答社会生活、学科领域中出现的纷繁复杂的新问题，已经十分不满足和厌倦了"②，"他们迫切需要新鲜的、有开拓性的、能适应社会发展趋势，迎接新时代挑战的理论、知识和科学方法的图书"③。这种普遍存在的要求"知识更新"的愿望，其实就是"强烈的启蒙需求"，人们开始对"文革"十年进行反思，人们在思考，中国究竟发生了什么问题，产生了什么困境，我们如何选择新的方向。在这种情势下"文化热"以及"美学热"应运而生，而相比较其他两大译丛，《走向未来》丛书与中国现实的联系要更为密切，这是该丛书的第一个特点，也是最显著的特点。甘阳就曾经评价说"走向未来"编委会与他们"文化：中国与世界"编委会"有一个很大的差别"，"他们和党内

---

① 傅世悌：《一切为了饥渴者和盗火者——对〈走向未来〉丛书的一点回顾和思考》，《出版工作》1986 年第 10 期。
② 傅世悌：《一切为了饥渴者和盗火者——对〈走向未来〉丛书的一点回顾和思考》，《出版工作》1986 年第 10 期。
③ 傅世悌：《一切为了饥渴者和盗火者——对〈走向未来〉丛书的一点回顾和思考》，《出版工作》1986 年第 10 期。

改革派关系很多","靠得比较紧","他们想影响政策","老是在和官方辩论,所以他们讨论的语言老是半官方语言"。①丛书编委会中的很多人都曾撰文对中国科学技术、管理体制、观念文化的深层变革提出过建议或进行过讨论。这种对中国现实的参与热情和使命感在金观涛为丛书撰写的《编者献辞》中表现得特别鲜明:

> 我们期待她(《走向未来》丛书)能够:发展当代自然科学和社会科学日新月异的面貌;反映人类认识和追求真理的曲折道路;记录这一代人对祖国命运和人类未来的思考。
> 我们的时代是不寻常的。二十世纪科学技术革命正在迅速而又深刻地改变着人类的社会生活和生存方式。人们迫切地感到,必须严肃认真地对待一个富有挑战性的、千变万化的未来。正是在这种历史关头,中华民族开始了自己悠久历史中又一次真正的复兴。②

《走向未来》丛书的第二个特点是:"多学科的内容,著、编、译并举的形式,再加上富于'未来感'的新颖装帧,赢得了整体效应。"③首先,相比较其他两大译丛,《走向未来》丛书涉及的学科更多,包括政治、哲学、经济、社会、历史、物理、数学、化学、心理学以及文学艺术等十几个门类,因此这也是它与社会生活联系更为紧密的一个原因;其次,从稿源上看,这套丛书采取了著、编、译三种形式,这与其他两大译丛也有不同。虽然在已发行的

---

① 查建英主编:《八十年代访谈录》,生活·读书·新知三联书店2006年版,第196—197页。
② 金观涛:《走向未来丛书:增长的极限》编者献辞,四川人民出版社1983年版,第1页。
③ 任新、欣悦:《〈走向未来〉丛书给我们什么启示》,《编辑学刊》1986年第4期。

74种里，只有25种是译著，但这其中很多著作的分量都非常重，比如马克斯·韦伯的《新教伦理与资本主义精神》、阿历克斯·英格尔斯的《人的现代化》、约翰·里克曼选编的《弗洛伊德著作选》、C. E. 布莱克的《现代化的动力》，这些译著的选择体现出了《走向未来》丛书编委们对中国"现代化"进程的总体性反思；最后，《走向未来》丛书还为中国新生代的青年艺术家提供了一个平台。丛书采用三十二开本，素洁的底色之上所有富于装饰性的抽象图案全部来自编委会中的青年画家戴士和等人。从封面设计到插图装帧都非常具有"未来感"，这种非具象的抽象画作是中国'85新潮美术的一个分支，这群年轻画家是中国前卫艺术的最早实践者。后来在1987年举办的"走向未来"画展，即是以《走向未来》丛书命名，这是该丛书"大事业"的一个组成部分，是自己的画展。

《走向未来》丛书，顺应了现代中国"面向现代化、面向世界、面向未来"的趋势，同时也满足了80年代初当时中国社会整体对新知识、新信息、新思潮的渴求。由于大部分作品为我国学者所著，读者容易接受；另外编委会管理正规，定期开会讨论所发行的全部书稿，每一种都经过严格的审核、修改，因此丛书整体质量比较精良，所以从发行最初就在社会上产生了巨大影响。但到80年代的最后一年，自"金观涛夫妇应香港中文大学邀请，从事学术交流，留居香港"，"风靡八十年代的《走向未来》丛书编委会，也于同年解散了"。①

相比较而言，《走向未来》丛书编委会的人员构成最为复杂。编委会成员共46人，其中顾问9人，主编1人，副主编3人，编委33人，涉及文学、物理学、化学、新闻、历史、核物理学、光

---

① 凤凰卫视：《腾飞中国》2012年12月10日。

学、经济、法律、数学、农村政策、哲学、性学、精神分析学、编辑、美术、青少年研究等学科和研究领域的学者和工作人员。不少都是由自然科学转入人文社会科学领域的中青年学者,比如主编金观涛就是由北京大学化学系后转入中文系学习。因此正是由于这样的学历背景,编委会特别注重提倡"科学精神",重点"向大学生介绍当代西方社会科学方法、理论及思潮(包括某些自然科学的一般性理论)";也正因为学科涵盖面广,所以《走向未来》丛书在青年知识分子中引起的反响更大,阅读人群更多。编委会提倡的"科学精神",即"根植于希腊逻辑传统从近代西方发展起来的所谓自然科学的分析和实证精神"。陈来在《思想出路的三动向》中曾经总结说:

> 金观涛把二次大战后发展起来的系统论(及控制论、信息论)方法大胆地应用于中国史领域,把中国历史当作自然科学处理的超稳定系统,以研究其长期稳定停滞的结构及机制,这不啻是对传统的中国史学理论和教条化的马克思主义史学方法一大冲击,提示出一个新的方向,开辟了如何转化自然科学方法为社会科学方法的广阔领域。不过,金观涛对中国史学的冲击与后者对他的反作用力是成正比的。系统论控制论的方法,是否适用于历史学,或一般地,自然科学方法能否或应否取代人文社会科学领域的固有方法,这些使金观涛等也经历着巨大的反挑战,以金观涛为代表的"走向未来"的文化活动,主张必须以类似自然科学的方法,尤其是定量分析和数学模式,使人文社会科学"科学化";以清晰性、证伪性判断人文精神学科是否"科学",他们使用的科学一词,有强烈的价值判断的涵义,这种以代表自然科学"占

领"历史等人文领域的姿态,表现出强烈的科学主义的心态。从狭义的文化关切来看,由于强调科学主义而忽视价值与传统问题,"走向未来"的活动虽然是近年中国文化界的一个重要方面,他们也试图通过科学史的反思对传统做出评价,但由于缺乏自觉的文化意识,使他们的前卫地位受到挑战。①

关于《走向未来》丛书的整体判断,学界大多认为陈来的概括还是比较客观、准确的。就"任职单位"来看,《走向未来》丛书编委主要来自下述机构:中国科学院《自然辩证法》杂志社、研究生院;中国社会科学院青少年研究所、历史研究所、物理研究所、农业经济研究所中国农村发展问题研究组;国家经济体制改革委员会中国经济体制改革研究所等,这就与前面提到的甘阳所说"他们和党内改革派关系很多","靠得比较紧","他们想影响政策"的情况比较相符。也正因为如此,与其他两个丛书相比,《走向未来》丛书因外在事件影响而消解要更加直接。后来学界对以金观涛为代表的"走向未来派"的批评也大多由此而来。而事实上,"文化热"的序曲,它原本发端于科学"知识"和"方法"这些显然是"价值无涉"的领域。"文化讨论和 80 年代意识形态转变的初期阶段是在讨论科学和'未来学'的姿态下开始的。'新三论'(信息论、控制论、系统论)、艾尔文·托夫勒取得巨大商业成功的《第三次浪潮》和奈斯比特的《大趋势》,在 1984 年前后共同把信息爆炸和'后工业转向'的概念深深印入了广大城市读者的脑海中。"②"走向未来派"试图接续的是从 20 世纪初期

---

① 甘阳主编:《八十年代文化意识》,上海人民出版社 2006 年版,第 566 页。
② 张旭东:《改革时代的中国现代主义:作为精神史的 80 年代》,崔问津等译,北京大学出版社 2014 年版,第 40—41 页。

在"德先生"和"赛先生"旗帜下未完成的启蒙方案,因此,这套丛书曾一度取得了巨大的成功,"虽然它的许多读者只是高中和大学一年级的学生,但它还是形成了一个可称之为'亲科学型态'(pro-science type)或'未来学学派'的引人注目的文化和社会现象"①。只是一旦"科学"被有意地变成为"文化"运动的中心,它本身就成了社会意识形态的标志和征兆。"走向未来派""积极呼吁和推动'科学'向人文科学领域的扩张。从一个全盘现代化论者以及对于过去持尖锐批判态度的批判者的立场出发,金观涛赞同这种越界,并且成为以科学攻城略地的执行人"。②张旭东后来在《改革时代的中国现代主义:作为精神史的80年代》中回顾这段历史时说:

> 我们可以在"文化热"鼎盛时期人文科学领域所发表的众多一对一的"比较"中(金观涛文章的副标题是"亚力士多德和中国古代哲学家的比较"),在其貌似高深的复杂理论表述下,发现这种文化化约主义和科学极端主义。"走向未来派"这一阶段不仅是进一步的文化反思的初级阶段,而且也是构成这场文化运动精神内核的意识形态要素和思想要素。这个团体对科学和逻辑思考的承诺,以及运用这些原则在科学和文化相关领域进行实证性研究,目的是在被政治功利主义所牢牢控制的文化领域内激起新的思想浪潮。位于"文化"前沿的"走向未来派",和当时雄心勃勃的所谓"党内改革

---

① 张旭东:《改革时代的中国现代主义:作为精神史的80年代》,崔问津等译,北京大学出版社2014年版,第41页。
② 张旭东:《改革时代的中国现代主义:作为精神史的80年代》,崔问津等译,北京大学出版社2014年版,第41页。

派"官僚之间保持着紧密的联系,这一切都几乎不加掩饰地呈现在人们面前。

……

"走向未来"系列丛书引起的信息膨胀,与其说是一种文化和理论上的深思熟虑,不如说它是为支持现代化事业所采取的社会和思想策略。但是这一策略也有意无意地在很大程度上使中国现代化进程的历史内涵问题化了。也许金观涛和他的同伴们的努力更应该被看做是一场重新输入"科学精神"及其所暗含的西式民主的思想潮流。但是"科学",有时是"西方"的一个隐喻,有时是一个转喻,当它被剥离了历史内涵的丰富性时,就成为意识形态革新的一个症候。"走向未来派"的努力反映了邓小平时代初期的社会和历史决定因素。作为中国启蒙运动的一个环节,"走向未来派"的普遍主义立场可以被看成是一种构成性的冲动和规范性的矫饰。他们的议程似乎是对"五四"传统的"自然的"征用;但是由于未能将中国现代性表述为替代性的现代主义,此议程在80年代的进展受到很大的限制。"走向未来派"的工作为以后的文化讨论培育了热心的观众,但是它可能也强化了这样一种感觉:尽管当代问题无法与现代传统分离,它也不再绝对地局限在信奉科学、民主和社会进化论思想的"五四"世界观中了,而后者在今天看来显得过分的简单化,在许多方面缺乏批判性。[1]

通过张旭东的上述分析,我们不难发现,"走向未来派"所

---

[1] 张旭东:《改革时代的中国现代主义:作为精神史的80年代》,崔问津等译,北京大学出版社2014年版,第42—43页。

代表的"科学和技术话语"为何没能成为"现代性"中的最优先被保留下来的"新"与"先锋"的代表,就在于其讨论的"科学精神"把现代性的"科学"一维走向了极致,而且这恰恰是西方现代性开始被批判的主要原因之一,金观涛的"全盘西化"观点,无论从国内国外都不会站住脚,其命运可想而知。但是,一旦将这种批评搁置,我们就会发现"走向未来派"的理论主张与"现代性"之间的关系是值得我们关注并重新反思的。"走向未来"就名称来看就与"未来主义"艺术思潮有着千丝万缕的联系。"未来主义"有四个公认的理论来源,分别是未来学、科技决定论、趋同论和生态学。所谓"走向未来",是试图对未来发展的方向和前景进行预测和说明,讨论大工业生产方式和新科技革命给社会带来的影响。抛弃"过去",批判"现在",推崇"未来",这是自"五四"以来中国"现代性"议题的传统,新时期初期对"文革"的批判与反思,更强化了这种意识和倾向。以未来问题作为研究对象,依凭的就是科学决定论,科技成为现代社会发展的决定性力量,主宰和掌握人类的命运,以科技为轴,世界将不分中西,社会制度的差异选择也最后会由于科技的发展趋同成为同一种社会形态。因此,对陈旧的思想、政治、艺术传统表达出憎恶之情,对速度、年轻、力量和技术的狂热喜爱,这就是未来主义的一些基本原则,也是"现代性"概念的核心内涵。丹尼尔·贝尔在《后工业社会的来临》、托夫勒在《第三次浪潮》、奈斯比特在《大趋势》中讨论的就是此议题。这些未来主义的代表作,在新时期译介进入中国,并不是偶然的。

未来主义揭露了社会形态的变化,科技和工业交通不只改变了人的物质生活方式,也改变了人的时空观念,所以旧的文化陆续失去价值,美学观念也发生了剧烈改变,尽全力地和那些过时的、腐烂的、盲信的旧的信仰做斗争，推崇年轻的、崭新的未来社会，这也是"走向未来派"最重要的理论基础，我们不得不承认，这就是通常所说的"现代性"。因此面对"走向未来派"，我们不能因为其以"科技"为政治手段的极端化追求而否认科技本身及其所带来的社会思潮的影响。除了"走向未来派"，在艺术领域，有关"科学与艺术"话题的讨论，在中国现代美术的发展中一直是很重要的一维。这样一条脉络至今无间断地出现在关于艺术传统及创新等话题中。所以，未来主义的艺术主张至今仍有很多思想上的追随者，比如其对网络化社会形态的讨论；比如从一开始就在未来主义的科学讨论背景之中的生态问题，甚至生态学在今天早已成为新科技革命的"排头兵"。讨论生态与环境、人与自然的关系，这些议题在全球性问题日益严重的今天，都成为需要解读的"现代性"概念之新内涵。

第三节 "美学热"与《美学译文丛书》

由李泽厚先生主编的《美学译文丛书》，自 1982 年 12 月起，至 1992 年 2 月止，前后历经近十年，共出版 49 种[①]。其中，由中

---

① 关于《美学译文丛书》共出版多少册，学界一直没有准确数字，有人曾说是 50 多种，也有人说是 40 多种，还有人确切地说是 50 种。经笔者调查统计的数字是 49 种，这其中不包括："〔美〕西尔瓦纳·阿瑞提：《创造力》，钱岗南译，中国社会科学院出版社 1988 年出版"，这本书与 1987 年由辽宁人民出版社出版的《创造的秘密》一书，内容、译者、作者均相同，只有出版社不同，这也是陈华中在《对李泽厚主编的〈美学译文丛书〉的几点意见》一文中批评《译丛》"经营作风欠佳"的一个原因。另外笔者至今没有查阅到《创造力》的原书，是否出版有待考证，重要的是在内容上有雷同现象，所以将《创造的秘密》和《创造力》合计为一种，共 49 种。

国社会科学出版社出版 19 种，辽宁人民出版社出版 11 种，光明日报出版社出版 10 种，中国文联出版社出版 8 种，知识出版社出版 1 种。据李泽厚先生回忆，该丛书倡议并着手于第一次全国美学会议前后，原计划出 100 种，很多重要著作因"未找到译者，或因译者未译或未完成译事，以致均付阙如"①。李泽厚既是丛书的发起人，也是唯一的主编，但实际上他的学生滕守尧先生做了大量包括"组稿、约稿、催稿、审稿、定稿等等学术性和事务性的繁复琐细的工作"。丛书从第一本译著《美感——美学大纲》出版以后，在"艰难牛步"、缓慢前行的近十年间多次受到多方批评。问题主要集中在《译丛》中的错译上，后由此引发的论争焦点是《译丛》序言中"有胜于无"的指导思想失当，从而导致译丛质量问题频发②。我们今天再重新审视序文中的这段话：

> 译文则因老师宿儒不多，大多出自中、青年之手，而校阅力量有限，错译误解之处可能不少。但我想，值此美学饥荒时期，大家极需书籍的时期，许多人不能读外文书刊，或缺少外文书籍，与其十年磨一剑，慢腾腾地搞出一两个完美定本，倒不如先放手大量翻译，几年内多出一些书。所以，一方面应该提倡字斟句酌，力求信、达、雅，另一方面又不求全责备，更不吹毛求疵。总之，有胜于无，逐步提高和改善。③

这段话及《美学译文丛书》发行后的遭际其实恰恰体现了中

---

① 李泽厚：《关于"美学译文丛书"》，《读书》1995 年第 8 期。
② 陈华中：《对李泽厚主编〈美学译文丛书〉的几点意见》，《文艺理论与批评》1992 年第 6 期。
③ 李泽厚：《美学译文丛书序》，见〔美〕乔治·桑塔耶纳：《美感》，缪灵珠译，中国社会科学出版社 1982 年版，第 2 页。

国新时期的学术状况：一方面"告别过去""轻装上阵"的心情特别急切，觉得过去的十几年丢失太多，恨不得一股脑儿地都补回来，哪能等得"慢腾腾"地精雕细刻；另一方面在刚刚改革开放的情势下，美学工作者们的外语水平、"校阅能力"的确有限，甚至包括译者对西方文艺理论及美学的理解程度也"参差不齐"，以上种种必然会导致个别译著质量不佳。李泽厚后来再回忆这段工作的时候曾经特意"谨此向读者致歉"，但他也同时说："我感到高兴的是，在这十来年好些有关美学、文艺理论、批评以及其他论著中，常常见到引用这些丛书中的材料。这说明，尽管有缺点、毛病，这套丛书毕竟还是有用的，有益于广大读者和作者们的；我坚持'有胜于无'的原则，虽多次被人严厉指责，可以无悔了。"① 直至今天，这套丛书中的大部分译本都没有被重译过，因此，它在新时期的工作确有弥补学术空缺之价值。

《美学译文丛书》不像其他两个丛书有专门的编委会成员。前面提到过，除了主编李泽厚之外，所有日常工作均由他的学生滕守尧与编译者沟通完成。因此，很多翻译者互相之间是没有交流的，不像另两个丛书编委会成员之间的关系那么密切。就编委会成员及译者的毕业学校和学历及研究方向来看，《美学译文丛书》的译者大多都有在本科阶段学习外语专业的经历，后在研究生阶段大多攻读文学、文艺学、哲学、美学专业硕士学位，其学历结构简单，所以丛书中译著以美学、文艺学作品为主，学科界限清晰，特点鲜明。

就丛书与"现代性"的关系而言，尽管《美学译文丛书》中对"现代性"概念直接论述不多，但从其译介内容来看，涉及视

---

① 李泽厚：《关于"美学译文丛书"》，《读书》1995年第8期。

觉艺术、弗洛伊德精神分析学、艺术心理学、存在主义美学、现象学美学、接受美学、符号学美学、电影美学等领域，其核心美学议题与"现代性"话语密切相关。因此这套丛书的重要性不容忽视，原因有二：

首先，20世纪80年代"美学热"，是在五六十年代"美学大讨论"的基本格局之上重建起来。朱光潜、李泽厚、高尔泰、周来祥、蒋孔阳、刘纲纪、邓晓芒、朱立元等人，无论当年是隶属于"客观社会派""主客统一派""绝对客观派"还是"和谐论美学"，在此时都汇入了"社会实践派"的思想潮流。追根究底，他们讨论的是一个核心话题，即"美是什么？""美的最终根源是什么？"而之所以各方学者争议不休，是因为随着社会存在和意识形态之间关系的变化，导致"美的原则"也发生了变化。我们不得不承认，中国关于美学讨论的理论范畴均来自西方。20世纪的西方美学，自60年代以来开始"隐匿或消失""美的本质"，甚至随着先锋艺术的发展出现"反美学"的特征。其根源都在于"现代性"概念中的"后现代主义"文化和美学对一般意义上的传统美学的批判和否定。"受后现代主义文化影响的美学其最本质的特征就是将美学从纯理论层面上的高蹈转向现实层面的实践"，也可以说，"后现代主义对美学研究倾向的最大影响在于促进了后来'审美文化热'的出现"。[①] 所以，"美学热"一定程度上是对"后现代主义"进入中国后美学观念发生改变的理性反思，尽管有关"后现代主义"概念本身的学理思考要到90年代才明确展开。因此，《美学译文丛书》有近三分之一的著作讨论的就是当代艺

---

① 杨存昌主编：《中国美学三十年——1978至2008年中国美学研究概观》（上卷），济南出版社2010年版，第481页。

术思潮变化之后的"美的本质"问题，如乔治·桑塔耶纳的《美感——美学大纲》、苏珊·朗格《艺术问题》和《情感与形式》、克莱夫·贝尔《艺术》、托马斯·门罗《走向科学的美学》、米盖尔·杜夫海纳《美学与哲学》、康定斯基《论艺术的精神》、H.里德《艺术的真谛》、布洛克《美学新解：现代艺术哲学》、罗宾·乔治·科林伍德《艺术原理》、李普曼《当代美学》、玛克斯·德索《美学与艺术理论》、沃尔佩《趣味判断》、卡里特《走向表现主义的美学》等。新的社会思潮引发了新的艺术实践，当代艺术一味"求新""求变"的"现代性"态度引发了理论家们对"艺术的本质""美的本质"的重新思考。

其次，在第一章谈到三木清《尼采与现代思想》一文时曾有过分析，尼采有关"现代性""创造性破坏"与"破坏性创造"内涵的讨论与存在主义关系密切。尼采对"现代性"的反思并没有在当时的中国学界引起波澜，"作为一个隐性的主题"在新时期终于伴随着"后现代性"对"现代性"的反叛重新展开。《美学译文丛书》集中译介了一批存在主义和接受美学著作，如今道友信《存在主义美学》、D.C.霍埃《批评的循环：文史哲解释学》、伽达默尔《真理与方法：哲学解释学的基本特征》、让·保罗·萨特《想象心理学》、H.R.姚斯、R.C.霍拉勃《接受美学与接受理论》、罗兰·巴特《符号学美学》、伊瑟尔《阅读活动：审美反应理论》等。基于现象学与解释学的存在主义与接受美学，其实质都是讨论人们面对现代生活中正在改变的政治、社会、经济和文化过程中如何重新定位个人在世界中的位置。受到社会压力的影响，对于接受的需要，以及消费主义开始在自我定义中发挥着越来越重要的作用，外部环境的快速变幻导致了人们更为迫切地想要通过重新解释自我寻找自己的位置，彷徨、无序、无聊、看似轻松实则压力重重的生活状态,这是"现代性的后果"之一。

总之,《美学译文丛书》与另外两大丛书相比,是唯一全部为译著的丛书。看似完全是以西方为代表的"现代性"作为中国文化全面调整的范本,而事实上,由于主编李泽厚的立场,该丛书是80年代"文化大讨论"中与"中国文化"距离最近的一派。虽然"补课"的愿望极其强烈,但同时也特别认同"传统"是文化重构至关重要的组成基础。李泽厚一方面积极着手《美学译文丛书》的译介;一方面又深入中国传统,与"中国文化书院"同一立场,认同传统中国美学精神的整体性发展。用张旭东的话来说是其"基本论证分布在一个张力场中,一端是以西方为代表的现代性内部进行文化上全面的自我调整;另一端则是重新肯定传统价值的冲动,强调它没有被现代中国历史上的'西化'进程所打断,而是内在地带有一种'中国化'(sinification)的逻辑"①。他"试图调和传统的文化结构和现代性之间的抵牾","现代化"是传统的发展和"创造性转化"。似乎他早已在现代与传统的讨论中预见到了中国思想在新世纪以后的历史性复兴。

第四节 聚焦《世界美术》的西方艺术思潮译介

从20世纪70年代末开始,"文革"时期禁止的各种西方美术和美术理论通过翻译和展览被介绍到国内来,短短的十几年间,中国美术家们就几乎实验了西方现代、后现代艺术的所有形

---

① 张旭东:《改革时代的中国现代主义:作为精神史的80年代》,崔问津等译,北京大学出版社2014年版,第39—40页。

式。新时期以来对"现代性"问题的探讨,并不仅仅集中于社会学、哲学领域,在西方美术理论和艺术观念中充斥着大量有关"现代性"的言说,如传统与先锋的对立融合;艺术领域的扩大导致日常生活审美化的问题;现成品艺术出现打破了"现代性"关于"新"和"独创性"的概念范畴的问题等。中国对现代艺术流派的介绍和实践要早于80年代后期对"现代性"的理论反思,因此,要想全面了解"现代性"内涵在新时期中国的演变,不能缺失对中国当代美术领域的关注。选择《世界美术》作为个案研究,其主要原因有两点:第一,《世界美术》创刊于1979年6月15日,是典型的改革开放的产物,截至2009年末创刊整30年,以季刊的形式已刊行123期[1]。新时期,它最早系统地介绍了西方现代派艺术,相比较同期的其他美术类杂志,如《美术》《美术研究》《新美术》《美术观察》等期刊中所刊文章大多为中国学者所撰写的文章或评论,《世界美术》杂志是当时同类期刊中翻译西方美术理论和流派最多的杂志。艺术界很多人的现代艺术观念和知识都来自《世界美术》;第二,新时期刊发大量艺术理论译文的杂志只有两种,即为邵大箴主编的《世界美术》和范景中主编的《美术译丛》,后者是地道的新时期期刊,1990年就已停刊,其重点是对美术史研究方法、范式的探索。"现代性"有一个基本的面向,就是分科和专业化,《美术译丛》表达了这样的意识,但很含蓄。通常在一个相对长的时间维度里面,我们才更可以认清事物的本质,在《世界美术》的身上更能够看到中国理论界与西方学术思想相互碰撞与融合的基本轨迹。因此,选择《世界美术》作

---

[1] 2009年,《世界美术》创刊30周年,邵大箴等主编纷纷撰文回顾其发展历程,因此笔者也将时间截止于2009年。在更长的时间脉络里看中国当代艺术史,有助于我们厘清新时期"现代性"概念流变的背景。

为个案,并且在研究时段上不限于新时期,而是将其扩展到三十年以来的发展状况,目的是想通过完整叙述中国艺术家与《世界美术》从亲密依赖到分离独立的成长经历,揭示中国艺术在后历史时代缺席与在场之过程。从梳理《世界美术》对西方艺术主潮的翻译入手来探讨以下问题:这样一本全面介绍西方艺术流派的刊物,其译介倾向与主张为何?当这些艺术主潮被介绍进来后又与中国的艺术家们正在做的工作有什么样的关系?中国艺术是从何时起开始进入世界艺术史格局之内的?凡诸种种,都将是本节关注的焦点所在。

美国艺术哲学家阿瑟·丹托(Arthur C. Danto)曾说过:"中国在60年代和70年代经历了它自己的历史。但是它没有经历现在的艺术世界演变过来的那段历史。这没什么关系。当它的艺术家得到了越来越多的自由时,它发现自己已然是国际艺术界的一部分。"[1]丹托笔下的"自由"时代,在中国开始于20世纪70年代末,对于被"文革"和"极左"文艺思潮弹压多年、渴求知识的中国美术界来说,80年代的艺术实验是一种集体的情感释放,他们在创作过程中挑战传统、冲撞体制,反叛精神在各领域恣意蔓延,过激与盲从情有可原,立足于"破"而矫枉过正本就是"五四"传统的复兴;在经历了90年代对传统艺术价值的重新认识与回归后,随着新世纪中国艺术市场的成熟和大型国际展览在中国的成功举办,中国优秀艺术家"越来越深度地参与到欧美主流艺术制度之中"[2]。历经30年,中国艺术从热情模仿渐渐走向理

---

[1] 〔美〕阿瑟·丹托:《艺术的终结之后——当代艺术与历史的界限》,王春辰译,江苏人民出版社2007年版,第7页。
[2] 尹吉男:《后娘主义:近观中国当代文化与美术》,生活·读书·新知三联书店2002年版,第211页。

智自觉，中国的艺术家们的确像丹托断言的那样，"已然是国际艺术界的一部分"。对新时期以来的中国当代艺术史做一个宏大的叙事是非常困难的，选择《世界美术》这本杂志作为讨论中国当代艺术发展的线索，主要原因有二：一是对于整个中国新时期以来"现代性"概念的发展来说，《世界美术》虽星火微小，却是成燎原之势的历史现场，重返与回溯，不仅能从系谱学的角度重新确认这本杂志的价值与意义，更重要的是可厘清中国当代艺术领域对现代艺术、后现代艺术的接受与实践与"现代性"内涵的转变之间的关系；二是见微知著，作为"见证当代艺术大潮，追踪视觉文化前沿，报道全球艺术动态，追溯世界艺术历史"最为综合与前沿的艺术杂志，早年的《世界美术》的确为中国的艺术家们提供了很多理论参考，同时也见证了三十年中国当代艺术与世界艺术融合的行进历程。

一、20 世纪 80 年代：对西方现代主义艺术的系统介绍

1976 年"文革"结束以后，尽管很多美术类杂志陆续复刊，更有众多新杂志创刊发行，但首先向国人介绍西方现代派艺术的杂志只有两个：一个是《外国美术资料》(《美术译丛》前身)，还有一个就是创刊于 1979 年 6 月 15 日的《世界美术》。二者均以翻译、介绍印象派作为引进西方现代艺术理论的开端。但若从时间上重推，《世界美术》刊发的苏联学者伊利亚·爱伦堡的《印象派》(1979 年 6 月第 1 期，佟景韩译)，恐怕要比《外国美术资料》译介的英国学者丹洛普关于 1874 年首届印象派画展的文章(1979 年 9 月第 3 期)早近三个月，也就是说新时期对现代主义开下第一枪的现场在《世界美术》。

《世界美术》创刊之初"归属于中央美术学院史论系，当时的编辑力量主要是外国美术史研究室的教师"[1]，第一任主编是邵大箴教授，他参与了《世界美术》的创办，并担任编辑部的负责人。如果说《世界美术》影响和记录了整个 80 年代中国美术的思潮和走向，那么邵大箴作为杂志的具体规划者和操作者，其重要性需要我们予以确认并考证。从杂志 80 年代译文关键词入手进行比较分析，邵大箴对《世界美术》最大的影响是其在 1979 年的创刊号上发表的一篇重要文章——《西方现代美术流派简介》，此文尽管只是西方现代美术流派概述，不属于翻译的文本，可作为杂志的主编，他的这篇文章实际上奠定了整本杂志之后近十年的翻译重点，形成了中国美术界对西方现代派的基本印象和美术出版界介绍西方现代派的大纲。邵大箴在文章中提到的西方现代艺术流派有：新印象派、后期印象派、原始主义、象征主义、野兽派、立体派、未来派、表现主义、达达主义、超现实主义、抽象主义、波普艺术、视觉派艺术、活动派艺术[2]；对照整个 80 年代《世界美术》翻译的文章，会看到极其相似的脉络：

伊利亚·爱伦堡的《印象派》(1979 年第 1 期，佟景韩译)；
理查德·博伊尔《美国的印象主义》(1980 年第 2 期，顾时隆译)；
哈罗德·奥斯博恩《德国表现主义》(1981 年第 3 期，戴文年译)；
谷川晃一《达达运动的回潮》(1985 年第 2 期，谢家模、

---

[1] 鹿镭：《〈世界美术〉与改革开放 30 年中国美术发展》，见尚辉、陈湘波主编：《开放与传播：改革开放 30 年中国美术批评论坛文集》，广西美术出版社 2009 年版，第 458 页。
[2] 邵大箴：《西方现代美术流派简介》，《世界美术》1979 年第 1、2 期。

陈玮编译）；

马克·史蒂文斯的《对原始艺术的赞美》（1985年第3期，王刚、李红译）；

G. H. 汉弥尔顿《超现实主义画派》（1986年第2期，汤潮译）；

E. 戈德华德《象征主义的批评及其理论》（1986年第4期，罗世平译）；

特里温·科普尔斯通《立体主义》（1988年第4期，孔长安译）……

邵大箴与《世界美术》——一个人、一个杂志，与当代中国的美术的命运就是这样被联系在一起的。虽然1984年邵大箴调任《美术》主编离开了《世界美术》，但其奠定的基本译介线索没有改变。从1979年《世界美术》创刊一直到80年代末中国新潮美术接近尾声，西方现代美术思潮和流派陆续在整个80年代经由该杂志全面介绍给广大的艺术工作者和欣赏者，从印象主义、波普艺术、德国表现主义，到立体主义、野兽派、达达主义等，封闭十年的中国艺术界处于全面补课阶段。尽管这里面还有侧重苏俄现实主义美术的倾向，但这种"具有现实主义倾向的现代艺术"还是给中国艺术界带来了剧烈震动，其直接影响和指导了80年代中国美术家的艺术实验。对于《世界美术》与当时艺术家的亲密关系，现任主编易英先生曾有过一段生动的回忆：

当时我还是大一，湖南师院艺术系的一个学生。第一次看到《世界美术》激动万分，那是一个渴求知识的时代，迫切需要了解外面的世界的时代。班上的同学都到街上的邮局买《世界美术》,我们骑着自行车跑遍了市里的邮局,却是没有买到,后来还是一个同学专程坐火车到湘潭为我们买到的。那个时候,国内的美术刊物很少,集中介绍外国美术的刊物,在《世界美术》之前,有浙江美术学院的《外国美术资料》,就是后来的《美术译丛》。可能是中央美术学院的号召力,《世界美术》在我们同学中间的影响更大一些,也可能是《世界美术》介绍西方现代艺术的内容更多一些。……在80年代中期,《世界美术》的发行量达到10多万份,价格便宜,不计成本,成为很多画家手边必备的参考书,尤其是写实艺术家,一经《世界美术》介绍,其风格很快就会在国内流行。①

有人曾说"一本杂志可以引起一场革命",我想用来形容80年代的《世界美术》是毫不夸张的。从"星星美展"(1979年)到"中国现代艺术展"(1989年),中国艺术家的艺术观念大多直接从西方引进,而《世界美术》就是他们了解西方的桥梁。

1979年是《世界美术》的创刊年,这一年有一个很轰动的艺术事件就是"星星美展",这件事情的前后证明,尽管"文革"过去了,但国人对西方现代艺术形式的接纳并不顺畅,这中间的冲突与矛盾很多。"《星星美展》这个由艺术家黄锐和马德升发起的艺术展,其创作主体是一群非官方非职业的青年艺术家。他们大多没有受过学院的正规专业训练","支撑他们勇敢精神的力量来自他们的政治思想——对'文化大革命'运动的批判与反省","客观地说,'星星'艺术家们所表达的主题是政治性的,

---

① 易英:《〈世界美术〉30年》,见尚辉、陈湘波主编:《开放与传播:改革开放30年中国美术批评论坛文集》,广西美术出版社2009年版,第448页。

所采取的立场是传统的人道主义或人文主义。他们看重的并不是艺术本体的变革，而是政治呐喊"。①因此更确切地说，在1979年中国还没有真正的现代艺术实践，1979年只是一个充满希望的开始。"星星美展"历经坎坷后终于展出，数以千计的人争先恐后地去看他们的展览，这证明中国对新艺术、新艺术家的需求已经迫不及待，阿瑟·丹托所说的属于中国艺术家们的自由时代到来了。80年代前期，思想解放运动进一步深化，改革开放和经济建设成为重要目标。一种否定以往艺术中政治主题的思潮随即涌起。这依旧是针对"文革"十年的批判与反思，毕竟这样一场运动的心理伤痕并不能轻易地抹去。但同时英国形式主义美学思想开始影响中国艺术界，克莱夫·贝尔"有意味的形式"这个说法非常流行。参考这一时期《世界美术》的译文目录会看到，形式主义、样式主义这样的词汇反复出现；而在艺术实践上，形式主义与唯美主义的艺术作品也大量涌现——吴冠中的作品和当时"云南画派"等艺术家的作品是重要例证。这种现象的根源在于"在80年代，中国前卫艺术关注的是现代艺术的表现形式，从学院的前卫到激进的观念，大多是从西方直接引进，形式所承载的观念与思想大于它的内容"②。这种倾向导致了后来新潮美术家们一味地追求作品与现代派各种艺术形式的形似，忽视了艺术的内容与价值。全国性的"'85、'86新潮美术运动"是整个80年代最重要的艺术运动，更确切地说是中国学习西方艺术形式的成果展。仅从1985年到1987年初，全国就有近百个自发的艺术群

---

① 尹吉男：《后娘主义：近观中国当代文化与美术》，生活·读书·新知三联书店2002年版，第221页。
② 易英：《〈世界美术〉30年》，见尚辉、陈湘波主编：《开放与传播：改革开放30年中国美术批评论坛文集》，广西美术出版社2009年版，第452页。

体出现,一些艺术院校的学生和毕业生自动组织在一起,纷纷在各大城市成立现代艺术群体,发表新艺术宣言,举办现代艺术展览。当时较著名的艺术群体有"北方艺术群体"(哈尔滨);"池社"(杭州);"南方艺术家沙龙"(广州);"红色·旅"(南京);"西南艺术研究集群"(昆明);"厦门达达"(厦门);"新野性主义"画派、"南京人"、深圳"零展";"新具象"到"西南艺术研究群体";"十一月画展"与京津新潮艺术等等,这股潮流一直持续到1989年。"人们都怀念80年代,说它是一个理想主义的年代。不仅当年参与过'85美术运动的艺术家把它视为自己的黄金时代,一些70年代以后出生的年轻艺术家也敬重80年代艺术家的献身精神。"①因为破坏传统的文化秩序和艺术秩序被他们当成重要使命,正如易英先生所言"80年代的'盲从'只是表面的现象,'盲从'的背后是现代化的诉求,是追求思想解放、个性自由的精神表现"②。1989年,在中国艺术史上是一个特殊的年份,这一年举办的"中国现代艺术展"是大家公认的"新潮美术运动"落幕战,而从这一年第2期开始在《世界美术》上连载的由钱志坚、顾永琦翻译的美国美术史家H. H.阿纳森的文章《80年代西方艺术》更是将西方"现在时"的艺术流派同步介绍给中国艺术界。"有人说,中国的新潮美术在十年内把西方的百年现代艺术走了一遍,这种说法并不过分。"③厦门达达运动的代表人物黄永砯在谈到这一段历史的时候也曾感慨:

---

① 高名潞主编:《'85美术运动历史资料汇编》,广西师范大学出版社2008年版,第8页。
② 易英:《〈世界美术〉30年》,见尚辉、陈湘波主编:《开放与传播:改革开放30年中国美术批评论坛文集》,广西美术出版社2009年版,第454页。
③ 易英:《〈世界美术〉30年》,见尚辉、陈湘波主编:《开放与传播:改革开放30年中国美术批评论坛文集》,广西美术出版社2009年版,第452页。

对于西方艺术的骤变,中国人的接受程度从来就是腼腆和有节制的。有些东西是回避的。但短短几年毕竟草草地经历了西方半个世纪的艺术经验,这也是中国本土的特有现象,当然也无法产生什么对世界艺术有影响的新观念,但中国人很愿意穷追不舍,承认这一点可能是令人愉快的。不可能有新观念出现,倒有些空位需要去填补……①

因此,对中国艺术界来说,80年代是学习西方,快速进行强化补习的十年,模仿、盲从、如饥似渴地吸纳与实践是因为曾经的缺失。《世界美术》的出现,使得中国美术在后历史时代的世界艺术发展潮流中不至于缺席更久。事实上,在读者试着透过阅读《世界美术》来了解世界艺术的发展时,那便意味着已然(有限度地)揭开过去既有的意识形态,逐步产生了一种新的认识观点,使自身与世界进行全新的(虽然在时序上是稍稍落后的)沟通。

二、20世纪90年代:后现代主义艺术的译介

1990年中国美术学院(浙江美院)的《美术译丛》停刊,《世界美术》更成为国内唯一一本专门译介与研究外国美术的期刊。进入90年代以后,《世界美术》在编辑方针上做了一些调整:

> 对于西方现代主义艺术的系统介绍告一段落,重点转向当代艺术的报道与介绍,我们认为,随着中国当代艺术从80年代向90年代的转向,中国当代艺术也将从现代主义转向后

---

① 黄永砯:《厦门达达——一种后现代》,见费大为主编:《'85新潮档案Ⅱ》,上海人民出版社2007年版,第213页。

现代主义。①

从这一时期《世界美术》译文目录的关键词里我们也看到了这种偏重：欧普艺术和动力艺术、行动艺术、前卫与庸俗文化、波普、视像艺术、女权主义、新国际主义、材料、媒介、自由具象、多族裔文化和身份政治、图像世界、东西对话、激浪派、欧洲新写实主义运动、视像装置、艺术市场、现代公共艺术、新达达与观念艺术、后殖民主义、病态艺术、艺术与生态学等。从易英的话中我们可以推测，《世界美术》的编辑们在 80 年代现代艺术流派的介绍告一段落之后，推论地认为，跟随西方艺术的发展脉络，接下来必然是后现代艺术，《世界美术》对于后现代艺术流派的介绍可以说是不遗余力。以 1992 年一年为例，其中就有李宏、周明翻译的克劳斯·霍尼夫《70 年代：实验的年代》；苏燕生、宋元生译的理查德·B.伍德沃德的《"波普"与环境——奥登伯格与他的妻子范·布鲁金》；高岭译的安德鲁·格雷厄姆-狄克逊的《理查德·汉弥尔顿——波普之父》；鹿镭译的爱德华·卢西-史密斯《后现代主义和古典主义的复兴》；何彦、雨沉译的武尔夫·赫尔措根拉特《从激浪派到视像艺术》；舒眉译的丹·卡麦隆《后女权主义艺术》；周宪译的克莱门特·格林伯格《现代主义绘画》；周宪译的约翰·T.波莱蒂的《后现代主义艺术》。整个 90 年代后现代主义的相关画家、作品、流派特征都在《世界美术》中占据相当版面，因而使这一时期的这本刊物更加具有主轴清晰、风格明确的特色。但当我们将视线转向中国艺术家的实践时，却

---

① 易英：《〈世界美术〉30 年》，见尚辉、陈湘波主编：《开放与传播：改革开放 30 年中国美术批评论坛文集》，广西美术出版社 2009 年版，第 454 页。

看到了和 80 年代完全不同的景象。总结来说，大致可以归纳出以下三方面情况：

首先，在西方艺术史上，后现代主义起始于第二次世界大战后的五六十年代，大致是抽象表现主义和波普艺术之间的时期。在艺术形态上表现为图像、景观、装置、行为、影像、观念等方式的运用，而传统的架上绘画与雕塑，则渐渐退出了主流的艺术话语。但在中国 90 年代影响很大的"新生代艺术"家们却恰恰多以写实语言从事架上绘画创作，"新生代"，这一代人"没有 50 年代出生的那代人的理论癖和哲学癖。这一代人整体崛起于 90 年代初……其总体精神状态是调侃与自嘲的。画面往往以他们熟悉的人物和事件为主题，'新生代艺术家'以刘小东、方力钧、赵半狄、刘炜为代表"①。1990 年 5 月在北京举办的"刘小东画展"和"女画家的世界"标志着艺术新生代的真正崛起。此后的王华祥画展、喻红画展、申玲画展、赵半狄李天元画展、新生代艺术展，都是新生代的纷纷亮相。"新生代艺术家较多集中在北京。出生于 60 年代的这批艺术新人都没有当过红卫兵和知识青年，因缺乏惊心动魄的历史性回忆和心灵伤痛而与 50 年代出生的人存在着明显的精神断层。他们群体意识淡化，没有彼此都一致认同的人生原则和艺术主张。"②但他们有一个共同点就是寻找自我存在的本质与意义。用乔纳森·费恩伯格的话来说，就是消费主义带来的"自恋文化"导致了人们重新关注自我，在寻找自我的过程中关注更多个人与社会主体之间的关系，架上肖像绘画的回归就是其表现。

---

① 尹吉男：《后娘主义：近观中国当代文化与美术》，生活·读书·新知三联书店 2002 年版，第 227 页。
② 尹吉男：《独自叩门：近观中国当代文化与美术》，生活·读书·新知三联书店 2002 年版，第 41—43 页。

主要代表人物张晓刚说,"艺术的本质是'存在'",这是新时期"新生代"艺术家们对现代生活集体性的敏锐洞察。尽管《世界美术》不遗余力地介绍几乎涵盖了所有西方后现代主义流派,但当我们忖度中国艺术家们的实践时会发现,中国的艺术家们已经不再毫无判断地抄袭与模仿所有的艺术流派与思潮,而是有选择地、有侧重地在作品中更自由、更纯熟地杂糅中国传统技法与西方后现代因素进行创作。

其次,90年代中国艺术家们对后现代理论吸收最多、实践最多的是两个概念:一个是"政治",一个是"女权主义"。前者对应着"政治波普艺术",它是一批曾经活跃在80年代后期的"新浪潮美术家"在90年代强化了艺术作品的政治针对性。由新浪潮艺术成长起来的艺术家们对于政治的敏感依然存在,这与《世界美术》对多族裔文化和身份政治的强调相呼应,"艺术全面走向政治化与社会化,种族、性别、身份、边缘、环境生态等问题成为艺术的最大关注"①,这些自然和"女权主义"这样的话题相联系。大多数60年代出生的"新生代"女艺术家都不同程度在她们的作品中透露出女性艺术或女权主义倾向。这一时期,关于女权主义,《世界美术》共刊登了三篇译文:舒眉译的丹·卡麦隆《后女权主义艺术》(1992年第3期);由鹿镭翻译的美国艺术哲学家玛戈特·米弗林的《女权主义的新面貌》(1993年第4期)及郝相译的安娜·马格纳《罗森玛丽·特罗克尔与女权主义主题》(1993年第4期),这与当时的艺术界创作倾向是一致的。至1995年,更成为中国女性艺术家展览最多的一年。

---

① 易英:《〈世界美术〉30年》,见尚辉、陈湘波主编:《开放与传播:改革开放30年中国美术批评论坛文集》,广西美术出版社2009年版,第456页。

最后，90年代，市场经济的发展走向成熟与稳定，被纳入经济发展环节的艺术界，自然也渐渐形成了中国艺术市场，艺术家们需要"以非经济方式的创作活动"获得"纯经济方式的收益"① 才能体现自己的价值，甚至维持自己的生活。但"市场操作"对中国大众来说是一个在90年代中期才被纳入视野的新名词。《世界美术》从1995年开始出现关于"市场"的话题（安·邓肯《马克·罗斯特与北美艺术市场的价值大辩论》1995年第2期，段炼译），等到1996年《世界美术》甚至专门开辟了"艺术市场"的专栏。但现实是中国艺术操作者们（经纪人、画商、策展人、批评家）正在补习"生动地展示"这门基础课，走向成熟的市场操作，完全面向国际市场与走进当代世界历史，中国还有最后一课需要补习。

总体看来，90年代中国艺术家的创作实践与《世界美术》出现了一种"若即若离"的状态：在创作内容和形式上是中国现实主义传统的回归，这是与《世界美术》的"离"，不再一味地追随模仿，对本民族的反思与新观念的出现意味着中国艺术已经走向理智自觉；在艺术思潮上对后现代主义的思考和借鉴，这是与《世界美术》的"即"，"艺术市场"的进入更为中国艺术重新成为世界文化的一元提供了契机与可能。

三、新世纪：同步追踪当代艺术事件

1995年，当中央美术学院成立美术研究杂志社，《世界美术》从人民美术出版社脱离由美术研究杂志社自行出版和发行之时，

---

① 尹吉男：《后娘主义：近观中国当代文化与美术》，生活·读书·新知三联书店2002年版，第79页。

杂志也经历了改版与方针政策的改变，其中的一个方案就是"追踪当代艺术的主流，报道重大的艺术事件，反映当红的艺术家与创作，研究当代艺术的紧迫问题"，但"这项工作在2000年以来才做得更加全面和及时"。[1] 如果对照2000年以来的《世界美术》译介目录和中国艺术家的实践，有趣之处在于二者好似又出现了80年代那种亲密的融合。

杂志致力于展现西方当代艺术中对新媒材的重视：视觉艺术中的现代主义与大众文化、互联网艺术、非客观雕塑、全球化与艺术交流、图像、系统艺术视觉化、艺术中的电子研究、国族主义、黑人艺术、电影、超前卫艺术、多元文化、摄影、开放空间、新抽象艺术、纸制媒材新潮流、艺术经济、女性主义艺术运动、生态艺术、影像艺术、冷战与热艺术、刺绣、庸俗艺术和民族主义、仿真摄影等成为这一时期《世界美术》译介关键词。这表明进入21世纪，"艺术的问题已不是形式、审美、技巧等传统架上艺术承载的东西，而是整体的视觉媒介的表达，摄影、摄像、计算机图像、装置、场景、空间、媒材等成为艺术表现的主要手段"[2]，近来更有向影像和数字图像发展的趋势。而在艺术创作实践上，这一阶段中国比较有影响的"后新生代"和"后感性"的作品也突出了以上要素。二者的代表人物都是1970年前后出生的艺术家，所谓"后新生代"，集中介绍他们作品的画集叫《新锐的目光》，是和一个同名画展同时推出的，策划人是伍劲，展览所呈现的是"架上画的新生代之后"。而吴纯美策划的另一个展览"后感

---

[1] 易英：《〈世界美术〉30年》，见尚辉、陈湘波主编：《开放与传播：改革开放30年中国美术批评论坛文集》，广西美术出版社2009年版，第457页。

[2] 易英：《〈世界美术〉30年》，见尚辉、陈湘波主编：《开放与传播：改革开放30年中国美术批评论坛文集》，广西美术出版社2009年版，第456页。

性"展览,所呈现的是"装置的新生代之后",这个展览理念是全新的,其暴力性的视觉冲击策略、强调精微的器官感受都展现了影像艺术的现场性与真实感的特点,他们运用的装置、场景、空间等都是当代艺术惯用的表现手段。

中国艺术家们看似与《世界美术》又恢复了亲密无间的关系,而事实上却恰恰相反。这源于他们与 80 年代的中国艺术家已经处于完全不同的境况——无论"后新生代也好、后感性也好,都来自学院,受到过改革开放后的良好教育(与大多数新潮艺术家相比),对西方艺术史的熟悉程度更为全面。他们有自己的理论家和理论见解;他们有自己的策划人和艺术活动,他们中的很多人不局限于传统的艺术语言和材质,重视国际资讯、新兴媒介。……他们更熟悉现代资本与现代传媒在艺术中流动的基本程序。……他们又越来越深度地参与到欧美主流艺术制度之中"①。事实是,这些新世纪的艺术家们早已不太关心《世界美术》的报道了,因为他们大多有直接的渠道获取西方的信息,二者的同步是因为中国艺术家们与世界艺术之间已经没有了时序上的落差,中国艺术家们的创作已经成为当今世界艺术的一部分:从 1999 年《美国艺术》杂志封面使用了谷文达的作品《联合国》开始,直到 2009 年,徐冰获得美国麦克阿瑟"天才"奖;20 个中国艺术家入选第 53 届威尼斯双年展,比美国和意大利的入选艺术家还要多。这些现象足以证明中国的美术家们在国际艺术界已经完全处于"在场"状态。随着中国艺术被纳入世界艺术史格局的版图,《世界美术》也完成了自己角色的转换,放下了肩负为中国艺术家"补习世界现当代

---

① 尹吉男:《后娘主义:近观中国当代文化与美术》,生活·读书·新知三联书店 2002 年版,第 211 页。

艺术史"的艰巨使命，看似风光不再，但这不正是当年《世界美术》编辑部的前辈们所日日期许之"明天"吗？时隔三十年，还能清楚地听到编辑们在创刊之初的心焦呐喊：

> 文化发展的历史经验表明，一个有自信心的民族，不应把自己孤立于世界之外。不论在政治、经济或文化的发展中，每一个民族都应该一方面向其他民族提供自己的经验，对人类作出应有的贡献，一方面虚心学习其他民族的长处，弥补自己的不足，使自己更加强大起来。……
>
> 和其他事业的发展相比较，我们对国外美术历史和现状的研究，应该说是很落后的。尤其近十多年来，林彪、"四人帮"猖狂推行封建文化专制主义，更使我们处于与世隔绝的状态。在这种情况下，介绍外国美术的任务就显得更加迫切。因为只有了解世界，掌握丰富的资料，学习和研究外国美术发展正反两方面的经验，才能使我们的社会主义美术顺利地向前发展。①

黑格尔在他的《历史哲学》中谈到中国历史时曾说过：

> 中国和印度可以说还在世界历史的局外，而只是预期着、等待着若干因素的结合，然后才能够得到活泼生动的进步……②

原以为中国不会再因为自足与封闭，将自己隔绝于世界之外，然而历史的发展总是惊人地相似。当阿瑟·丹托以类似的表达再

---

① 《〈世界美术〉发刊词》，《世界美术》1979 年第 1 期。
② 〔德〕黑格尔：《历史哲学》，王造时译，上海书店出版社 2006 年版，第 110 页。

次重申这样的论断的时候,我们也感受到了他和黑格尔在陈述现实的同时对中国进步的期待与祝福。那"若干因素的结合"还有"自由"都意味着与世界跨文化的交流与对话。我们应该很庆幸有那样一批人创办了《世界美术》这样一本杂志,感谢他们让这样一本杂志扮演了一个中介者、开拓者的角色,为当时中国沉闷窒碍的艺术现状注入一股新的活力,并且记录下改革开放三十年中国当代艺术的发展历程。

我们再返回到这场贯穿于整个新时期的"现代性"的译介浪潮,也许确如甘阳自己评价的那样"在理论上迄今尚未产生出多少足可一观的东西(这或许要到九十年代甚至下世纪初才有可能)——在这种过渡性的年代中,在中国知识分子普遍学术准备严重不足的情况下,所有的一切思考都必然只能是极度'过渡性',极度不成熟的"①。虽然那个年代仿佛每个流派都坚持不懈地以艰深、繁复的学术术语来表达自己的观点,各种新奇"理论"满天飞,但是,以今天的视野重新审视其价值时,我们应该正确地认识到重要的不在于这场浪潮中有哪些"观点","而是在于这场文化运动下面所流动着的一般'意识'及其所蕴涵着的可能趋向"。②

格非先生后来在他的学术随笔《师大忆旧》中曾以其标志性的反讽修辞描述过这场浪潮带给他的冲击,他写道:

> 后来经过高人指点,我们才知道那个时代的读书风气不是追求所谓的知识和学术,而是如何让人大吃一惊,亦即庄子所谓的"饰智以惊愚"而已。当那些高深、艰涩、冷僻的

---

① 甘阳主编:《八十年代文化意识》,上海人民出版社 2006 年版,第 3 页。
② 甘阳主编:《八十年代文化意识》,上海人民出版社 2006 年版,第 3 页。

名词在你舌尖上滚动的时候,仿佛一枚枚投向敌营的炸弹,那磅礴的气势足以让你的对手胆寒,晕头转向难以招架;而当你与对手短兵相接时,需要的则是独门暗器,以己之长克敌之短,让对手在转瞬之间成为白痴。①

这段诙谐的描述,生动地勾勒出了新时期这场可总体概括为"现代性"的译介浪潮到底给人们的生活带来了多么大的冲击,可以说它开启了中国知识分子对中国现代社会从制度到文化的反思序幕。

---

① 格非:《博尔赫斯的面孔》,译林出版社 2014 年版,第 78 页。

第三章　现代性之"新"的困惑

　　1978年12月中国共产党第十一届中央委员会第三次全体会议召开，标志着中国新时期的到来。自此开始大批杂志得以复刊、创刊，众多的外国学者及文艺思潮被陆续介绍到中国来，中外交流重新开展，"现代性"言说的断流得以接续。在中国学界有一个基本的共识，即整个20世纪80年代，是中国人自觉向西方学习的阶段，后人用"全盘西化"来总结虽评价稍过——毕竟还有许多学人像李泽厚、汤一介、庞朴等对中国传统文化给予充分的重视——但那种主动向西方学习、敏感于西方各种社会思潮，补课欲求强烈的表现及倾向还是非常鲜明的。有学者曾在反思和检讨这段历史时说：这是一段"拿来"的历史，"拿来嘛，拿来就拿来，至于拿来的究竟是什么，拿来究竟干什么用，更似乎不是个问题"。这样一种"拿来"的历史留下了严重的后遗症，其一就是"中国思想界对现代性的关注和思考，迟迟一直到九十年代才有所开展"。[①]虽然中国理论界和学术界对"现代性"的话语实践和理论反思，确实是在九十年代以后才展开的，但80年代对"现代性"的"拿来"却是主动的、自觉的，而且比"十七年"间的"现代

---

① 李陀、陈燕谷：《视界》（第12辑）卷首语，河北教育出版社2003年版，第ii页。

性"内涵有了更为丰富的发展,从解放思想、实事求是的大前提出发,对"现代性"概念的理解已经提升到了一个新的认识层面。这其中最明显的变化即是:人们对"现代性"的"合法性"产生了怀疑。曾经的"现代性"等同于"新的""先锋的""革命"和"现代化",这些原本高高在上、不容置疑的含义伴随着后现代主义文艺思潮进入中国开始变得摇摇欲坠,怀疑的情绪在蔓延。本章想要对这种现象的来龙去脉做一梳理,说明这种怀疑首先是从"现代性"的哪方面论说开始的,并且想要说明"现代性"的哪些内涵因此发生了变化,哪些方面开始崩溃并消隐,同时又有哪些新的内涵被中国理论界接受与传递。

第一节 怀疑"现代性"从"时间"开始

李欧梵先生曾经总结说:中国的现代性,"是和一种新的时间和历史的直线演进意识紧密相关的,这种意识本身来自中国人对社会达尔文进化概念的接受,而进化论则是世纪之交时,承严复和梁启超的翻译在中国流行起来的。在这个新的时间表里,'今'和'古'成了对立的价值标准,新的重点落在'今'上,'今'被视为'一个至关重要的时刻,它将和过去断裂,并接续上一个辉煌的未来'。这种新的时间体认方式自然是从西方现代性的后启蒙话语中'习得'的,而这个被知识分子所包装的后启蒙传统正日益受到后现代理论家的激烈批判,批判他们建立在人类理性和进步信仰上的专断的且天然的'自说自话'倾向。我们还可以进一步说,正是这同样的后启蒙遗产激励着殖民帝国的扩张部署,尤其是英国,而其中的一个政治副产品就是现代民族国家的产生。

不过，一旦这种遗产被移植到中国，它便为中国语义学添加了一个新维度：事实上，'新'这个字成了一连串新组合词的关键合成部分——藉此来界定生活中方方面面的质变。从晚清'维新运动'中似'新政'这样的制度命名到'新学'，到梁启超著名的'新民'观和'五四'口号'新文化'、'新文学'等。20年代有两个名词广为流行，它们是'时代'和'新时代'，出自日文音'jidai'。这种生活在一个新时代的感觉，正如'五四'领袖陈独秀所大力宣扬的，界定了现代性的精神面貌"[1]。

以上这段话说明，"现代性"一直以来都与人类理性和进步信仰相一致，社会达尔文的进化概念一直深深地影响着中国"现代性"概念的建构——社会的发展是直线演进的，今天永远比过去进步，未来永远充满希望——就是这种源自启蒙理性的观念一直支撑着中国"现代化方案的建构"。但是事实上在西方，早在20世纪初自尼采对现代性的批判开始，卷入两次世界大战的所有思想家、哲学家们都在思考，人们一直追寻的"现代性"到底是对还是错？这种展示出来的现代制度中存在着的赤裸裸的权力和暴力，就是当时高喊"人文万岁"的启蒙先驱们想要的结果吗？技术、社会和思想的变迁掀起的爆炸性浪潮向现代性自身建基于其上的那些根本原则发出了猛烈地攻击，与传统决裂的现代性失去了自身的文化和思想的基石，于是，西方文化开始对自己疑窦丛生。这种情况首先出现在对"历史的直线演进意识"的质疑上，因为人对自身的确认就是通过生活的每一天来实现的，人生因时间的连续而呈现意义。但20世纪上半叶席卷全世界的大动荡，却让经历那个年代的

---

[1] 〔美〕李欧梵：《上海摩登——一种新都市文化在中国（1930—1945）》，毛尖译，北京大学出版社2001年版，第54页。

人有了另外一种切身的感受，如出生在 1901 年的顾彼得说："变化如此突然而剧烈，以致我从不认为我的人生是连续而有序的；相反是一系列互相无关的生活片断。"① 当时间破碎、断裂；过去与现在、未来无法区分的时候，人生就陷入混乱与虚无，这种状况被称为后现代主义对历史的理解——那就是历史只存在纯粹的形象和幻影——但事实上对于线性历史的全盘攻击却肇始于现代主义。历史学家科泽勒克曾经说过："遵循康德—海德格尔的观点，即我们的时间观念是我们所有其他观念的基础。"② 那么当历史时间观念发生转变的时候，就会引发其他重大观念的转变，所以理所当然的，文艺史上时代和运动的许多概念已经变得不可信了。

一、"现代性"的历史时间观念发生转变

当"现代性"概念重新进入人们视野时，它最先被提及的含义依旧是承袭自"十七年"时来自苏联模式的"现代性"概念，比如《现代外国哲学社会科学文摘》1982 年第 8 期上收录的苏联学者 М. Ф. 奥伏先尼柯夫《评 А. А. 巴仁诺娃：〈俄国美学思想和现代〉》一文，在文中，奥伏先尼柯夫评价陀思妥耶夫斯基的"现代性"表现在"他对人的精神世界的异常敏锐的洞察力和深刻的领悟上，而且表现在他的思想和整个世界观的始终不渝的反对资产者的激情上"③，这依旧保留了"十七年"时期的以人民性、革命与社会主义现实主义为判断标准的言说方式。但这种"老生常

---

① 〔俄罗斯〕顾彼得：《丽江 1941—1949：被遗忘的王国》，云南人民出版社 2007 年版，第 1 页。
② 〔美〕卡尔（D. Carr）：《过去的将来：论历史时间的语义学》，陆建申、曾清宙译，《现代外国哲学社会科学文摘》1988 年第 6 期。
③ 〔苏联〕М. Ф. 奥伏先尼柯夫：《评 А. А. 巴仁诺娃：〈俄国美学思想和现代〉》，吴兴勇译，《现代外国哲学社会科学文摘》1982 年第 8 期。

谈"的表述不仅遭到了国内青年学者和学生的集体漠视，同时在苏联国内也被予以反思批判。如苏联作者瓦·卡达耶夫在文章《深远的过去，无限的未来……》中同记者斯·塔罗希娜"谈创作"时就说过，"现实性"和"现代性"这两个概念事实上是"远非相同"的两个词，而很多人"混淆不清"，根本原因是苏联权威的《详解词典》上对"现代性"的定义都是"正在发生的情况和当前存在的事物"。由此出发，"有人认为：文学的现代性就是指文学反映今天发生的事，或者充其量也就是把昨天发生的事也算进去"①。但在瓦·卡达耶夫看来，这种情况已经发生了变化，他说"对我来说，'现代性'意味着整整一个世纪"，这句话很重要。瓦·卡达耶夫出生于1897年，去世于1986年，作者在苏联发表此文的时间是1984年11月7日的《文学报》第45期，因此所谓"整个世纪"，就是作者本人经历的这一个世纪，即20世纪。在瓦·卡达耶夫看来整个20世纪的动荡变迁所表现出来的文化特征才是"现代性"，而它不仅仅是"现实性"的。所以就"现代性"到底指的是什么时间发生的事情就出现了争议，或者说"我们有关'现代性'的认识已经遇到了挑战"②，它不但不仅仅指"当前发生的事情"，而且随着社会人类学家将"现代"的起始时间提前，"现代性"的某些结构特点甚至可以追溯到欧洲中世纪甚至罗马帝国衰落时。于是"新"的衡量标准被打破，传统与新的关系需要被重新考量，这些变化都是源于"现代性"时间概念的改变。

《第欧根尼》杂志1985年第1期上译介了一篇法国学者蒂

---

① 〔苏联〕瓦·卡达耶夫：《深远的过去，无限的未来……》，汀化译，《苏联文学》1985年第5期。
② 〔美〕R.科林斯：《八十年代的社会学毫无生气吗？》，晓新译，《国外社会科学》1987年第9期。

洛·夏伯特[①]的文章叫《现代性与历史》，蒂洛·夏伯特在此文中对"现代性"时间观发生改变的原因做了解释和说明。经笔者考证，此文是中国新时期以来首篇直接质疑"现代性"的文章。而蒂洛·夏伯特的论点就是当"现代性"的历史概念被证明不再是一种直线前进的过程时，"现代性"开始对其本身失去信心。他的论证从以下两个方面展开：

第一，"现代性"的历史如何被证明不是直线前进的过程。

蒂洛·夏伯特在文中首先追溯了培根于1620年在《新工具》中所提出的要点："人类应征服并统治自然，这样就出现了一个设想中的现代世界。"培根"以'人的统治'这一概念取代基督教的'神的统治'的概念"，蒂洛·夏伯特认为就是从此出发自然被看作"已被了解，可以控制、调度并利用它来为人们的生活服务"，于是"现代性的历史因此就被规定为一种通史，而且通过这种历史的普遍性，就可能安排现代文明的整个进程"[②]，他把这称为"世界历史的非凡兰图"。他认为自18世纪以来，"现代性已先后为世界通史描绘过各种兰图"，"这些兰图"由以下五种设想构成：

（一）只存在一种历史，即一连串历史事件的依次排列；（二）这是一个世界的历史，一个人和物的世界；（三）其对象为各人种过去、现在和未来的成员所构成的整个人类；

[①] 蒂洛·夏伯特（Tilo Schabert），法国人，生于1942年；曾在慕尼黑攻读神学、哲学、政治科学和历史学，并获得哲学博士学位；先后在慕尼黑大学、斯坦福大学、哈佛大学、巴黎大学任教，撰写此文时执鞭于波鸿大学。著作内容涉及法国17和18世纪的政治思想、革命意识、法国政治、建筑学及现代性问题，另有关于政治及波士顿城市规划的著作。（资料来源于该译文后作者简介）

[②] 〔法〕蒂洛·夏伯特：《现代性与历史》，姜其煌、润之译，《第欧根尼》1985年第1期。

(四)它是按一维的时间,即不断前进的时间而发展的;(五)其目的成为显示一种形式的文化,即现代性的文化。①

因为"现代性"是按一维的时间不断前进和发展的,那么它就只有向前,没有后退,所以蒂洛·夏伯特分析说:

> 从现代的观点看来,现代性就是未来,一切未来的东西都是现代的。对一切真正"现代"时代以后的历史时代的探讨,都无法取代现代性,但多少能代表现代性探索中的最近、"最新"的成就。现代性乃是"现代历史"中"旧"向"新"、"古代"向"现代"延伸时的裂痕。现代意识不容许脱离现代性:现代的,较为现代的,再进一步更为现代的……其可能性是无限的。②

这就是说,"现代性"概念中的那种崇尚"新"与"现代",贬斥"旧"与"古代"的审美风尚就是源于这种时间和历史的直线演进的意识。

蒂洛·夏伯特将培根发表《新工具》的1620年作为起始时间,以他撰写此文的1982年为终止时间,他以这362年间现代文明发展的"真实"历史,与"非凡的兰图"中现代文明"设想的"历史做了一个对比。他说"人们从比较的结果可以看出,真正的历史与设想的历史之间存在着极大的区别;真正的历史与设想中的

---

① 〔法〕蒂洛·夏伯特:《现代性与历史》,姜其煌、润之译,《第欧根尼》1985年第1期。
② 〔法〕蒂洛·夏伯特:《现代性与历史》,姜其煌、润之译,《第欧根尼》1985年第1期。

历史是不合辙的",他说比较后的事实说明:

> 现代时代的真正的历史与现代史的第一种设想相反,它并不是一部通史,并不是一连串历史事件的依次排列。确实,我们的世界已经"现代化"了。几乎世界上的每一个角落都已为现代文明所触及。但是这个现代化的过程在不同的地区和国家中,并非都是以相同的方式进行的。……这些国家的历史是否已与"第一类历史"相吻合?它们是否已经达到了人的统治?不,在探索现代性的过程中,即使有过一些伟大的成就,但也不曾出现过人的统治,这样,就不能不得出一个相当惊人的结论:提出现代性的构思至今已有三百六十二年了,但现代的进程却说明现代文明受到了阻滞。人的统治在很久以前就被认为是达到了的,但事实证明这仍然是一种遥远的理想世界。毫无疑问,这是一个现代性的时代;但这是一个被阻滞了的现代性的时代。①

也就是说自培根以来的社会学家们所设想的"现代性"并没有按当初的计划按部就班地执行,经历了近四个世纪,现代性计划不但"尚未完成",甚至对其"是否尚有前途"也发生了质疑。因为"真实的历史"证明,那种"非凡的兰图"规划的真实结果并不像它描绘得那般美好,现代性出现了各种各样的问题。蒂洛·夏伯特在文中举了一些例子,如"'现代'社会使生活既不稳定,又千篇一律,从而失去了自身的吸引力";"现代技术对人类

---

① 〔法〕蒂洛·夏伯特:《现代性与历史》,姜其煌、润之译,《第欧根尼》1985 年第 1 期。

的自然栖息处所造成了毁灭性的冲击";"现代建筑只顾实用,形同机器,虽曾被当作'进步'时代的国际建筑风格备受赞扬,但曾几何时,大量的高层建筑群因给社会生活造成病态"而开始受到谴责;还有"最初,现代性的概念是企图将人类从一切自然界的与超常的力量中解放出来","现代性的本意是使每一个人都进化成为一种'新颖的''独特的''自主的'生物","现代"人对自身的存在似乎应该"具有一种神圣的自主权,按本身的意志控制着生活秩序,他应该是自身命运的唯一主人以及他的世界的主宰",但事实上是,人最后被强大的社会组织、国家机器和冷冰冰的机械、物质所主宰,"现代人并未获得神圣的品质",他甚至"已经失去了人性","孤独感、无所适从、同性恋、行为反常、频繁的自杀,这些就是现代社会病态现象的特征"。[①]于是,"研究现代社会的社会学家"对"现代性"所下的诊断是:"'现代性已陷入绝境','现代性正处于矛盾之中','现代性的销蚀',或者为了表达人类的现代体验,就使用隐喻,称之为无家可归的心灵。"[②]

基于以上与当初设想完全不符的结果,蒂洛·夏伯特在文中总结说"在当今的世界中,人们似乎越来越看到,在现代性的道路上写着一条大标语:此路不通",也就是说历史的直线前进方向被打断了。蒂洛·夏伯特正是基于以上的分析,在文中引用了奥克塔维奥·帕兹的话,在对现代文学及其哲学基础的全面批判中得出结论:

[①] 〔法〕蒂洛·夏伯特:《现代性与历史》,姜其煌、润之译,《第欧根尼》1985年第1期。
[②] 〔法〕蒂洛·夏伯特:《现代性与历史》,姜其煌、润之译,《第欧根尼》1985年第1期。

> 在我们这一世纪的后半部分,成为疑问的并非艺术的观念,而是现代性的观念……我并不是说我们面临着艺术的终结,我们面临的乃是现代艺术观念的终结……历史概念作为一种直线前进过程,已被证明并非永远如此。现代性已开始对本身失去信心。①

第二,历史观念发生改变后的现代性是否还有前途?

蒂洛·夏伯特并没有只提出问题,而不寻找答案。他认为,当"此路不通"的时候,人们就应该"走到路边,探测一下,看看是否还有什么岔道或小路"②。他尝试性地提出了一种方法,他说:

> 现代性本身就是一种阻止前进道路的障碍。这一发现并不意味前进道路已被堵死,而是一种突破,因为一幅宽广的现代性的历史画面呈现在人们眼前了。这个世界的历史是由多种历史复合组成的,是由平行的、连贯的、相对的、交叉的各种历史轴心覆盖形成的。于是,对这一世界的发现(或重新发现)展开(或重新展开)了一个可供研究或思考的领域;这个领域博大精深,更符合现实,与现代对历史的思考时那种一维的"广泛性"相比较,恰恰形成了一种鲜明的对照。在这个领域中,过去认为历史的探讨必须沿一条现代的道路"前进",如今可以前后左右作各方面的运动,也可以从一条历史道路"跳"向另一条,或者"同时地"走向几条相

---

① 〔法〕蒂洛·夏伯特:《现代性与历史》,姜其煌、润之译,《第欧根尼》1985年第1期。
② 〔法〕蒂洛·夏伯特:《现代性与历史》,姜其煌、润之译,《第欧根尼》1985年第1期。

应的道路。其目的既不再是检验"历史"的"对象"或"目的"("人类"、"智慧"、"进步"、"开化"和"文明"……)也不再是为"历史"描绘一条适当的道路。历史是不存在的,有的只是一大堆生活琐事、记忆、神话、历史故事、对历史上发生的事件的解释、对各个历史时代取得的经验所作的比较,等等。①

事实证明,如果人们继续从世界通史的"兰图"所代表的历史无限进程的设想上理解现代性的意义,已经不可行了,因为"真实"情况证明现代历史的进程实际上是一种"周而复始、无穷无尽的运动",所以,探索"现代性"变得毫无意义。但当我们抛弃这种预设的"兰图",就会突破陷入的困境和矛盾的状态。"历史的经历显现为众多交错的、间断的线性次序关系。或用罗素的概念说,它显现为众多交错的、非连续元素的系列"②,当我们正视历史的这种复合性、平行性、无意义性时,也许可以对"现代性"有更准确的理解。总而言之,需要转变的是我们的历史时间观念本身。

二、海德格尔《存在与时间》的译介及影响

蒂洛·夏伯特的那篇《现代性与历史》译介过来后,事实上在中国 80 年代的知识界并没有太大的回声,真正转变中国学者"时间观念"的是一部经典巨著——海德格尔的《存在与时间》。此书被称为"西方思想文化史上一部里程碑式"的著作,创作于

---

① 〔法〕蒂洛·夏伯特:《现代性与历史》,姜其煌、润之译,《第欧根尼》1985 年第 1 期。
② 〔法〕E. G. 努扬:《作为系谱学的历史:富科的历史方法》,高国希译,《国外社会科学》1989 年第 9 期。

1927年，中文译本出版于1987年，翻译者是陈嘉映和王庆节，校阅人为二人在北京大学外国哲学研究所的研究生导师熊伟先生。关于中国人与海德格尔的邂逅始末，靳希平、李强在《世界哲学》2009年第4期发表的《海德格尔研究在中国》一文中已经将其来龙去脉描绘得很详细，并且文中也细致统计和列举了海德格尔著作在中国的所有译本和研究专著的目录，此处就不再对海德格尔的译著情况进行详细复述了，而将关注点放在海德格尔的这部巨著在"存在"与"时间"上对新时期的美学讨论产生了哪些影响，这部作品的译介意义在哪里。

（一）海德格尔的历史观和时间观——认识"传统问题"的新方法论

据《海德格尔研究在中国》中的描述，"中国人从海德格尔学习始于沈有鼎"[①]，他是"第一个在德国听海德格尔授课的中国人"。沈有鼎（1908—1989）于1931年至1934年在德国访学期间听过海德格尔的课，但他的一生中，"从未向他的中国同事和学生提及海德格尔的名字，也没写过关于海德格尔的文字"。其后就是熊伟先生（1911—1994），他"在1934至1936年间，在弗赖堡认真聆听海德格尔授课，并从海德格尔学习哲学"，"1937年，当时在波恩大学作汉语讲师的熊伟在德国写了一篇哲学论文《说，可说；不可说，不说》寄回国内"[②]，此文1942年发表于国立中央大学《文史哲》季刊第一期[③]，"这是汉语文化圈中第一篇谈论海德格尔的文字"。直到1963年由中国社会科学院哲学研究所组织付梓出版并内部发行的《存在主义文存》中才见《存在与时间》的

---

① 靳希平、李强：《海德格尔研究在中国》，《世界哲学》2009年第4期。
② 靳希平、李强：《海德格尔研究在中国》，《世界哲学》2009年第4期。
③ 熊伟：《自由的真谛——熊伟文选》，中央编译出版社1997年版，第23页。

"第一个中文译本"，译者就是熊伟。这是一个节译本，仅"包括原书的 12 个小节"①。全译本是到新时期以后，于"1981 至 1986 年熊伟指导和监督他的两名学生陈嘉映和王庆节把《存在与时间》全书译为中文"，"该译本 1987 年在北京发行第一版"，"几年内就售出 5 万册"，"随后 1990 年在台湾出版，1999 年出版第二版，最后 2006 年出修订版第三版"。②这部书的翻译质量非常高，连熊伟都说"陈嘉映翻得比我好"③，此译本是新时期以来中国学者接受《存在与时间》的唯一全译本。直到 2012 年复旦大学的张汝伦教授才根据原文重新进行了翻译，出版了《〈存在与时间〉释义》（共四卷）。

简单回顾《存在与时间》这部巨著进入中国的历程，意在强调作为翻译者的陈嘉映和王庆节的意义不仅仅是海德格尔思想的传递者而已，这部书属于由"文化：中国与世界"编委会发行的《现代西方学术文库》，二人均是编委会核心成员，他们不只是一本书的译者，他们还同时参与了 80 年代的文化大讨论，而这场影响深远的文化讨论的核心问题所在就是"传统问题"。甘阳曾经说过"百年来的中西古今文化之争，其理论上的争论焦点，差不多都落在这个问题上"④，因此甘阳等人对"传统问题"的讨论就特别重要。而他们对此问题在理论上和方法论上的新的理解和认识就来自于以海德格尔和其弟子伽达默尔为代表的现象学、存在主义哲学的影响。实际上这一番对"传统问题"的再认识首先要重新界定的就是"过去""现在"和"未来"的时间观念。

---

① 12 小节具体分布见靳希平、李强：《海德格尔研究在中国》，《世界哲学》2009 年第 4 期。
② 靳希平、李强：《海德格尔研究在中国》，《世界哲学》2009 年第 4 期。
③ 查建英主编：《八十年代访谈录》，生活·读书·新知三联书店 2006 年版，第 193 页。
④ 甘阳：《传统、时间性与未来》，《读书》1986 年第 2 期。

张汝伦《〈存在与时间〉释义》的"引言"中有这一段叙述：

> 时间问题向来是西方哲学中的一个重要而困难的问题。从奥古斯丁开始，西方哲学就基本上是从理论哲学和意识哲学的立场出发，以现在维度为中心来理解时间问题。海德格尔在颠覆了传统存在论，恢复实践哲学的基础地位的同时，以存在意义为基础，提出了新的时间观，将时间问题纳入存在论问题，使得时间成为存在问题得以展开的基本境域，彻底克服了建立在主观意识基础上的传统时间观。[①]

这段话中所说的从奥古斯丁开始的"理论哲学和意识哲学的"立场，其实就相当于蒂洛·夏伯特在《现代性与历史》中所说的那个"非凡兰图"的设想，在海德格尔看来，这完全是"建立在主观基础上的传统时间观"。"理论哲学"和"意识哲学"就是他所谓的"主观"、蒂洛·夏伯特所谓的"设想"，从此出发人们只能以"现在"维度来理解时间问题。这就是海德格尔对传统时间观进行批判的最核心内容，即他批判的是起源于柏拉图主义的西方形而上学的哲学传统。在海德格尔看来，形而上学的缺点正在于它的"形而上"，"即完全脱离真实的生命，脱离人生存的事实性"。如同源于培根《新工具》建立的"兰图"一样，形而上学就是"一种想入非非，一种神话，一种幻想世界"。通俗点儿说"就是形而上学完全脱离了我们的现实存在，成了一种想入非非的思想神话；而当它耽迷于'绝对知识'的时候，它却对我们有限的生命闭上了眼睛。而哲学的堕落就在于它'复活形而上学'，而不

---

① 张汝伦：《〈存在与时间〉释义》（第1卷），上海人民出版社2012年版，第20页。

是拒绝形而上学。在海德格尔看来，正是生命，而不是什么'绝对知识'，才是哲学主要关心的对象"①。此"生命"即"存在"。这种"想入非非的思想神话"与"兰图"是一样的东西。所以，海德格尔说这个西方形而上学的传统必须拆除，因为就是它引发了现代人毫无理由的盲目自信，仿佛"现代是一个'完全没有问题的时代'。在这个时代，再没有什么东西是不可能和不能达到的，只要我们对它有'意（志）'"②。海德格尔认为，这个西方形而上学的基本特征"在现代技术的本质中得到了完成"③。因此，当这种"建立在主观基础上的传统时间观"被海德格尔推翻以后，"现在"不再是时间问题的中心维度以后，他提出了自己的历史观与时间观。海德格尔在《存在与时间》中所讲的时间，是与他的"在"紧密相连的。熊伟对其做过以下概括：

> 这个单独的在总是带着"呵，原来在是这么回事"（恬然澄明）的体会被抛入流传下来的此在经验中并即继续在下去。这个经验体会就推动着这个在的可能性向前发展并即调整着此可能性。在这种情况中，这个在的过去就不是只跟在这个此在的后面，毋宁还在前面指引着这个在调整向前呢。
> 这样的此在本身才是历史的，要在这个地方才有历史。如果只是照着千篇雷同的方式在着，那到底只有千篇雷同的在者，看不出什么历史和历史性来，也看不出什么时间性来。这就是海德格尔的历史观与时间观。④

---

① 张汝伦：《〈存在与时间〉释义》（第1卷），上海人民出版社2012年版，第8页。
② 张汝伦：《〈存在与时间〉释义》（第1卷），上海人民出版社2012年版，第5页。
③ 张汝伦：《〈存在与时间〉释义》（第1卷），上海人民出版社2012年版，第6页。
④ 熊伟：《"在"的澄明——谈谈海德格尔的〈存在与时间〉》，《读书》1987年第10期。

海德格尔是以抽象的哲学形式来讲述他的"时间"概念的，我们可以举一个简单的例子来予以解释：一个人，他作为一个有生命有情感的、生活在世间的一个活生生的人，他的现在或者说是今天，并不是与过去毫无关系、割裂的，他从出生所经历的每一天构成了他的"现在"，而他的"未来"也永远不能与现在和过去割裂。因此，原本传统时间观念里面那种完全抛弃过去的做法实际上是将人生给断成毫不相干的片段了，失去了"过去"的人没有了根基，被抛入了没有历史的"虚空"。所以"如上所述，海德格尔在《存在与时间》中所讲的时间就不是作为在者死板板地成为过去、现在、未来三个各不相干的阶段。这个时间乃是活生生地贯通在整个在的过程中由这个单独的此在的过去来指引并调整着现在的此在进入最适当最符合我在世中在者之无蔽状态的未来。这样的过去现在未来不但不是各不相谋，而是浑为一体，而且根本就是在怎样去在的必不可少的构成条件，而且这也才构成历史"①。海德格尔的这种历史观和时间观还在美学领域内构成了接受美学的理论根基，我们还可以从接受美学"读者反映批评"理论中涉及的一些概念入手对上面所提到的问题再举一例：伽达默尔在《真理与方法》一书中对"阅读"的解释更易于我们理解他的老师海德格尔的"时间"和"存在"的意义。接受美学认为，"作品"是一个"新的构成物"，它是由"历史流传物"加上"解释者前见"构成的，每一个当下的读者，必然要携带着他从过去历史流传那里继承来的观念、经验、立场、思想、方法、倾向与作者的文本相逢，而相逢之后的作品的命运就不掌握在作者的手里了，因为每一个读者都不是千篇一律的，从这个意义上讲，作

---

① 熊伟：《"在"的澄明——谈谈海德格尔的〈存在与时间〉》，《读书》1987年第10期。

品才具有了丰富的"生命",这就是海德格尔所说的"过去现在未来""浑为一体"。80年代后期,"接受美学"理论在中国一度非常火热,比如前面我们曾提到过《美学译文丛书》中就收有伽达默尔的《真理与方法》(1987年出版,王才勇译);姚斯的《接受美学与接受理论》(1987年出版,周宁、金元浦译);沃尔夫冈·伊瑟尔的《阅读活动:审美反应理论》(1991年出版,金元浦、周宁译);《现代西方学术文库》也收录了由刘小枫选编的《接受美学译文集》(1989年出版)等,所以从海德格尔的本体论变革到伽达默尔的接受美学,对"历史"和"时间"的新认识是"源始问题"。

我们再回到出对"过去、现在、未来"的重新解释所引发的80年代有关"传统问题"的文化讨论上来。事实上接受了存在主义哲学方法的甘阳,所采取的依旧是"反传统"的立场,他提出"继承传统的最好方法就是反传统",把"对传统的批判意识作为解释的基本预设"[①]。这从表面上看好像与海德格尔哲学背道而驰,但事实上他批判的这个"传统"或"文化传统",是以往与"过去"等同起来的"传统",是个"已经定型的东西",是"一种绝对的、固定化了的东西"。而他所说的"传统"是"流动于过去、现在、未来这整个时间性中的一种'过程',而不是在过去就已经凝结成型的一种'实体'";传统乃是"尚未被规定的东西",它永远处在制作之中,创造之中,永远向着"未来"敞开着无穷的可能性或说"可能世界"[②]。由此观点出发,甘阳总结说:

---

① 甘阳主编:《八十年代文化意识》,上海人民出版社2006年版,第567页。
② 甘阳:《传统、时间性与未来》,《读书》1986年第2期。

根据我们的传统观,传统既然是"尚未被规定的东西",传统既然是永远在制作之中,创造之中,那么我们每一代人自己"现在"的存在就都不是一种可有可无的偶然存在,不是"过去已经存在的东西"之自然延续,不是仅仅作为"过去"的文化心理结构之载体、导体才有资格被"传统"所接纳,而是对"传统"具有着一种"过去"所承担不了的必然的使命,这使命就是:创造出"过去"所没有的东西,使"传统"带着我们的贡献、按照我们所规定的新的维度走向"未来",用当代解释学(Hermeneutics)大师伽达默尔(H-G. Gadamer)的话来说就是:"传统并不只是我们继承得来的一宗现成之物,而是我们自己把它生产出来的,因为我们理解着传统的进展并且参与在传统的进展之中,从而也就靠我们自己进一步地规定了传统。"……也就是说,每一代人都对传统、文化、历史起着特定的作用,产生着特定的结果、效果、效应,从而在这一特定历史时间中有效地影响着、制约着、改变着传统、文化、历史。所谓的"传统"、"文化"等等,就是这样在每一代人所创造的新的结果、效果的影响下而不断地改变着、发展着。

……

确切地说,我们所理解的"传统",就是在"过去"与"现在"的不断遭遇、相撞、冲突、融合(新的同化旧的)之中所生发出来的种种"可能性"或说"可能世界",而这些"可能性"也就是我们所理解的"未来"。在我们看来,唯有这种既立足于当下此刻同时又敞开着无限可能性的运动过程才是"真的"未来。……过去在这里已经不再是一种僵死固定的现成之物,而是成了不可穷尽的可能性之巨大源泉,这才是"真的过去"之本质所在,这也就是我们的"过去"与前一种传统观的"过去"之根本区别所在。①

基于以上新的"传统观",甘阳批评了当时参与文化论争的很多人的所谓还原孔孟儒学的"本来面貌"论点,因为"它们的面目都在历史与时间中不断地塑造着又改变着","每一代人都必然地要按照自己的要求来重新塑造、修正"②,所以真正的问题不在于它们的本来面貌是什么,而在于这些传统在今天能起什么作用,又生成了哪些新的意义。因此,从这个层面而言,陈来评价说"解释学到了甘阳手里",实际上他"把伽达默尔本来强调的传统的连续性意义尽量降低"了,"而强调对传统文化的批判性和对外来文化的吸收在发展传统上的意义",因而,"引出批判传统文化也是发展文化传统的途径的结论",是"文化:中国与世界"这个活动后面隐藏的观念内涵。③

(二)存在主义与精神危机——"尼采热"的新背景

海德格尔的《存在与时间》在 20 世纪 20 年代一出版就获得了巨大的成功,追其根本原因就在于它的回答契合了那个时代的很多社会现实问题,同时也反映了那个时代的人们所遭遇到的精神危机。张汝伦说:"这部以典型的德国哲人的晦涩语言表达的艰深著作之所以甫一出版就打动了那么多人的心弦,是因为它深刻揭示了人们正在经历的西方文化的危机及其深层次的问题,从哲学上解剖了西方文明的内在病理,使人们对现代性危机的本质有

---

① 甘阳:《传统、时间性与未来》,《读书》1986 年第 2 期。
② 甘阳:《传统、时间性与未来》,《读书》1986 年第 2 期。
③ 甘阳主编:《八十年代文化意识》,上海人民出版社 2006 年版,第 567 页。

了清楚的认识。"① 早在 19 世纪末从尼采开始，西方思想的大革命已经发轫，但是大多数人还沉浸在西方启蒙理性"规划的兰图"中，怀着"歌舞升平的乐观主义情绪"对现代性的前景依旧信心十足地憧憬着，所以当第一次世界大战"以暴力的方式将这些问题赤裸裸地暴露在人们的眼前，思想与文化精英，尤其是德国人，开始对现代性问题进行全面的深刻反思"，"一个新的思想文化时代开始了"。② 海德格尔的《存在与时间》就是基于对西方文明和西方思想虚无主义本质的诊断，海德格尔郑重其事地提出存在的意义问题，是有明显针对性的。"海德格尔的存在主义认为，在科学技术如此发达、人们如此沉醉、迷恋于物质享受的现时代，亦即这个'物化了'的世界面前，对'在'的追问，已全然被现代人忘却殆尽或撇到一边去了。"熊伟说："作为一种哲学思潮，存在主义首先关注的就是现代人的内心支离残破状态，它从'在'的异化和它失去对'在'的接触，亦即对'在'的遗忘，从而唤起人们对现代基本危机的注意。海德格尔哲学所大声疾呼的，正是强调人亟需恢复对'在'的神秘感和家园感。"③ "提出存在的意义问题，也就是要恢复和肯定被虚无主义遗忘的存在的意义"，海德格尔的哲学是采用了抽象的表述方式，但事实上他的哲学恰恰是批判和针对现实的。

那么 80 年代我国知识界对存在主义思潮的引入与此有什么关系呢？80 年代我国知识界对存在主义思潮的引入，主要译著均集中于"文化：中国与世界"编委会主编的《现代西方学术文库》和《美学译文丛书》，如尼采经典作品《悲剧的诞生：尼采美学

---

① 张汝伦：《〈存在与时间〉释义》，上海人民出版社 2012 年版，第 3 页。
② 张汝伦：《〈存在与时间〉释义》，上海人民出版社 2012 年版，第 1 页。
③ 〔德〕H. M. 格拉赫：《评海德格尔的存在主义》，熊伟译，《哲学译丛》1979 年第 2 期。

文选》、萨特《存在与虚无》和海德格尔《存在与时间》、今道友信《存在主义美学》等。关于存在主义思潮再度成为"热点"的原因,程光炜在回溯这段历史时说:"自'新时期文学'诞生之日起,作家、批评家以及'现代西方学术文库'知识群体都有一种共震性的'存在的焦虑'。'文革'的终结,绝不只是一段历史的告别,而在更深层次上潜伏着与之相关的历史叙述体系的总体危机,并内在连带着知识者的精神失语。这正是'文库'学人引进'存在主义'思潮的深刻动因。"① "文革"十年,"破四旧""立四新",而这种与过去完全割裂、隔绝的思维方式就来源于"否定过去和传统,只强调现代或当代"的进步论的直线观。海德格尔哲学所表达的"否定过去",就是"否定自我"的内容,即是新时期中国知识界整体的"存在的焦虑"之来源。所以程光炜说:"'存在主义'知识的'启用',则使'新时期文学'叙述找到了一个历史依据,它预示着一个'人的文学'的诞生;更重要的是,这种历史命名缓解了知识群体没有'自己的故事'的集体性焦虑。在这种意义上,1982年后,'现代派文学''向内转''性格组合论''与李泽厚对话''刘再复批判',以及'寻根文学''先锋文学''第三代诗歌'等等'非理性'和强调'个人生存'的文学思潮,便是这一知识谱系的合乎逻辑的推演。"② 但是很有意思的一个现象是,在80年代中后期的中国文化界曾出现过"萨特热"和"尼采热",对海德格尔的讨论却仅被局限在学术界,并且对其理解也主要集中在"反传统"的话题上。这一方面是由于海

---

① 程光炜:《一个被重构的"西方":从"现代西方学术文库"看八十年代的知识范式》,《当代文坛》2007年第4期。
② 程光炜:《一个被重构的"西方":从"现代西方学术文库"看八十年代的知识范式》,《当代文坛》2007年第4期。

德格尔的语言艰深晦涩，不如尼采和萨特更容易为那些关心人生问题、在人生意义探求中感到迷惘痛苦的青年学生和普通大众所接受；另一方面，确如周国平和程光炜的分析："在八十年代知识者的心目中，正是当代社会的某一阶段造成了大面积、大规模的思想'异化'，呈现出影响社会发展停滞的那种强烈的'存在'的'荒谬感'，因此，思想界的清算和反思，就应该由此开始。"因此"当时人们的确更需要'接受'的是尼采、萨特'存在'中的'虚无'，而不是海德格尔'存在'之诗性的'时间'，尽管两人最后都将对'荒谬'的态度转化为'反抗'，寻找一种更有价值的'存在意义'，但'文库'却对之做了'删节'和'偏离'。一定程度上，或许正是这些看似'微不足道'的'知识的偏离'，型构了八十年代中国式的'存在主义'。"① 对海德格尔"存在"之诗性的"时间"观的接受以及对"进步论"的质疑，在国内学界是直到1990年左右由河清在其著作《现代与后现代性》中才明确提出的，而此话题又与艺术领域对现代性"先锋"内涵的批判相关。

三、心理意识研究打破了"现代性"的时间概念

在20世纪80年代中后期的中国，还有一种文艺思潮特别火热，即"弗洛伊德热"。仅1986年一年就出版了近20部弗洛伊德的译著和专著，甚至有的书几个出版社重复出版或翻印。但具体来说，这场研究热潮应该肇始于1984年，这一年发生了两宗标志性的事件：第一件事，1984年11月，商务印书馆出版了心理学家高觉敷重译的弗洛伊德的《精神分析引论》②，这是新时期以来的

---

① 程光炜：《一个被重构的"西方"：从"现代西方学术文库"看八十年代的知识范式》，《当代文坛》2007年第4期。
② 高觉敷初译弗洛伊德的《精神分析引论》，1930年由商务印书馆出版。

第一部弗洛伊德的译著,可谓是"弗洛伊德热"起始的标志;第二件事,要再回溯四个月到1984年7月,洛杉矶加州大学的尼克·布朗教授、洛杉矶加州大学电影资料馆罗伯特·罗森馆长和南加州大学的贝弗莉·休斯顿教授访问中国①。三人是应中国电影家协会的邀请,到中国讲授有关电影研究的一系列主要论题,休斯顿讲情节剧,罗森讲详细的文本分析,布朗讲现代西方电影理论,三个讲座是独立的。讲习班的学生均与中国电影家协会相关,包括电影制作者和评论家。在讲述课程和放映影片录像的过程中罗森说他遇到了一堵"墙",他在课上放映一部叫《奇爱博士》②的影片时,他提到在开始的场面中两架飞机在空中加油,实际上是某种形式的性接触,罗森说中国学生"表示绝不相信,他们提出了这样一个问题,这肯定是批评家的解释,而并不是艺术家有意的创造",于是他说对于中国学生来说"不是简单地发现了一种"新的"批评方法论","而更为重要的是中国没有对文学或电影本文进行精神分析学读解的文化传统——而几乎没有一个美国人不明白,切入火车进入隧道所指的是什么"。罗森后来得出结论说,"中国显然是自有一套象征寓意的层面",但影片里的这种象征还没包括"性涵义的象征"。布朗也说,罗森的"这种读解方法显然同各种精神分析的思考直接有关"。为了探讨这一点,他"在讲课中提出了对梦的作用的很概要的见解。可是,接下来的一个大问题是,在中国是否大规模传播过弗洛伊德的著作?"他得到的是一些很含糊的回答。他"被告知,有些文学界人士在三十年代阅

---

① 〔美〕尼克·布朗等:《中国近在咫尺》,郝大铮、陈犀禾译,《世界电影》1986年第1期。
② 电影全名《奇爱博士,或我是怎样学会不再忧虑而爱上炸弹的》(1963),斯坦利·库布里克导演的黑色幽默片。——陈犀禾在原文注。

读过弗洛伊德的著作",但是布朗说"我始终无法实际确定他们关于弗洛伊德体系的知识范围"①。这段谈话证明,至少在1984年夏,弗洛伊德的精神分析方法在中国的电影界还是一片空白,至于文学界也要追溯到20世纪30年代去,并且当年的这种批评方法也没有延续到新时期,早就出现了断流。

那我们就先回顾一下精神分析理论在中国五四时期的译介和传播情况。目前可见,我国最早介绍弗洛伊德学说的文字,据王宁先生考证,是"1920年心理学家汪敬熙在《新潮》丛刊第2卷第4期(5月)上发表的一篇评介文章,题目是《本能和无意识》,这篇文章虽未直接介绍弗洛伊德精神分析学,但却通过评述华莱士、麦独孤等人关于本能和无意识的观点,间接地提及了一些弗洛伊德的一些理论。同年,汪敬熙又在《新潮》第2卷第5期(9月)上发表了《心理学之最近的趋势》,这篇文章则介绍了弗洛伊德精神分析学说的创立及其在第一次世界大战后西方文化界的风行"②。继汪敬熙之后,是朱光潜于1921年7月25日发表在《东方杂志》第18卷第14期的《福鲁德的隐意识说与心理分析》一文;同年《民铎杂志》在2月发行的第3卷第1号出了"柏格森专号";罗迪先翻译了日本文艺理论家厨川白村的《近年文学十讲》。1922年《文学周报》连载了松林武雄的论文《精神分析学与文艺》;《新潮》第3卷第2期发表了杨振生的一篇译文《新心理学》;1924年鲁迅发表厨川白村《苦闷的象征》译本,由北新书局出版。在中国最早使用弗洛伊德理论的学者应该是郭沫若,他

---

① 〔美〕尼克·布朗等:《中国近在咫尺》,郝大铮、陈犀禾译,《世界电影》1986年第1期。
② 王宁:《弗洛伊德主义在中国现代文学中的影响与流变》,《北京大学学报》(哲学社会科学版)1988年第4期。

在"《〈西厢记〉艺术上的批判与其作者的性格》一文用弗洛伊德学说来解释古典名著,认为《西厢记》可说是'离必多'(性本能)的产物。郭沫若对屈原也采取心理分析方法,说屈原是个独身者,精神上有变态,《离骚》《湘君》《湘夫人》《云中君》《山鬼》等篇章不无色情动机。郭沫若自己的《残春》《叶罗提之墓》也表现了性潜意识"[①];鲁迅在《〈故事新编〉序言》里谈到《补天》(1922)时也说,最初的意图"是很认真的,虽然也不过取了茀罗特说,来解释创造——人和文学的——的缘起"[②]。所以由以上情况可知,中国文艺界早在 20 世纪 20 年代就已经开始接触弗洛伊德的精神分析学说、柏格森的生命哲学,而且在当时就有对性象征的运用。受精神分析的影响,三四十年代的现代派诗人们在作品中大量使用象征修辞,一度非常繁荣,而且"几乎当时的所有主要的文化学者(潘光旦、张东荪、董秋斯、高觉敷)等以及作家批评家(鲁迅、郭沫若、郁达夫、施蛰存、朱光潜等)都对之作出过不同的反应"[③],只可惜这种批评方法没有延续下去,"当时的政治、社会、文化气候以及中国本土的接受土壤都不利于弗洛伊德主义扎根其上"[④],"十七年"崇尚的社会主义现实主义把西方现代主义的一切都视为反动力量,"文革"十年是更为彻底的清除与批判,就是这种历史状况造成了罗森和布朗在中国交流的障碍。

精神分析学说在新时期的重新介入,王宁曾于 1991 年专门撰写过一篇评论文章《"弗洛伊德热"的冷却》来说明 80 年代后期

---

① 袁可嘉:《欧洲现代派文学概论》,上海文艺出版社 1993 年版,第 87 页。
② 鲁迅:《〈故事新编〉序言》,见《鲁迅全集》第 2 卷,人民文学出版社 2005 年版,第 353 页。
③ 王宁:《"弗洛伊德热"的冷却》,《文学自由谈》1991 年第 3 期。
④ 王宁:《弗洛伊德主义在中国现代文学中的影响与流变》,《北京大学学报》(哲学社会科学版)1988 年第 4 期。

这场"弗洛伊德热""兴起和降温"的原因。他认为,"弗洛伊德热"在中国的兴起是由以下因素造成的,即:弗洛伊德的"学说中不少东西更接近人生,更直接地探讨了人生诸问题,因而更容易引起普通人的兴趣。例如他的泛性论就是历代人们所热衷的话题",因此,五四时期就曾因其理论"有力地反封建道德观念对人性的压抑甚至扼杀"而被中国学者所接纳,同样,"在八十年代的改革开放大潮中,弗洛伊德的著作再次出版发行,这对经历了多年'性蒙昧'和'性禁忌'的男女青年来说,无疑是一个佳音"。因此当人们的好奇心消失之后,"再加上另外一些复杂的外部因素,'弗洛伊德热'终于降了温,并逐渐成了一种历史现象"。① 这个热潮的兴起固然是与"性解放"的话题相关,其实究其原因还是与中国当代人的精神危机有关,人们要求返回人性的最本真状态、恢复人性中最原始的冲动的合理性的呐喊声相当高涨。熊伟曾经说"现代瑞士著名心理学家容格(C. G. Jung)②的一部名著的题目正好一语道破了这片呼声的实质:《追求一个灵魂的现代人》(*Modern Man in Search of a Soul*)"③。

精神分析学说满足了人们对性压抑、潜意识、死亡本能等基本概念的自由传播之外,它还散入各大艺术领域,影响了新时期以来作家的艺术风格和作品的艺术形式,并进而又再一次地影响到现代人的"时间观念",比如,在电影中所使用的蒙太奇结构,作为影像语言修辞之一,它运用镜头的切换方式和组合方式把正常的叙事时间交叉、倒错、平行,这种方式改变了时间直线前进的传统;再比如当代新潮小说创作中对"叙述时间"的重构,最

---

① 王宁:《"弗洛伊德热"的冷却》,《文学自由谈》1991 年第 3 期。
② 容格,即瑞士著名心理学家卡尔·荣格(Carl Gustav Jung)。
③ 〔德〕H. M. 格拉赫:《评海德格尔的存在主义》,熊伟译,《哲学译丛》1979 年第 2 期。

典型的例子如格非《褐色鸟群》(1989)中对时间的弯曲；还有后来韩少功《马桥辞典》(1996)对时间顺序的碎片化处理，等等。总之源于弗洛伊德的精神分析学说的现代心理学文艺理论影响到了作品的叙事结构，进而打破了传统的叙事作品时间的排列方式。1986年有一篇专门说到此问题的文章被译介到中国来，其作者是英国小说批评家戴维·洛奇（David Lodge），他在文中对人类心理的无意识活动描写对小说结构及时间的改变发表了以下看法：

> 这里我的目的是想从现代小说的语言中找出规律性的东西，我以为现代小说——其"现代"不仅是就年代顺序而言，而且是就内容而言——具有下列部分的或全部的特征：首先，它的形式上的实验或革新，明显地表现出对文学与非文学固有模式的偏离；其次，它涉及到人类心理的意识，也涉及到人类心理的下意识与无意识活动，因而，传统诗学叙述艺术中的必不可少的外部"客观"事件的结构范围被缩小了，或者仅仅有选择地、间接地加以呈现，目前在于为内省、分析、沉思和冥想腾出空间。所以，现代小说常常没有真正的"开头"，因为它将我们投入经验的激流，使我们通过推论和联想的过程逐渐熟悉这些经验。它的结尾通常是"无结局的"或模棱两可的，留给读者的是对人物最后命运的无法断定。作为对叙事结构及其完整性被削弱的补偿，其它一些美学的排列方式上升到了重要地位——诸如对文学范本、神话原型的引典和模仿；或是对主题、意象、象征的略加变化的重复，即一种经常被称之为"节奏"、"空间形式"的技巧。最后一点，现代小说避免将它的素材按时间顺序排列，避免使用一个万无一失的、无所不知的、从外部插入的叙述者，

而是采用一种单一的、受到局限的叙事角度、或是一种复合的、或多或少受到局限和易出差错的叙事角度。在时间上，它趋向于复合的、流动的处理，常常跃过行动的时间跨度作来回的跳跃。①

总而言之，这是当"弗洛伊德热"散去之后也不会消失的一部分，因为它已经变体为文学艺术创作及批评鉴赏中的复杂现象，被中国作家所内化。"时间的新的历史经验"改变的不仅是中国人的传统叙事方式，更是影响到了人们长久以来一直奉为圭臬的"以新为贵"的艺术准则。

第二节 传统变先锋："现代性是一种有着本质区别的艺术观"

"进步论"是把人类一切的社会活动都归纳为一个线型的"历史"，把时间拉成一条直线，于是人们的思维也变成了"线型"的思维，现代人看实物都是一根直线，于是他们把一切"历史化""时代阶段化"或"新旧交替化"，后边永远比前边先进，造成时间直线上的古今对立，传统与现代割裂、隔绝。②当现代性的历史时间观念发生改变以后，西方现代"进步论"（社会进化论）及其衍生的各种观念均遭到质疑。于是在艺术领域里非常重要的

---

① 〔英〕戴维·洛奇：《现代小说的语言：隐喻与转喻》，陈先荣译，《文艺理论研究》1986 年第 4 期。
② 〔法〕让·克莱尔：《论美术的现状——现代性之批判》，何清译，广西师范大学出版社 2012 年版，第 v 页。

一对一直与现代性相伴相生的概念——传统与先锋的地位也发生了颠覆性的转变。

一、标新立异的法国"新浪潮"译介：现代性等于先锋艺术

"十七年"间"现代性"内涵中"激进的革命锋芒"曾一度占据主流并遮蔽了其他方面的内涵。当新时期来临之后随着在文艺领域政治形态话语方式的消隐，以及美术等领域西方现代派先锋艺术的译介与实践，"先锋""革新"等现代性内涵曾一度占据80年代中国艺术批评的显著位置。70年代末80年代初对卢卡契与布莱希特有关现实主义和现代主义的争论的译介和讨论也为此话题的延伸提供了理论背景。

从黑格尔用哲学的方式确立"现代性"的显赫地位并断言"新时代精神，乃理性之精神"以来，"现代性"就首先是一个决心与传统断裂的概念，同时它串联起一组以"新"为主的新话语，如革命、解放、进步与发展。牛宏宝先生在《西方现代美学》中总结"先锋"这一概念时说过：

> "先锋"（avant garde, or advance guard）概念是从军事术语转入审美文化领域的，用来比喻审美文化领域那种在革新和探索上的激进态度、主张和群体。卡里涅斯库说："就现代性观念暗含着一种对过去的极端批判，也暗含着对于变迁和未来之价值的确定的献身而言，那么就不难理解，为什么在过去的两个世纪中，现代人热衷于使用'先锋'这个好斗的隐喻于诸多的领域，如文学、艺术和政治。""先锋"概念在19世纪和20世纪都既被用于党派政治中，也被用于美学和艺术领域。在政治领域，它指一种极端的权威主义，而在艺术和美学领域

则指一种极端的自由主义和通过反复实验进行不间断地探索。

现代性中的"先锋"概念,隐含着一种关于革命和变革的神话或乌托邦,即相信变革和彻底摆脱传统,就能解决一切问题。在"先锋"概念中,同时还暗含着对进步、未来的无限性的信仰。①

于是我们就特别能理解,为什么"十七年"间只有"革命"这个层面的"现代性"被留了下来,事实上苏联的"社会主义现实主义"不过是放大了"先锋"概念中的极端权威主义内涵。有人把直线前行的时间比作"时间的湍流"或者"时间的川流","时间的湍流使得一切神圣性变得不可能","由于处在时间之流中,现代性只有不断地探索,不断地实验,才能把握时间",因此,"要开辟通向崭新世界的道","实验便成为完成这一艰巨任务的唯一手段:实验、实验、再实验,但却没有一个停歇的时刻",于是"新"成了判断现代性的唯一标准,也是先锋艺术的主要特征,并将其与传统对立。这在 80 年代早期的文学和艺术理论译文中表述很多,我们不妨举几个代表性的例子。第一例,如荷兰词学家阿尔-卡西姆在编著《语言学和双语词典》时就把"现代性"作为"词典编写和评价的标准",摘录如下:

1.2 现代性

1.21 词典是否收入了反映最新文化发展的词汇,诸如"telstar(通讯卫星)"、"busing(跨区校车接送)"以及"videotape recorder(磁带录像器)"?

---

① 牛宏宝:《西方现代美学》,上海人民出版社 2002 年版,第 148 页。

1.22 词典中是否体现了当代语言学家在音位学、语法学和语义学等方面的新进展？①

这里的"现代性"作为编写词典标准的目的之一出现，在它的栏目下主要包括"反映最新文化发展的词汇"以及当代语言学上的"新进展"。现代性强调的只是"新"，除此再无其他；第二例，老安、张子清推崇的庞德所主张的只要在诗歌中"实验了新韵律"，"摒弃流行庸见的实验创新"就能"达到现代性"；第三例，80年代中国电影界曾掀起过一场"法国新浪潮"热，安德烈·巴赞、戈达尔的电影理论掀起的电影美学革命曾受到中国文艺界的青睐，它甚至影响了中国第五代电影人的创作手法。而在这场浪潮的译介中，就出现了有关"现代性"的定义。在译文中它被明确等同为"先锋派"，指的是从"印象主义"开始，经历"达达主义"和"超现实主义""社会纪实派"直到"新浪潮"的法国电影"先锋前卫运动"。如由徐昭翻译发表在《电影艺术译丛》1980年第6期上的法国电影批评家埃内贝勒的文章《"戈达尔艺术"的美学革命》。在文中埃内贝勒就说："戈达尔的作品就是先锋派的作品"，"他用一种新的眼睛——我几乎要说是用一种未开化人的眼睛，注视生活，注视我们每天的生活"。这里的"先锋派"就被埃内贝勒当作"现代性"的同义词来回替换使用，他还说："戈达尔是一个'现代的'电影创作者。但这个形容词既带有一种消极的意义；也带有一种积极的意义。前者是指他的思想内容而言；后者则指他的形式的影响而言。"埃内贝勒的意思是

---

① 〔荷兰〕阿尔-卡西姆：《我们研究的结果——辞典编写和评价的标准》，沈允译，《辞书研究》1979年第2期。

说戈达尔的电影在形式上的实验创新，是积极的被认可的，但是"戈达尔的'现代性'的思想还表现在不同形态的精神错乱是他所有主题的共同基础"，意思即为，在影片中所表现的人的精神的混乱和无秩序是一种消极的情绪，这种"消极的意义"也是现代的，因为戈达尔了解到某种传统的现实主义业已过时"，"戈达尔的作品从根本上动摇了这种现实主义和作为它的基础的、照传统的电影导演概念建立起来的整套演出方法"，因此，虽然主题的意义是消极的，但却是"崭新的，动摇传统的"，因此戈达尔的作品是"真正的先锋派的作品"。①

"法国'新浪潮'电影是指50年代末到60年代初法国突然涌现的一批不知名青年导演所拍摄的影片。后来'新浪潮电影'一词被广义地用来指在世界各国陆续出现的，特别是由新进导演拍摄的敢于打破传统电影语法的故事片。"②法国新浪潮电影基本可以分为两大集团，即《电影手册》派和"左岸派"。当"新浪潮"风起云涌地挑战各种电影陈规和禁忌时，正是中国对外界资讯最闭锁的年代，而一旦新时期开始展开对外交流，作为当时国际上刚刚过去的"流行"风潮，"新浪潮"正是被评价反思的阶段。中国电影人这么早就接受了法国"新浪潮"，一方面是它继承了让·维果为代表的"社会纪实派"的记录及写实的美学传统，在美学特征上具有明显的纪实性风格，"巴赞提出的长镜头理论及照相本性论"，被"新浪潮"电影视为"真实主义风格"的座右铭。"新浪潮"电影追求的是向生活靠拢，向真实深入，具有一种真实诚恳的格调，戈达尔说过，"新浪潮"的真诚之处在于它很好地表现了

---

① 〔法〕埃内贝勒：《"戈达尔艺术"的美学革命》，徐昭译，《电影艺术译丛》1980年第6期。

② 〔日〕皇甫一川：《法国"新浪潮"电影》，《电影评介》1991年第12期。

它所熟悉的事情，而不是蹩脚地表现它不了解的事情，其要求的现实主义对于习惯了"社会主义现实主义"传统的中国电影界更易接受；另一方面是法国"新浪潮"与"存在主义"的内在关系和对表现个人题材的重视，是与新时期的中国青年最为贴近的话题。20世纪50年代末期，在法国第二次世界大战的阴霾渐渐散去之时，各种青年的次文化逐渐酝酿成型，诸如性解放、摇滚乐、新时装、足球运动、旅游文化等，这些都奠定了法国"新浪潮"的都市化特色："穿巴黎的时髦服装、开敞篷跑车、泡咖啡馆、听爵士乐的新青年，彻夜的派对，开放的两性关系，都为轻便的新摄影、录像器材捕捉下来。新青年（创作者、观众）是战后成长的一代，他们有相似的意识形态，不信任权威，也不相信政治或爱情的承诺，他们受到存在主义的影响，对人生有一种理想幻灭的虚无感。"再比如"左岸派"在题材上始终围绕着两个纲，"一是错综交错地表现时间，一是对人的精神作用加以探索"，"这两大题材互相交错，成为所有这类影片的脉络"①。这两个纲即是存在主义影响下的新的表现时间的方式。因此，随着法国"新浪潮"的译介，当"现代性"被用来等同于"先锋派"的时候，此时的"现代性"尽管还有着"标新立异"的判断标准，但此处的"先锋"与原本"社会主义现实主义"所说的"革命"已经不是一个意义了。

二、现成品艺术出现：打破现代性关于新和独创性的概念范畴

《国外社会科学》1988年第7期上刊登了一篇译文，题目是

---

① 〔法〕克莱尔·克卢佐：《法国"新浪潮"和"左岸派"》（下），顾凌远、崔君衍译，《电影艺术译丛》1980年第2期。

《艺术的消失：后现代主义争论在美国》，作者是 Ch. 伯格，译者吴芬。这是目前可确认的新时期以来第一篇在文中提到"日常生活审美化"的译文。此文回答了历史时间观念转变后给艺术带来了哪些影响，现成品艺术的出现对"新""先锋""传统"这些现代性内涵有了怎样的颠覆，以及回答了其与"日常生活审美化"有何关系等问题。

（一）"传统"倒成了先锋

伯格在文中首先交代了他提出此问题的理论背景，即阿多诺和霍克海默在《启蒙辩证法》中首次提出了关于"文化行业"[①]的重要理论。"文化研究开始讨论文化行业的问题首先是在六十年代的德国"，由于文化工业的出现，高级艺术（阿多诺称为自主艺术）与通俗艺术之间的界限越来越模糊，"美国的一些批评家和艺术史家对自主艺术的崩溃以及通俗文化之间的区别的消失"一般"采取宽容的态度"，而"阿多诺把低级和高级艺术严格加以区分，并完全摒弃了介于二者之间的东西。他之所以采取这种严谨的态度，目的在于保持自主艺术所造成的距离"。但显然这种说法在 60 年代遭到了桑塔格·费德勒及哈森等人的批判，他们把"矛头指向美学现代主义的严格原则，尤其是指向现代主义区分高低级艺术和文学的教条"，这是一次"攻击传统观念的激烈行动"，"从主导思想来看"，提倡的是一种"高级艺术与大众文化的某些形式之间富于创造力的新型关系"。伯格说从费德勒经常引用"消除隔阂"这句话来看，"可见艺术与文化消费者之间的对立正在消失"[②]。

伯格在文中介绍了查尔斯·纽曼的思想，说他在新书中确定

[①] 现在通行的翻译是"文化工业""文化产业"。
[②] 〔美〕Ch. 伯格：《艺术的消失：后现代主义争论在美国》，吴芬译，《国外社会科学》1988 年第 7 期。

了两个概念,即把"现代主义和后现代主义看成是对社会发展各阶段的反映:现代主义——通常指美学现代主义——是对工业化的反应,而后现代主义则是对以不可控制的盲目求新为特点的信息社会的反应"。纽曼的论题是"在这项全球发展的计划里,纽曼把后现代主义描绘成两次革命的产物:一是历史上的先锋派,一是吹毛求疵评论的泛滥"。伯格说纽曼所说的"这种浮夸的评论"使现代主义"变成了文化控制",而"这种进程实际上空洞而无意义",这种形式造成了"后现代心理"的讽刺意味,而"这种心理的审美表现形式是模仿,或者说,历史循环成了普遍现象",当"模仿作品"出现之后,伯格说"在现代主义变成合法文化之处,'传统'倒成了先锋"①。伯格说:

  历史的丧失,意味着任何事物都同时存在。后现代意识并没有明确的时间范围;它在现在与过去之间不停地徘徊,不加区别地从假想的文化传统的博物馆中找回自己的审美形式。"模仿作品"这种形式足以符合后现代主义的需要。……"模仿作品"同时也揭示了后现代主义的反现代、反先锋的冲动。……这样便"打破"了构成审美现代性的新颖和独创性的概念,取而代之的是无穷无尽的重复。……本杰明证明这是机械复制的结果。②

伯格在这段话中明确阐明了历史时间观念的转变带来的结

---

① 〔美〕Ch. 伯格:《艺术的消失:后现代主义争论在美国》,吴芬译,《国外社会科学》1988年第7期。
② 〔美〕Ch. 伯格:《艺术的消失:后现代主义争论在美国》,吴芬译,《国外社会科学》1988年第7期。

果，在历史丧失它的直线叙述方式之后，艺术打破了原来的界限，"新"不再是"现代性"的标准，艺术家随时可以从"传统的博物馆"里拿出一样东西来对它进行评价、模仿，然后就可以放到当代的博物馆充当最先锋的作品，也许我们可称它为"被发现的先锋派"[①]。所以伯格说："后现代主义作为一个批判的概念，就是要彻底怀疑那些把现代主义和先锋派与现代化的思想形式联系起来的推断。"他的意思是所谓现代主义与先锋派、现代化并不是必然联系的，当打破这个界限时，也许能看到现代性合理的一面。

（二）艺术范围扩大导致"艺术的非审美化——日常生活的审美化"

在伯格看来当"自主艺术"与通俗艺术、传统与先锋的界限随着历史时间观念的改变而变得越来越模糊时，其结果是必然导致原本的自律艺术的范围扩大，出现"艺术的非审美化"现象。他在文中借用柏尔曼的观点发表了下列看法：

> 柏尔曼认为，美国社会必然要经历一种不可改变的日常生活审美化的过程。在工业化生产出来的音乐中，严肃音乐与消遣品之间的区别已经消失。这种无处不有的音乐破坏了现存的交流结构，使个人无法摆脱世俗的支配，并展示了"一种全体被迫同唱一曲的美妙幻景"。当今在美国见到的日常生活的美化不仅限于商品范围，"它涉及到外部世界完全淹没在艺术之中。……"

柏尔曼把后现代主义界定为艺术终极这个命题的一种新

[①] 2012年9月2—3日在长春由东北师范大学文学院主办的"新世纪生活美学转向：东方与西方对话"国际研讨会上，国际美学协会副主席、土耳其中东科技大学亚莱·艾尔贞（Adile Jale Erzen）教授提出了"被发现的先锋派"（The Found Avant-garde）的概念。

阐释。在后现代社会中，预感的逐渐消失已不可逆转；这个过程与日常生活的（有害的）审美化相呼应。从形式的束缚中解放出来，审美观念逾越了艺术的界限，深入社会存在的各个侧面。在柏尔曼看来，艺术作品水平的下降导致产生了各种混杂的形式。①

伯格说"先锋派对自主艺术的攻击终于促使审美准则成为不合法"，而且"很明显，批判的文化行业的倡导者们认为，艺术与文化行业之间的差别在一定程度上已经消失。不仅如此，随着日常生活审美化的进展，看来艺术（而且正是现代主义深奥的艺术）所有固有的批判能力将同样快地消失"。在文章的最后，伯格问道："人们是否真能说艺术的规范已经消失？"他说："艺术作品与文化行业产品变得越相像，艺术与日常生活便融合得越彻底（对许多大众艺术作品来说，差别实际上已经只剩下艺术家的签名了）。因此，艺术家必须更加清楚地标明这其中的差异，因为只有瓦霍尔②签名的产品（作为一件艺术品）才有审美价值，而坎伯尔公司的广告则没有。"③他认为像杜尚在小便池上签名然后命名为"泉"的这种极端的事例"颇为荒谬"，他得出结论说：

> 同样一件东西，在艺术规范的框架之内具有价值，而在此之外，也许只是一件普通的东西，尽管它的经验特质完全相同。但是，一种双重机制（博物馆与艺术批评）却把对这

---

① 〔美〕Ch. 伯格：《艺术的消失：后现代主义争论在美国》，吴芬译，《国外社会科学》1988年第7期。
② 即安迪·沃霍尔（Andy Warhol，1928.8.6—1987.2.22）。
③ 〔美〕Ch. 伯格：《艺术的消失：后现代主义争论在美国》，吴芬译，《国外社会科学》1988年第7期。

种荒谬现象的批判变得软弱无力。随着艺术的非审美化，对某件东西之为艺术品的判断本身已成为一种表现行为，通过它，这件东西才构成有审美意义的作品（必须强调的是，我们在这里谈的不是对这种发展的批判，而是说在日常审美中艺术倾向的消亡已经成了带疑问的命题）。①

总之，伯格这篇文章的译介对中国学术界的意义应该是深刻的，"日常生活审美化"的问题是直到近几年随着阿瑟·丹托的美学思想传入中国后才逐渐展开的，但事实上这个话题的引入早在20世纪80年代末就已经进入中国了，伯格对"日常生活审美化"采取了批判的立场，他认为尽管"现成品"艺术的出现打破了"现代性"关于新和独创性的概念范畴，而且有助于我们重新确立现代主义的合法性问题，但同时"现成品"使艺术失去篱栅，当生活中的每一件"现成品"都可称之为艺术时，它就彻底地失去了自己的地盘，"消亡"而"终结"了。法国艺术批评家让·克莱尔曾在他的著作《论美术的现状——现代性之批判》一书中，以古希腊神话中的一个神祇克洛诺斯的故事对"先锋派"的本质进行了比喻性的说明，克洛诺斯是"吞噬时间"的象征，克莱尔说："克洛诺斯在古希腊神话中，是一个'弑父杀子'的典型。他本是泰坦巨人之一，结果他伤残了天父，而他自己的孩子，一生下来就被他吞噬，只有最后一个孩子宙斯，被莱阿用调包计救下。后来，宙斯照样弑父，把克洛诺斯扔进地狱……没有比克洛诺斯这个人物更形象地体现了西方先锋派'否定过去'

---

① 〔美〕Ch.伯格：《艺术的消失：后现代主义争论在美国》，吴芬译，《国外社会科学》1988年第7期。

（弑父）、又'自我否定'（噬子）两大特征。"[1] 伯格所说的"先锋派对自主艺术的攻击终于促使审美准则成为不合法"想要表达的也是同一个道理，先锋派对传统的自律艺术进行不停地攻击，最终它将自身的东西也全部耗尽之后，必然只能陷入无意义的虚无主义之中。

第三节 贡布里希[2] 译文对新时期艺术观念的影响

所谓"后历史时代"，标志之一就是不再"具有决定性的风格的客观结构，或者，如果你愿意，应该有一种在其中什么都行的客观历史结构"[3]。"什么都行"——意味着艺术研究领域的扩大：文学、社会学、人类学、哲学、心理学，还有对政治问题的关切。所有都被纳入艺术研究，也就没有了艺术的篱栅，对学科的跨越同时造成了艺术史自身的危机：艺术的面貌日益模糊；没有什么再受到历史管制；失去了自成体系的方法论原则和操作规范；评判艺术好坏的标准遗失……因此在西方学术界，从20世纪60年代起一批学者开始重新关注艺术的命运，思考如何在艺术史的这个"新范围"里对方法论和解释术语做实质性的扩张和重估。中国没有同步经历"现在的艺术世界演变过来的那段历史"，所以从肇始于1978年的新时期文化复兴运动的一开始，上述西方学者们对后历史艺术的哲学思考，就已然裹挟在中国艺术界对西方各种

---

[1] 〔法〕让·克莱尔：《论美术的现状——现代性之批判》，何清译，广西师范大学出版社2012年版，第 vi 页。
[2] 贡布里希（E. H. Gombrich, 1909—2001），又译 E. H. 冈布里奇。
[3] 〔美〕阿瑟·丹托：《艺术的终结之后——当代艺术与历史的界限》，王春辰译，江苏人民出版社2007年版，第47页。

现代主义、后现代主义的新学思潮和新奇的国际样式的模仿实践浪潮中一起被译介到中国来。新时期的中国，最喧哗的场域就是美术界，中国艺术家们仿照西方进行现代派艺术的各种实验，破坏传统的文化和艺术秩序就是他们的主要使命，个性自由和反叛精神恣意蔓延到社会生活的各个领域，"艺术热"甚至成为一种社会现象。来不及对整个学科有成熟的思考和自信的介入，也不可能有新观念产生，但这并不意味着在纷繁喧嚣的80年代"新潮美术"运动背后没有理性反思的潜流。追溯中国对后历史艺术思考的起点，英国艺术史家贡布里希爵士的介入是一个特别的个案：从1978年至2009年间，共有87篇贡布里希的译文刊于《美术译丛》《新美术》等核心美术期刊上；另有12部专著被翻译出版①；这其中由浙江美术学院组织发行的《外国美术资料》（《美术译丛》前身）更成为贡布里希的专属阵地，该刊物囊括了贡布里希60篇译文，甚至于1986年为其开辟两期专刊②。在中国新时期艺术理论的翻译浪潮中，没有人的译文数量能和他相媲美。《美术译丛》发行至1990年停刊，是典型的新时期刊物，主编范景中及其同仁在整个80年代对贡布里希"格外钟爱"的理由就成了本节关注的焦点。

贡布里希的艺术思想在表面上看完全不符合80年代中国艺术实践的主流态势——他面对"当红"艺术时采取的"不合时宜"的保留态度；他对艺术领域无限扩张欲望发出的警惕和批判之声，不过是中国美术界"集体狂热"下另一维度的叙事方式。但当我

---

① 贡布里希87篇译文期刊分布：《美术译丛》60篇；《新美术》20篇；《世界美术》3篇；《美术观察》3篇；《南京艺术学院学报》（美术与设计版）1篇。12部专著先后有各种译本共25种。
② 《美术译丛》1986年第1、2期为贡布里希专刊。

们以今天的视域重返现场时,就会发现他提出的那些"艺术问题",恰恰成为后来 90 年代中国美术界自觉理性反思的理论基础,甚至可以聚焦至新世纪以来人们对于"后历史时代"以及"艺术终结"等话题的探讨。

一、盲目追逐"时尚"是对艺术的冒险

贡布里希艺术理论中最有益的部分就是他作为一个严肃史学家的眼光、态度和方法。贡布里希在多篇著述中反复强调永远不要莫名地崇拜新艺术、新作品、新风格、新运动和新宣言;不要愚蠢地认为遭到反对的东西就都是伟大艺术;也不要轻言否定和抛弃传统——"艺术必须在一些惯例中逐渐发展,人们必须创造和发展这些惯例并使它们逐步改良以达到令人赞叹的绝妙程度"[①]。

有人曾说贡布里希是最谨慎的艺术史家,但并不是说他保守,因为他从没忘记提醒艺术史家理应具有描述"当前故事"的责任,他警惕的是那些以推动新奇趣味和时尚为己任的批评家们给世人所带来的错觉和混乱。他批评世人在这个年代"产生了对于所有看来玄奥的事物的不大正常的信心";他毫不隐讳地表明他从不敢苟同这样的观点——说"不接受自己时代艺术的人",无疑就是"既愚蠢又低能的",他认为正是这种幼稚的想法让很多批评家感到理解和抬举任何贴着"当代的"标签的风格和试探都应是自己的义务。他批评说:"正是由于这种'变迁'的哲学,使批评家失去了批评的勇气而变成了一个编年史的记录者。"[②]

[①] 〔英〕贡布里希:《贡布里希谈话录》,徐一维、王玮译,《美术译丛》1988 年第 4 期。
[②] 〔英〕贡布里希:《产生现代艺术的一些因素》,迟轲译,《美术译丛》1982 年第 3 期。

上述言论出自贡布里希的首篇译文《产生现代艺术的一些因素》，1982年由迟轲先生翻译的这篇文章事实上并没有在当时正如火如荼开展现代派艺术实验的中国美术界留下更多的声音，译者的附记也充满了那个时代惯用的意识形态表述方式。但在今天看来，这篇文章理应引起我们足够的重视，因为学会不把"当红"作为评判艺术研究对象的标准是我们直到现在还没解决好的问题。这篇译文的选择从表层原因看，源于译者对当时中国美术界现实状况"批判吸收"的反思惯例；而实际上，我相信是因为迟轲在文中发现了比照中国新时期文化变革更为深层的心理原因——人类在面对"新奇事物"和"时髦的好尚"之时的心理基础基本是相似的："我们确乎感到应该从这相反的两种社会——一个是枯燥单调的集权社会，一个是万花缭乱的自由社会之间吸取经验。凡是抱着同情和理解态度看待当代生活的人，必然会承认公众对新奇事物的渴望和对时髦的好尚给我们生活增添了刺激。在这种鼓动下，艺术与设计中的创新和求奇的趣味，使老一代羡妒青年人。"同时，新的容纳力、趋时的批评家和制造商们更"给了新的观念与色彩的组合以表现机会，丰富了环绕着我们的生活。甚至把旧样子翻新也都增添了热闹"。贡布里希说："我深信，正是源于这样一种意识，大多数青年人把这些东西视为我们时代的艺术，而并不去深究在展览会序言上讲的那些玄奥和暧昧的内容。"追逐世界图景中令人感觉陌生的部分是人类的本性，审美心理中的这种趣味促使人们"对于心理学兴趣的增长"，因为它"确曾驱使艺术家及其观众去探索人类内心中过去被视为可厌的和受禁止的领域"。① 弗洛伊德的潜意识理论、"原始冲动的

---

① 〔英〕贡布里希：《产生现代艺术的一些因素》，迟轲译，《美术译丛》1982年第3期。

满足"以及"性本能说",甚而萨特的"自由选择论"、尼采"生命意志论"在新时期的中国热议、流行,释放了中国艺术界被压抑已久的集体情感。

的确,在80年代以前,中国有很长一段时间处在一个"艺术单一标准的时代",政治教化是唯一目标,贡布里希说:"世界上还有相当的一个部分,在那里艺术家是不准许进行探讨和选择的。(政治意识形态)这种自上而下的控制艺术的意图,确使我们意识到我们所享的自由之可贵。"① 当时的中国,就处于这样一种状态。"文革"后"五四"的"人本主义"传统的强势回归,80年代艺术实验在过激盲从、挑战传统的背后是追求思想解放、个性自由的精神表现。我们可以理解这种情感,但我们也要看到"另一方面这种对时髦的崇拜也包含着危机,它恰恰隐伏在对我们所享受的自由的威胁之中"②。也就是说,当我们一味追逐流行风尚、屈从于凡属于未来的东西便不可批评的观点的时候,我们同时也在否定过去、传统和规律,我们批判僵死的"二分法",看似高举的是"文化多样性"的大旗,而实际上不过是提供了另一种教条。"否定的态度越是激烈,其本身的意识形态也就越为明显,因为排除其他学术的学术最终不免成为权力话语的工具。"③ 贡布里希问道:"所谓'进步的'与'反动的','左的'与'右的'两极分化的智力生活还须持续多久呢?"④ 他质疑为什么这种相对阵营的界限总是那么明显:一些人在谈"现代美术"时,"他们通常所想象的那种美术类型"必须"跟过去的传统彻底决裂","而且企图去做以

---

① 〔英〕贡布里希:《抽象艺术的流行》,越城译,《美术译丛》1986年第1期。
② 〔英〕贡布里希:《抽象艺术的流行》,越城译,《美术译丛》1986年第1期。
③ 巫鸿:《美术史十议》,生活·读书·新知三联书店2008年版,第66页。
④ 〔英〕贡布里希:《抽象艺术的流行》,越城译,《美术译丛》1986年第1期。

前的艺术家未曾想过的事情"。有些人只"喜欢进展的观念,相信美术也必须跟上时代的步伐";相反另外一些人又"比较喜欢'美好的往昔'这个口号,认为现代美术一无是处"。①

贡布里希这篇《实验性美术——西方二十世纪前半叶的美术》文章发表于《美术译丛》1985年第3期上,刚好是中国'85新潮美术运动开始的时候。他在文中描述的这种争论从西方"现代派艺术"被介绍到中国来的第一天起就从未停止过。对于一个习惯性运用"二元对立"方式思考问题的群体来说,这更是一个亟待解决的问题。面对'85新潮美术,那些持否定态度的人的理由很明确,即:表现主义美术作品失去了美丽。这也是西方20世纪前半叶实验性美术遭遇的同类问题。但贡布里希说,事实上"我们已经看到情况实际上并不这么简单,现代美术和过去的美术一样,它的出现是对一些明确的问题的答复"。他首先肯定了"现代艺术"存在的合理性:"许多不喜欢他们称之为'这种极端现代化的东西'的人在知道了那些东西有多少已经进入他们生活之中,并且帮助他们改变了审美趣味和爱好之后,将会大吃一惊。极端现代化的造反者在绘画中发展出的形体和配色已经成为商业性美术公共的营业用品;当我们在招贴画、杂志封面和纺织品上见到它们的时候",看起来它们已经"很正规"②。但同时,他也绝不同意"新事物必然取代旧事物"的历史决定论的神话,他强调:"我从不否认以往艺术家曾引以为荣的在再现技巧方面的发现和成果到今天已经微不足道了。然而我相信,如果我们听从时髦的论调,

---

① 〔英〕贡布里希:《实验性美术——西方二十世纪前半叶的美术》,林夕、木易、恺几译,《美术译丛》1985年第3期。
② 〔英〕贡布里希:《实验性美术——西方二十世纪前半叶的美术》,林夕、木易、恺几译,《美术译丛》1985年第3期。

认为那些东西跟艺术毫无关系,那么就有跟过去的艺术大师失去联系的现实危险。"① 因为"归根到底,正是这些'老'标准代表了艺术,而且艺术在发展的任何阶段都要用它们来判断优劣。一个痛恨一切'老'标准的艺术家很难称得上是艺术家,因为他们痛恨的正是艺术"②。只有像贡布里希这样的一种思考程序才会"使我们对古典产生新的尊重,但也会开拓我们的精神去欣赏代表着完全崭新发现的那些非古典的解决办法"③。"美学永远不会建立在孤立的状态"④ 就是我们从贡布里希处学到的最有用的对待"当代艺术"的方式。

当然,对贡布里希的这种观点还是会有人判为保守主义,不,已经有人说他的艺术观是陈腐的、固守陈规的——他们批评贡布里希总是怀着"中立的目的";说他的《艺术的故事》是"以某种封闭导致对探询和解释的限制为先决条件的",因此他们断定贡布里希"在考虑避免任何错误意识的可能性时","必定会忽视某种程度上特殊的兴趣在某些方面可能决定其题材的实质"。⑤ 但我们仔细想想,真正优秀和出色的东西一定是伴随着成熟,新艺术中有许多贴着"艺术"标签的垃圾,即便是具有内在未来性的作品也还有许多幼稚表现和尚待弥补的严重缺陷,所以,我们完全有理由敬重并

---

① 〔英〕贡布里希:《现代美学文选:论艺术再现》,林夕译,《美术译丛》1985年第1期。
② 〔英〕贡布里希:《理想与偶像——价值在历史和艺术中的地位》,范景中、曹意强、周书田译,上海人民美术出版社1989年版,第356页。
③ 〔英〕贡布里希:《实验性美术——西方二十世纪前半叶的美术》,林夕、木易、恺几译,《美术译丛》1985年第3期。
④ 〔英〕贡布里希:《沃尔夫林的艺术批评两极法》,范景中译,《美术译丛》1985年第2期。
⑤ 〔美〕迈克尔·鲍德温、查理·哈里森、梅尔·兰斯顿:《艺术史、艺术批评和解释》,易英译,《美术馆》网络版(广东美术馆出版)2001年第1期。

相信他的观点。

二、无度扩张"领域"是对艺术的叛离

70年代后期兴起的"形式美"大讨论，以及80年代克莱夫·贝尔"有意味的形式"术语在中国艺术界的流行，让形式主义、样式主义艺术实践大行其道。而事实是，在西方沃尔夫林所代表的形式分析学派早在30年代起就已经退居幕后。《美术译丛》对贡布里希"图像学"的理论选择可谓极具"前沿性"，围绕此议题译介的文章不但回答了理论界探讨的关于"视觉本质"的相关问题；更为重要的是，贡布里希清醒地认识到一个危险的事实——打破各学科之间的界限对艺术进行丰富解释，的确给艺术史带来前所未有的发展空间，但过度阐释作品的象征意义、无度扩张艺术领域的欲望会导致我们失去"作品原本的意图"。贡布里希文本翻译的意义还是在方法论层次上对我们的教益。

对图像学的性质重新进行设定，是20世纪初叶瓦尔堡学派的重要贡献，他们把图像学理解为"一门以历史——解释学为基础进行论证的科学，并把它的任务建立在对艺术品进行全面的文化、科学的解释上"。这里"所谓的文化，是指它的政治、伦理、宗教、社会等一般观念在艺术作品中的象征，所谓的科学，是指它以哲学、心理学、神学、神话学、占星学、音乐史、文学史、乃至科学史为研究的辅助探针，力求论证的清晰性和说明的可检验性"[①]。一种集中了多种学科来探究图像意义的局面日益形成，并最终成为西方艺术史研究的一个重要方法论。图像学推崇"调查解

[①] 范景中、杨思梁：《贡布里希的图像学研究——〈象征的图像〉编者序》，《美术》1990年第5期。

释艺术品的整体意义，特别是要在文化史的大背景中去揭示这种意义"①，贡布里希源自瓦尔堡研究院传统，但在"图像学"的阐释中他保持了一贯的警惕。贡布里希不是否定 20 世纪以来瓦尔堡学派的"图像学"传统，他的"主要目的是要建立一套标准和防范措施，以校正这种对图像阐释天马行空、言说过头的习惯"，他说"正是这种习惯败坏了图像学的名声"。② 在《图像学的目的和范围》一文中，贡布里希拿伦敦中心区皮卡迪利广场的厄洛斯爱神像作为个案，来说明哪些对艺术品所赋予的意味是合理的，而哪些看起来毫无意义。他想要辩护和恢复的是一个常识性的观点："即作品应该按照作者的意图来理解，解释作品的人应该尽最大的努力加以确证的正是作者的意图"③，而"老是把艺术家的某种形式说成具有某种想象的意义"是完全没必要的。他认为观众对一个作品的阐释的最终目的依旧是恢复作品的本义，我们可以根据雕像的服饰、姿态和举止去推测当时的社会风尚，也可以提出订制雕像的意图、陈列的方式、与历史和记忆的关系等种种图像之外的问题，但不能全然抛弃传统和惯例进行穿凿附会的凭空想象，观众的中心任务依旧是"重建艺术家的创作方案"，是依据原典和上下文来理解作品，否则就会失去"雕像原来的意图的道路"。很多批评家或观众对作品的过度阐释源于"图像学关心艺术品的延伸甚于艺术品的素材，它旨在理解表现在（或隐藏于）造型形式中

---

① 〔英〕贡布里希：《〈维纳斯的诞生〉的图像学研究》，范景中译，《美术译丛》1984年第 2 期。
② 范景中、杨思梁：《贡布里希的图像学研究——〈象征的图像〉编者序》，《美术》1990 年第 5 期。
③ 〔英〕贡布里希：《图像学的目的和范围》，宋潋译，范景中校，《美术译丛》1984 年第 3 期。

的象征意义、教义意义和神秘意义"①。"象征""教义""神秘"全部意味着多义的阐释和想象。"在已知的前后关系中研究形象所体现的东西就是这种意义的复杂性,它更多地适应于对象征的研究,而不是对日常语言事物的研究。这是一个重要的事实,但有时却被图像学家在提出他们的解释时所习惯采用的方式弄模糊了。"②

在贡布里希看来象征主义哲学有两个传统:一是"亚里斯多德传统,基于隐喻和目的的理论,通过这种理论的帮助,得出所谓视觉的定义的方法"。另外一个传统,他称之为"新柏拉图传统或象征主义的神秘解释法,这个传统强烈反对惯用的符号——语言的观念。因为在这个传统里,符号的意义不产生于认识一致的东西,它的意义是隐藏着的,要等那些懂得怎样寻求它的意义的人来发现它。在这个最终来自宗教而非来自人类思想交流的概念里,象征被看作神的神秘语言"。现代哲学体系中的弗洛伊德精神分析的发现更造成了批评家们在解释任何特定的作品时总要去寻找作品"多层意义"的习惯,但就像贡布里希说的那样"图像学着重的是重建一种方案而不是考证一个具体的原典",多义不意味着对作者创作原意的假设性颠覆,恰恰相反的是它重建的方案所指向的是作品丰富的"真实"存在空间与文化内涵。对"真实"的复归成为贡布里希重估"图像学"解释术语的最终指向。③

瓦尔堡学派的"图像学"与传统的"图像"一词有根本区别,传统的"图像"有一个局限就是"它对艺术作品物质性的拒绝"。

---

① 范景中、杨思梁:《贡布里希的图像学研究——〈象征的图像〉编者序》,《美术》1990年第5期。
② 〔英〕贡布里希:《图像学的目的和范围》,宋濂译,范景中校,《美术译丛》1984年第3期。
③ 〔英〕贡布里希:《图像学的目的和范围》,宋濂译,范景中校,《美术译丛》1984年第3期。

而"这种拒绝实际上是传统美术史研究中的一个主要兴趣",比如欧洲中世纪到文艺复兴的绘画发展常被表述为"绘画形象对其承载物的征服",即绘画形象"脱离承载它的卷轴或册页"[①]趋于独立。而"今日美术史中的一个重要发展可以说是反此道而行之:由于研究的范围不断超越对风格和图像的分析,美术史家也越来越重视艺术品的物质性,包括媒材、尺寸、材料、地点等一系列特征"[②]。这种兴趣的原因很有意思,比如贡布里希曾举过一个关于当代著名雕刻家亨利·摩尔的例子,他说:

> 莫尔[③]并不是从观察他的模特儿入手。他是从观察他的石头入手。他想用石头"制作某种东西"。不是把石头打碎,而是摸索道路,试图看出岩石"要"怎样。如果它变成人物形象的样子,那也好。但是,即使在这一形象中,他也想保留一些石头的固体性和简朴性。他并不打算制作一个石头女人,而是制作一块暗示出女人的石头。[④]

贡布里希认为就是摩尔的这种态度给予了"二十世纪艺术家一种新感情",即"关注原始部落美术的价值。……原始人可能野蛮、残忍,但是至少他似乎还没有负上伪善的担子"。"原始主义"在这里被赋予了"真实""直率""单纯"的内涵,针对的是形式主义的危机——"当技术与形式的过度重视超出了目的的需要的时候,就背离了自然,背离了真实"。现代社会里的人们越来

---

① 巫鸿:《美术史十议》,生活·读书·新知三联书店2008年版,第12页。
② 巫鸿:《美术史十议》,生活·读书·新知三联书店2008年版,第13页。
③ 莫尔,即亨利·摩尔(Henry Spencer Moore),英国雕塑家。
④ 〔英〕贡布里希:《实验性美术——西方二十世纪前半叶的美术》,林夕、木易、恺几译,《美术译丛》1985年第3期。

越需要比无聊生活中徒有其表的物品更为实在的东西,所以当代的艺术家们,比如蒙德里安想让"他的美术去发现在主观外形不断变化的形体之后隐藏着的不变的现实"。专心于平衡和方法之谜,无论多么微妙、多么引人入胜,终究使"蒙德里安们"有空虚之感,他们几乎是拼命地设法克服那种感觉。所以贡布里希说"可能恰恰就是这种无用之感最有助于说明其他二十世纪艺术家是怎样逐渐反对这种观念,不同意美术应该仅仅关心解决'形式'问题"①的。

贡布里希提到的这种倾向最终得以在 90 年代中国"新生代艺术家"那里成为事实——他们运用写实语言对传统架上绘画做回归生活真实的创作。但是我们在贡布里希关于"原始性趣味"的梳理里还看到了另外一种倾向,就是对原始、传统、基础主义的回归,虽然标志着艺术的成熟和再度精致化,但与此相伴随的必然是对艺术新的可能性的约束和压迫。探索艺术的多种可能性是艺术演变和进步的重要推动力,我们应该允许这种探索及努力有失败的可能,尽管走向极端主义的前卫艺术没有给公众提供好的艺术,但仅仅就艺术史而言,这种对艺术的多种可能性的探索经验却是十分宝贵的,如果艺术家们毫无思考地成为贡布里希思想的俘虏,艺术的新奇和原创性将不再出现。这不也是一种令人恐怖的选择吗?也许这就是"现代性"概念中一直纠缠不清的"传统"与"新"的困惑。

贡布里希的文章,常常给观者一种低沉压抑的调子——你不能欣喜若狂地追逐时尚;也不能肆无忌惮地扩张艺术的领地,但

---

① 〔英〕贡布里希:《实验性美术——西方二十世纪前半叶的美术》,林夕、木易、恺几译,《美术译丛》1985 年第 3 期。

这种"节制"的态度就是贡布里希教给我们的在"后历史时代"正确对待"艺术"甚至是"现代性"的方法——当然这种态度也需要我们警惕。因此，当贡布里希在《艺术和自我超越》一文的末尾欣慰地宣称"艺术在这现实的世界上是有地位的"[1]，我们就相信，这是他关照当下对"艺术终结"问题的最好回答。

---

[1]〔英〕贡布里希：《理想与偶像——价值在历史和艺术中的地位》，范景中、曹意强、周书田译，上海人民美术出版社1989年版，第363页。

第四章 "光晕消失"的现代性

牛宏宝先生在《西方现代美学》中讲到19世纪为20世纪的西方美学发展所展现的历史起点时，对19世纪末的特点做过一些总结，他说：

> 美学现代性的凸显，是19世纪西方社会变化的反映，这种变化主要是社会环境的变化和人的自我感觉的变化。在日常感觉的世界里，由于工业革命带来了运动、速度、光和声音的新变化，人们突然发现只有运动和变迁是唯一的现实，这导致了时间感和空间感的错乱。与此同时，工业制造产生了现代都市。作为人类意志的象征和造物，都市把人和自然隔离开来，原来与人的生存休戚相关的自然循环被人工制造的循环所割断，而在自我意识方面则出现了前所未有的危机，这危机源自宗教信仰的泯灭、旧形而上学之永恒本体的失落、超生希望的破灭等。在审美活动艺术创造的具体领域，则失去了传统艺术拥有的一切权威的支持——为上帝服务的神的支持，因为上帝已死；为国家、社会和公众服务的人的支持，因为人失去了一切锁链之后成了个体主体；也失去了作为普遍生存根据的自然的支持，因为传统中神圣的自然已成为实

证科学和资本主义市场交换中的纯粹的物和商品。传统审美和艺术曾经依据这些方面,而成为普遍可沟通的、普遍有效的领域,现代性美学和艺术则在极大的程度上推翻了这些,使它不再是普遍有效的和公共的因素。①

如上章所述,以尼采为起始的德国存在主义哲学家们攻击了在他们看来由达尔文的理论所发展起来的进化论的观点,并进一步攻击了我们依赖科学作为寻求真理的方法。他们敢于攻击使我们得到安慰的信仰,敢于问什么是我们所宠爱的理论的前提。② 当先锋派对传统艺术的攻击终于使原本的审美准则成为不合法时,审美观念逾越了艺术的界限,进入了人们的日常生活,于是艺术走下神坛,这就是牛宏宝所说的"传统艺术失去了拥有的一切权威的支持"。这种现象在法兰克福学派的本雅明那里被称为"光晕消失"。瓦尔特·本雅明强调"光晕的丧失"是新艺术产生的历史机遇。

本雅明思想在中国 20 世纪 80 年代后期的译介具有复杂的社会心理和历史背景,对这一过程的描述,有助于我们厘清有关"现代性"争论的一些问题。从本雅明思想的引入起,有关"现代性"的讨论开始"把现代派文艺同资本主义文化生产串联起来",这就突破了原来狭窄的艺术领域范畴;"现代性"概念中有关"都市现代生活的体验"再次进入中国知识分子的视野,而这次的讨论的方式不同于 40 年代中国诗人们在"现代派"诗中对都市象征物——如蒸汽机、汽车、百货商店、竞马场——的表层描绘,本

---

① 牛宏宝:《西方现代美学》,上海人民出版社 2002 年版,第 149—150 页。
② 〔美〕L. J. 宾克莱:《理想的冲突——西方社会中变化着的价值观念》,马元德等译,商务印书馆 1986 年版,第 190 页。

雅明笔下的"现代生活"被看作是都市化的、基于工业生产的并具有社交流动性，性质由资本或一切皆可进行财富交换的观念所界定。这就为新时期以来的"现代性"研究扩展了方法论和批评视野，对"现代生活"的体验已不仅仅是诗人们的抒情内容，它已变成每个"现代人"对正在改变的政治、社会、经济和文化特性的回应。作为本雅明最"宠爱的诗人"，波德莱尔对"现代性"的经典定义，以及他所提出的"新的美学"问题，为当年的本雅明哲学提供了理论构架。一位活跃于19世纪中叶的天才诗人，一位自杀于二战期间的现代思想家，他们二人的译著跨越百余年的时空，同时出现在中国新时期的文艺界并不是巧合的事件。笔者认为，"文革"刚刚结束后朱光潜等人随即就进行的对"美的本质"的探讨，以及文艺界围绕着孙绍振提出的"新的美学原则"问题所展开的一系列争论，是80年代后期波德莱尔《现代生活的画家》和本雅明《发达资本主义时代的抒情诗人》译介的学术背景。因此，本章将从波德莱尔和本雅明的译著介绍分析入手，对照中国美学家们的理论阐释，以期将这一关联梳理清楚，进而展现新时期中国美学观念发生的一个重要转变。

第一节　波德莱尔《现代生活的画家》译介及"现代性"定义

波德莱尔在他极具深远影响的文章《现代生活的画家》（发表于1863年）中对"现代性"的表述被认为是对"现代性"的最早定义。而事实上，"提出现代性，并不始于波德莱尔，也不始于《现代生活的画家》。在他之前，巴尔扎克在1823年，戈蒂耶在

1855年都曾使用过这个词,不过,波德莱尔的确促使这个新词进入了法语辞典,从而使'现代性'成为法国乃至欧洲社会变化的一个事实"①。每当人们提起"现代性",大多都以波德莱尔的概念为始,这段经典定义如下:

> 现代性就是过渡、短暂、偶然,就是艺术的一半,另一半是永恒和不变。②

在这个定义中,"现代性"在须臾之间转瞬即逝的短暂性的一面被突出,正是这个特点导致了我们前面所说的历史连贯性的断裂。曾几何时,"现代性"还是一个"因真理永远现在故"③的权威,"永恒和不变"使它得以拥有衡量其他艺术的资格,但是在波德莱尔这里,"现代性"被拉下神坛,失去了它原本"永恒"的特性。波德莱尔所处的是一个"伟大的传统业已消失,而新的传统尚未形成"④的时代,是一个"流派蜂起、方生方死的时代,既是新与旧更替的交接点,又是进与退汇合的漩涡"⑤,因此波德莱尔的文艺思想是在时代冲突中形成的,他的思想反映了时代的变化,有卓见,当然也充满矛盾。他对"现代性"须臾与永恒之间关系的讨论,成为后来本雅明构筑其知识体系的基石。波德莱尔的意

---

① 〔法〕波德莱尔:《现代生活的画家》,郭宏安译,浙江文艺出版社2007年版,第17—18页。
② 〔法〕波德莱尔:《波德莱尔美学论文选》,郭宏安译,人民文学出版社1987年版,第485页。
③ W. B. 特里狄斯:《陀思妥夫斯奇之小说》,周作人译,《新青年》1918年第4卷第1号。
④ 〔法〕波德莱尔:《波德莱尔美学论文选》,郭宏安译,人民文学出版社1987年版,第299页。
⑤ 〔法〕波德莱尔:《波德莱尔美学论文选》,郭宏安译,人民文学出版社1987年版,第2页。

义就在于他打破了传统艺术一直保持的观念——艺术不是生活，因为生活是短暂的、变化的，而艺术却是永恒的——他没有否定艺术的永恒性，但他说艺术是生活中的短暂和偶然。

一、《现代生活的画家》译介情况概述

中国学界对波德莱尔的介绍很早，有关波德莱尔早年在中国翻译、研究的历程可参看北京师范大学郭绍华《1919—2000：波德莱尔在中国》一文。据郭绍华考证，"波德莱尔的名字首次见诸于中国杂志上"，"是 1919 年 2 月周作人在《新青年》第 6 卷第 2 期上刊载其散文诗《小河》时"①，在文前序言里提及了波德莱尔，原文如下：

> 有人问我这诗是什么体，连我自己也回答不出。法国波特来尔（Baudelaire）提倡起来的散文诗，略略相像，不过他是用散文格式，现在却一行一样的分写了。内容大致仿那欧洲的俗歌；俗歌本来最要叶韵，现在却无韵。或者算不得诗，也未可知；但这是没有什么关系。②

接下来《少年中国》杂志在 1921 年初也开始介绍波德莱尔："中国第一篇带有评论色彩的相关文章是李璜的《法兰西诗之格律及其解放》（《少年中国》2 卷 12 期）"；"第一篇对波德莱尔进行全面评介的文章是田汉的《恶魔诗人波陀雷尔的百年祭》（《少年中国》3 卷 4、5 期）"③；此外，"诗人徐志摩在《语丝》1924

---

① 郭绍华：《1919—2000：波德莱尔在中国》，《绥化师专学报》2002 年第 3 期。
② 周作人：《小河》，《新青年》1919 年第 6 卷第 2 期。
③ 郭绍华：《1919—2000：波德莱尔在中国》，《绥化师专学报》2002 年第 3 期。

年第 3 期发表了根据英文转译的波德莱尔的《死尸》一诗,并在前言中称之为'诗集中最恶亦最奇艳的一朵不朽的花'";"波德莱尔对丑恶事物的露骨写法在徐志摩《一片糊涂账》中也有所反映"。① 从译著上看,"波德莱尔的作品首次在中国集结成书始于 30 年代邢鹏举《波德莱尔散文诗》的出版(中华书局,1930 年)";40 年代,"有石民的《巴黎之烦恼》(今译《巴黎的忧郁》,生活书店)";"戴望舒的单行本《恶之花掇英》(怀正文化社,1947 年)"。关于波德莱尔,在 20 世纪 40 年代的中国文坛甚至还曾发生过一次争论——"1947 年 1 月 30 日《文汇报》153 期围绕翻译波德莱尔的作品问题展开了一场激烈的争论。事情由林焕平致函'笔会'攻击诗人兼评论家陈敬容翻译波德莱尔的作品引起,陈作文回应,紧接着李白凤和司马无忌又分别撰文《从波德莱尔谈开去》《从自作多情说开去》表明立场","双方争论的焦点集中在波德莱尔的诗作在今天究竟还有无价值,这种'不健康且有害'的诗是否会'诱导青年的思想走向颓废的路途上去',进一步讲,象戴望舒等深受象征派影响的诗人及翻译家是否该反思自己的所作所为,放弃对波德莱尔的钟爱?"② 这与当时的文化与社会背景有关,"左翼"知识分子对社会主义现实主义的拥护已渐渐占据主流,波德莱尔非理性主义美学倾向必然要遭到批判和重新评估。由郭绍华的梳理我们可知,在 20 世纪三四十年代,中国文学界对波德莱尔的译介几乎全部集中在诗歌和散文上,并无《现代生活的画家》的译介。直到新时期以后,随着文艺界对"现代派"的重新引入,波德莱尔的诗歌集《恶之花》才再次被完

---

① 袁可嘉:《欧美现代派文学概论》,上海文艺出版社 1993 年版,第 83 页。
② 郭绍华:《1919—2000:波德莱尔在中国》,《绥化师专学报》2002 年第 3 期。

整地翻译过来（新时期最早译本是由外国文学出版社 1980 年发行，王力译）；波德莱尔的第一部散文集《巴黎的忧郁》也重新翻译出版（亚丁译，1982 年漓江出版社出版）；而《现代生活的画家》这篇文章是在 1986 年由艺术批评家王小箭、顾时隆译介过来的，发表在《世界美术》1986 年第 1 期上，这是此文在中国的首次译介。二人根据 Harper & Row 出版社出版的《现代艺术和现代主义：批评文选》中的英译本转译，在文中出现了波德莱尔对"现代性"的那段经典定义。《现代生活的画家》最初发表于《费加罗报》1863 年 11 月 26 日、29 日，12 月 3 日。此文是波德莱尔给他欣赏的风俗画家 Constantin Guys[①] 写的一篇画评，全文包括十三个内容：一、美，时式和幸福；二、风俗速写；三、艺术家，上等人，老百姓和儿童；四、现代性；五、记忆的艺术；六、战争的编年史；七、隆重典礼和盛大节日；八、军人；九、浪荡子；十、女人；十一、赞化妆；十二、女人和姑娘；十三、车马。王小箭、顾时隆的这篇文章只是节译了第四个问题"现代性"。《现代生活的画家》的完整译本直到 1987 年才由郭宏安翻译，收录在人民文学出版社出版的《波德莱尔美学论文选》中。

从 1863 年至 1987 年，与西方正式使用和讨论"现代性"这个概念相比，中国整整错位了 124 年的时间，到底是什么原因导致了这种时空落差的产生？也许我们弄清楚了另外两个问题，这个难题也就顺势而解了，即：第一，是什么因素阻碍或延迟了波德莱尔"现代性"概念的在中国的移植和传递？第二，20 世纪 80 年代末又是什么原因促使其得以介入和被学界关注？

[①] Constantin Guys（1802—1892），在此文中被译为康斯坦丁·戈依，在后来郭宏安的译本里被译为贡斯当丹·居伊。

二、《现代生活的画家》的两大主题:"新的美学"和"现代性的观念"

《现代生活的画家》是一篇美术评论,它的主人公是法国画家贡斯当丹·居伊,在波德莱尔撰文的时候他还是个籍籍无名的画家,很多人并不喜欢他,原因就是他不合传统的绘画方法和古怪的性格。法国的公众不能理解他用素描的形式进行的创作,因为他们不相信"快速生成的瞬间感觉可以产生伟大的艺术品,不理解现代的生活可以提供比古代的生活更多、更高、更强烈的美感"①,这种排斥直到二十年后(1885年)梵高在矿区里进行素描创作时还依旧存在着,所以波德莱尔笔下生活在19世纪中叶的居伊是位不折不扣的"时代先锋"。克洛德·毕舒阿在序言中说:波德莱尔通过与居伊作品的接触建立了一种"新的美学",明确了他关于"现代性"的观念,增加了一种新的维度,即快速和短暂的维度。郭宏安说:"'新的美学'和'现代性的观念'是波德莱尔在《现代生活的画家》中阐述的两大主题。"② 其实,二者又是合二为一的问题,这其中包括两层内涵:

首先,所谓"新的美学",按照波德莱尔的说法,就是"美永远是、必然是一种双重的构成"的美学。

波德莱尔说:"构成美的一种成分是永恒的,不变的,其多少极难加以确定;另一种成分是相对的,暂时的,可以说它是时代、风尚、道德、情欲,或是其中一种,或是兼容并蓄。"③ 波德莱

---

① 〔法〕波德莱尔:《现代生活的画家》,郭宏安译,浙江文艺出版社2007年版,第7页。
② 〔法〕波德莱尔:《现代生活的画家》,郭宏安译,浙江文艺出版社2007年版,第13页。
③ 〔法〕波德莱尔:《波德莱尔美学论文选》,郭宏安译,人民文学出版社1987年版,第475页。

尔试图说明他并不是排斥那个"永恒的、不变的"美,但是那种"多少极难加以确定"的说法其实表明了他的倾向,他更强调的是后者,即居伊那种"凭记忆作画,准确、迅速,抓住瞬间的印象,是这种新的美学的基本特征"[①]。

在提出"新的美学"的同时,波德莱尔明确了他关于"现代性"的定义。我们对照一下王小箭、顾时隆与郭宏安这两个译本中对波德莱尔的那段经典的"现代性"表述,前者的翻译是:

> 这位具有活跃的现代性想象力的隐士:(指 C. 戈依。——原注)不停地在人间的荒原(指未被画家们开垦过的领域,主要是妓女等下层人。——译者注)中遨游。请相信,就象我所描述过的那样,他并不是为了消遣,不是为了能赶巧得到一时的快乐,而是在探索一个更高更大的目标。这就是我称之为"现代性"(moderity)的那个东西。你们不得不允许我用这个字眼,因为我找不到一个更好的词来表达我的意见。戈依的课题是力求从时尚中提取出它所不能包含的具有历史性的诗的因素(诗在这里是美或艺术的代名词;历史性=永恒=暂存=现代性。——译者注),从暂存中提炼出永恒。……我所说的现代性,是指艺术之短暂的、迅即消逝的、偶然的那个方面,它与艺术的另一方面,即永恒、不变(即前面所说的"历史性"。——译者注)构成了一个统一体。每个从前的大师都有他自己的现代性,世代流传下来的绝大多数精彩的肖像画,其中人物都穿着他们自己时代的服装。它们都显得无比和谐,这

---

① 〔法〕波德莱尔:《现代生活的画家》,郭宏安译,浙江文艺出版社 2007 年版,第 16 页。

是因为，从人物的服装、发式到其姿态、眼神和微笑（每个时代都有那个时代所特有的举止、眼神和微笑），总之，他身上的一切，融合成了一个有机的整体。①

与此相比，郭宏安的翻译在后来的传播中更为流行，被引用的也更为广泛。但是笔者认为，郭宏安的翻译导致人们在理解"现代性"时，突出了其短暂、偶然、稍纵即逝的一面，而把永恒和不变放在了"现代性"对立的另一面，尽管郭宏安的本意并非如此。由第一章的分析可知，尼采认为波德莱尔的"现代性"是指一个有机的统一体，他找到了一个连接"艺术的短暂地、迅即消逝的、偶然的"和"永恒、不变"的桥梁，王小箭、顾时隆在翻译时就注意到了这个方面，波德莱尔强调的是"统一体"。波德莱尔"现代性"概念的意义就在于他为艺术增加了"短暂、偶然、稍纵即逝的一面"，这与"永恒"一道构成了"美"的"双重性"。为此他辩护说："在神圣的艺术中"，"双重性"也"一眼便可看出"，"永恒美的部分只是在艺术家所隶属的宗教的允许和戒律之下才得以表现出来。在我们过于虚荣地称之为文明的时代里，一个精巧的艺术家的最浅薄的作品也表现出两重性。美的永恒部分既是隐晦的，又是明朗的，如果不是因为风尚，至少也是作者的独特性情使然。艺术的两重性是人的两重性的必然后果。如果你们愿意的话，那就把永恒存在的那部分看做是艺术的灵魂吧，把可变的部分看做是它的躯体吧"。②波德莱尔的"现代性"概念是

---

① 〔法〕波德莱尔：《现代生活的画家》，王小箭、顾时隆译，《世界美术》1986年第1期。
② 〔法〕波德莱尔：《波德莱尔美学论文选》，郭宏安译，人民文学出版社1987年版，第475—476页。

一直徘徊在须臾和永恒双重标准之间的,因此,波德莱尔才在他的作品中对现代状态下的生活表现出一种矛盾的心态。"一方面,他对现代生活的辉煌、喧嚣和神奇充满赞叹之情,要求艺术家用他们手中的笔加以表现;另一方面,他又对这种形式上崭新的生活充满批判和抨击,不由自主地用诗和散文的形式来宣泄他胸中的愤懑",正是"这种矛盾的心态使波德莱尔成为一个'反现代派'"。① 波德莱尔发现的这个"新的美学",其来源是现代的生活,即现代都市生活。与古代相比,现代生活有"一种现代的美和英雄气概"(《1846年的沙龙》),居伊在这个都市里到处寻找现实生活的短暂的、瞬间的美,它的美与它的"服装、隆重典礼和盛大节日、军人、浪荡子、女人和姑娘、车马、战争以及化妆"之间有着密切的关系,而这些就是居伊所找到的称之为"现代性"的特点,这些表现出了"过渡的时代"的一种特殊的美。波德莱尔说贡斯当丹·居伊不是一位"依附他的调色板"的纯"艺术家",他是一位"时时刻刻都拥有童年的天才"的"老小孩",是一位具有"性格精髓和微妙智力"同时又"追求冷漠"的"浪荡子",是一位对全社会感兴趣的"社交界人物",是一位"狂热地渴望着生命的一切萌芽和气息"的"投入人群的人"。② 如果概括地说,就是波德莱尔认为,并不能简单地称居伊是一个纯"艺术家",他是一个对这个"过渡的时代"异常敏感的人。他每日游荡于街头、市场和人群之中,体验到的是完全与古代生活不同的瞬息万变的现代生活,居伊想把这种瞬间的印象准确而迅速地抓住。波德莱

---

① 〔法〕波德莱尔:《现代生活的画家》译序,郭宏安译,浙江文艺出版社2007年版,第18—19页。
② 〔法〕波德莱尔:《现代生活的画家》,郭宏安译,浙江文艺出版社2007年版,第9—10页。

尔认为居伊透过表面的喧嚣与不安,实际上透视了这充满了短暂性、偶然性和破碎性的现代生活所带来的对世界实质性的变化,居伊用画笔将这些深刻含义描述了出来。在波德莱尔笔下,艺术家是这样一种人,"他们能够将视线集中在城市生活的一般事物上,理解其中的短暂特质;但同时又能从稍纵即逝的瞬间中提炼出其中所包含的永恒。一位成功的现代艺术家应该可以发现普遍和永恒的东西,'从我们的生活里昙花一现的美丽形式中体味出生命之酒的苦涩和晕眩'"[1]。所以,波德莱尔的"新的美学"是一个包括瞬间、过渡、短暂和永恒双重维度的美学,这两面在波德莱尔这里并不冲突。

波德莱尔说,"现代性就是过渡",意在说明人们正在进入一个过渡性的时代,尽管他没能进一步走出艺术的领域对"过渡的时代"特征做出预测和总结,但仅仅是这种对世界变革前夜的敏感就足以使波德莱尔跻身于现代最重要的思想家之列。

其次,所谓"新的美学",就是"与唯一的、绝对的美的理论相对立"的美学。

波德莱尔并不是要否定艺术中"永恒"的一面,他对艺术的评价不是以古典和现代为区分标准;波德莱尔也并不否定"过去"。他认为"过去之有趣,不仅仅是由于艺术家善于从中提取的美,对那些艺术家来说,过去就是现在,而且还由于它的历史价值",如果艺术家们处理得好"过去在保留着幽灵的动人之处的同时",就会"重获生命的光辉和运动,也将会成为现在"。[2]

---

[1] 〔英〕大卫·哈维:《现代性与现代主义》,庄婷译,见李陀、陈燕谷主编:《视界》(第12辑),河北教育出版社2003年版,第11页。
[2] 〔法〕波德莱尔:《波德莱尔美学论文选》,郭宏安译,人民文学出版社1987年版,第474—475页。

所以,波德莱尔说,这个"过渡的时代"给我们提供了"一个很好的机会","来建立一种关于美的合理的、历史的理论,与唯一的、绝对的美的理论相对立",因此,他质疑与否定的是那些坚守着固有体系,用传统的美的唯一标准衡量一切而不肯改变的"学院派"们。

波德莱尔对"唯一的,绝对的美的理论"的批判是从讽刺和批判"艺术家"这个称谓开始的。波德莱尔与本雅明一样,都是善用隐喻和寓言的高手,他把艺术家比作"一个被宠坏了的孩子",说这个"被宠坏了的孩子继承了前辈的当时是合情合理的特权",于是"他们已经说不出一个机智的词,一个深刻的、闪光的、精炼的、发人深思或令人遐想的,总之富有启发性的词!"波德莱尔说艺术家甚至不如"某个职业古怪的人、一个猎人、一个水手、一个修椅者",他认为:"对一个艺术家来说,不相信想象力,蔑视宏伟的东西,喜爱(不,这个词太美了)并专门从事一种技艺,这是他的堕落的主要原因。"①波德莱尔借居伊之口说"不要称我为艺术家",他说他所"与之打交道的并非一位艺术家,而是一位社交界人物",他请我们"在很窄的意义上理解艺术家一词,而在很广的意义上理解社交界人物一词":

> 社交界人物,就是与全社会打交道的人,他洞察社会及其全部习惯的神秘而合法的理由;艺术家,就是专家,像农奴依附土地一样依附他的调色板的人。G先生不喜欢被称作艺术家。难道他没有一点儿理由吗?他对全社会感兴趣,他

---

① 〔法〕波德莱尔:《波德莱尔美学论文选》,郭宏安译,人民文学出版社1987年版,第394—396页。

想知道理解评价发生在我们这个地球表面上的一切。艺术家很少或根本不在道德和政治界中生活。……应该说大部分艺术家都是些机灵的粗汉,纯粹的力工,乡下的聪明人,小村庄里的学者。他们的谈话不能不局限在一个很窄的圈子里,很快就使社交界人物这个宇宙的精神公民感到不堪忍受。①

波德莱尔的表达非常直接,他把艺术家等同于专家,他说他们仅仅依附于调色板,而远离了多样的生活,因此他们的视野和格局越来越狭窄,这正是波德莱尔坚决不称居伊为"艺术家"、居伊"也怀着一种带有贵族的腼腆色彩的谦逊拒绝这一称号"的原因。波德莱尔更愿意将居伊称为"浪荡子","因为浪荡子一词包含着这个世界的道德机制所具有的性格精髓和微妙智力"。②他对"浪荡子"这个词汇的运用是在反讽之中充满了喜爱的、赞叹的情感,他说:"这些人被称做雅士、不相信派、漂亮哥儿、花花公子或浪荡子,他们同出一源,都具有同一种反对和造反的特点,都代表着人类骄傲中所包含的最优秀成分,代表着今日之人所罕有的那种反对和清除平庸的需要。浪荡子身上的那种挑衅的、高傲的宗派态度即由此而来,此种态度即便冷淡也是咄咄逼人的。浪荡作风特别出现在过渡的时代。"③因此,波德莱尔拥趸的居伊是个"对可见、可能、凝聚为造型状态的事物"有着"过分喜爱",对"组成玄学家的不可触及的王国的那些东西"特别厌恶的人,于是

---

① 〔法〕波德莱尔:《波德莱尔美学论文选》,郭宏安译,人民文学出版社1987年版,第479页。
② 〔法〕波德莱尔:《波德莱尔美学论文选》,郭宏安译,人民文学出版社1987年版,第481页。
③ 〔法〕波德莱尔:《波德莱尔美学论文选》,郭宏安译,人民文学出版社1987年版,第501页。

他挑衅权威，反对陈规，"他心甘情愿地履行了一种为其他艺术家所不齿的职能，而这种职能尤其是应由一个上等人来履行的。他到处寻找现时生活的短暂的、瞬间的美，寻找读者允许我们称之为现代性的特点。他常常是古怪的、狂暴的、过分的，但他总是充满诗意的，他知道如何把生命之酒的苦涩或醉人的滋味凝聚在他的画中"。① 这个与"上等人"完全不同的浪荡子，"他的激情和他的事业"，是和群众结为一体的，"人群是他的领域"，他作为一个"漫游者"、"热情的观察者"，他"生活在芸芸众生之中，生活在反复无常、变动不居、短暂和永恒之中"，感受到的"是一种巨大的快乐"。② 当然，波德莱尔说居伊不是一个纯粹的漫游者，他在观察人群，处在人群之中的时候，他"有一个比纯粹的漫游者的目的更高些的目的，有一个与一时的短暂的愉快不同的更普遍的目的。他寻找我们可以称为现代性的那种东西"③，作为一个"观察者"，他是"一位处处得享微行之便的君王"。

人群中的这个浪荡子、观察者、漫游者与学院派、专家、依附于调色板的纯艺术家们针锋相对。波德莱尔曾批评斯丹达尔④把美定义为"不过是许诺幸福而已"，这样"太过分地使美依附于幸福的无限多样化的理想，过于轻率地剥去了美的贵族性"，但同时他又特别肯定斯丹达尔的美的定义"具有一种巨大的优点，那就是决然地离开了学院派的错误"。他曾举例说，"如果我们看一看

---

① 〔法〕波德莱尔：《波德莱尔美学论文选》，郭宏安译，人民文学出版社1987年版，第514页。
② 〔法〕波德莱尔：《波德莱尔美学论文选》，郭宏安译，人民文学出版社1987年版，第482页。
③ 〔法〕波德莱尔：《波德莱尔美学论文选》，郭宏安译，人民文学出版社1987年版，第484页。
④ 斯丹达尔（又译为司汤达，1783—1842），原名玛利·亨利·贝尔。

现代画的展览，我们印象最深的是艺术家普遍具有把一切主题披上一件古代的外衣这样一种倾向。几乎人人都使用文艺复兴时期的式样和家具"，仿佛只要"披上古代的外衣"这件作品就是艺术品了。波德莱尔特别拒斥与反对这种倾向，他说"这显然是一种巨大的懒惰的标志"。如果古代的雕塑家、画家选取了希腊和古罗马的题材，给它们披上了古代的外衣，那是正确的，因为适合于他所处的那个年代；然而如果"现在的画家们"选的题材，却"执意要令其穿上中世纪、文艺复兴时期或东方的衣服，然后就宣称它是符合古代的规范的"，这就是错误的、教条的，这就是懒惰的表现，"因为宣称一个时代的服饰中一切都是绝对地丑要比用心提炼它可能包含着的神秘的美（无论多么少、多么微不足道）方便得多"。波德莱尔在他的另一篇文章《论一八五五年世界博览会美术部分》中特别直接地表明了他的这种立场，他的表述如下：

> 我象我的朋友们一样，也不止一次地想把自己封闭在一个体系之内，以便舒舒服服地进行鼓吹。但是，一种体系就是一种可以入地狱的罪过，促使我们发誓永远弃绝；因此总需要不断地创造出另一种体系，这种疲劳是一种残忍的惩罚。并且我总觉得自己的体系是美的，巨大，开阔，便利，尤其是它既干净又光滑，至少我自己这样觉得。但是，又总有一件出自普遍活力的自发而意外的作品来否定我那幼稚然而陈旧的学问，这乌托邦的可悲的女儿。我也曾变换或扩大标准，却终属徒劳，它总是落后于普遍的人，不断地尾追着形式众多、五光十色、在生活的无限陀螺中运动的美。我总是不断地经受改换门庭的屈辱，我终于痛下决心。为了避免哲学上的背弃所造成的恐惧，我骄傲地自甘谦逊：我满足于感觉，我又返身到完美的

天真中求一栖身之处。我向各式各样的学院派请求原谅,他们现正住在我们的艺术生产的各种作坊之中。我的哲学良心是在天真之中得到平静的,我至少可以说,象一个人可以为他的美德担保一样,我的思想现在具有更多的公正。

任何人都可以很容易地想象到,如果所有要表达美的人都遵守那些宣誓教授的清规戒律,那么美本身就要从地球上消失,因为一切典型、一切观念、一切感觉都混同在一个巨大的统一体中,这个统一体是单调的,没有个性的,象厌倦和虚无一样巨大。多样化,这个生活的必要条件,将从生活中消踪匿迹。在艺术的多种多样的产品中总有某种新东西永远不受规则和学派的分析的限制!①

在波德莱尔的这段话中,他对原本的审美体系和判断艺术的标准提出了质疑,当"学院派"的权威立场遭到批判的时候,衡量艺术的方法就发生了深刻的变革,而身处其中的波德莱尔已经察觉到了这种深刻的变化,他的这种意识后来成了本雅明的理论基石。波德莱尔有一篇短小的散文诗,名字叫《光轮的丢失》②,这与本雅明理论中"光晕消失"的概念在内涵上是一致的,只不过,本雅明做了清晰的理论阐释,而波德莱尔用了隐喻和象征的表现手法。这首小诗全文如下:

"哎!怎么!您在这里,我亲爱的?您,竟来到这个下等

---

① 〔法〕波德莱尔:《波德莱尔美学论文选》,郭宏安译,人民文学出版社1987年版,第361页。
② 钱春绮的译本《恶之花 巴黎的忧郁》(人民文学出版社1991年版)中译为"光轮的消失",郭宏安译本《巴黎的忧郁》(花城出版社2004年版)中译为"光环丢失"。

的地方①！您，是个饮太空灏气的人！您，是个吃天神食物的人！说真的，这可有点使我惊奇啊。"

"亲爱的，您知道我是害怕马和马车的。刚才，我急急忙忙穿过马路，纵身跳过泥泞，避开死神从四面八方飞快逼来的大混乱，就在这猛烈的动作之中，我的光轮从我头上滑落到碎石子路的烂泥里去了。我没有勇气把它拾起来。我认为，丢掉我的标志总不及摔断骨头那样难受。而且，我暗自思量，有些事会转祸为福。我现在可以隐姓埋名地走动，干些下流事情，像普通人一样放荡一番。我在这里，正如您看到的，跟您完全一样了！"

"您至少该为这光轮贴个招寻启示，或者去求助警察署长啊！"

"说真的！没有必要。我觉得这里很好。只有您一个人认出我。此外，尊严使我厌腻。再说，我很高兴地想到会有某个拙劣的诗人把它拾起来，厚颜无耻地戴在头上。让一个人幸福，这是何等的乐事！特别是一个使我忍俊不禁的幸福的人！请想想 X 先生或是 Z 先生！嗯！这多么有趣！"②

钱春绮在此文的注释中透露了这样两条信息：第一，1865 年，《内外评论》拒绝刊载本诗。1869 年始在全集发表；第二，波德莱尔的日记中有最初的草稿：

当我穿过马路，有点慌慌张张地要避开马车时，我的光

---

① 2004 年郭宏安花城出版社译本中明确地将"这个下等的地方"译为"妓院"。
② 〔法〕波德莱尔：《恶之花 巴黎的忧郁》，钱春绮译，人民文学出版社 1991 年版，第 489—490 页。

轮滑落，掉进碎石子路的烂泥里去了。幸而我有时间把它拾起来，可是过了一会，不祥的念头钻进我的脑子：这是个不好的兆头啊；此后，这个想法再也不肯离开我，整整一天，不让我得到一点安静。（《火箭》）①

由此可见，首先，波德莱尔对权威的挑衅和批判曾遭到过封杀与阻碍；其次，波德莱尔的这种选择也是经过自我斗争的，对"光轮"或"光晕"的抛弃是在反复纠结之后做出的割舍与决定，这恰恰证明了波德莱尔身处于这个"过渡的时代"，作为一个新时代的伟大先驱，遭到拒绝和批判是他必然的悲剧命运。

第二节　本雅明对"现代性"言说的理论拓展

波德莱尔把贡斯当丹·居伊作为自己作品描述的主人公，他说居伊是一个"浪荡子"；本雅明把波德莱尔当作自己理论构建的起点，他说波德莱尔是一个"浪荡的文人"，其实他们三人都是同一种人，是处于"过渡的时代"而对这个时代异常敏感的人。波德莱尔只是在艺术领域内提出了现代性的问题，而将其概念扩展到整个社会，使其成为哲学家和思想家的则是本雅明。

一、本雅明笔下的波德莱尔及现代都市体验的译介

《波德莱尔：发达资本主义时代的抒情诗人》1974年由德国苏

---

① 〔法〕波德莱尔：《恶之花　巴黎的忧郁》，钱春绮译，人民文学出版社1991年版，第490页。

尔坎普出版社出版，本雅明生前并没有写过以此命名的著作，这部著作是他去世前庞大写作计划《巴黎拱廊街研究》先期推出的几篇独立文章的汇集。关于此书内容的组成，2012年中译本的译者王涌在"译者序"里做过以下的说明：

> 整个《巴黎拱廊街研究》是本雅明1927年开始计划实施的，意在集中展示现代社会发展的人文递变。"拱廊街"是19世纪初出现在巴黎市中心的步行街，在本雅明眼里，那里不仅是现代都市人的集结地，也是窥视现代人行为的一个窗口。经过整整十年的研究，本雅明从1937年开始感觉到，用一部著作去揭示整个19世纪的历史哲学关联有点问题。于是，就准备将原本属于其中的有关波德莱尔的部分独立出来，单独写一本书，因为其中有关波德莱尔的部分从一个侧面体现了整个"拱廊街研究"的样态。他在1938年4月16日给霍克海默尔的一封信中提及这个想法时，还具体设想了书名：《波德莱尔：发达资本主义时代的抒情诗人》，并指出该书应由三部分组成：1. 观念与图像；2. 古代与现代；3. 新颖与永恒。可是，在他就这些题目真正动手写什么之前，就已不期离世。
>
> 不过，霍克海默尔当时获知本雅明的这个想法后，便迫不及待地马上约请他先给《社会研究杂志》写一些这方面的文章。于是，1938年夏天和冬天，本雅明特此写成了《波德莱尔笔下第二帝国的巴黎》一稿。可是，阿多诺在读了文稿之后于1938年11月10日写信给本雅明，尖锐指出了该文在理论层面上阐述不够。本雅明花了几个月时间用以消化这些意见。于是，在1939年2月底决定再写一篇有关波德莱尔的文章给《社会研究杂志》，那就是同年7月完稿的《论波德莱尔的几

个主题》一文。很快,这篇文章就被发表在了 1940 年初《社会研究杂志》在欧洲出的最后一期上。同年 9 月,本雅明在法国边境被迫自杀。由此,他想就波德莱尔写一本书的想法虽然未得着手,但却留下了这两篇特稿。于是,就有了这本书。

  本书收入的另一篇文稿《巴黎,19 世纪的都城》系本雅明 1935 年 5 月写成。那虽然还是一个散篇,但基本观点和框架已成型,而且与那两篇特稿有一定的呼应。因此,这些文章就成了本雅明《巴黎拱廊街研究》背景下留下的三篇相对完整的文稿。[①]

  由以上这段话可得出一条很重要的信息,即我们今天看到的《波德莱尔:发达资本主义时代的抒情诗人》并不是本雅明原本的叙事结构,它不过是由撰写此书过程中留下的"三篇相对完整的文稿"组成,而它原本的结构——观念与图像、古代与现代、新颖与永恒——在笔者看来更能展现出本雅明计划在对时代表征的分析之上理解与批评"现代性"概念的意图。

  从 20 世纪 80 年代中叶起有两本书曾在中国艺术界一度非常流行,一本是由张旭东和魏文生翻译的《发达资本主义时代的抒情诗人》,另一本是张旭东的博士生导师詹明信 1985 年在北京大学的讲演录《后现代主义和文化理论》。学界公认张旭东是中国译介和研究本雅明的第一人,他曾在后来出版的《批评的踪迹:文化理论与文化批评(1985—2002)》中回忆过他与本雅明"相遇"的始末:

[①] 〔德〕瓦尔特·本雅明:《波德莱尔:发达资本主义时代的抒情诗人》,王涌译,译林出版社 2012 年版,第 1—2 页。

记得84年下半年有一天，当时还在北大哲学系念研究生的刘小枫向我推荐本雅明。那时他自己正在研究诗化哲学，更喜欢的是富于宗教哲学气息的布洛赫，所以就希望我来翻译这本谈波德莱尔的书，因为它太偏文学批评了。我当时在北大中文系念本科，一边写诗，一边啃从学校图书馆借来的西方哲学的外文版，还在自己主编的学生刊物《启明星》上发过海德格尔谈荷尔德林和里尔克的文章。刘小枫当时是"文化：中国与世界"编委会的副主编，在他眼里，我这个"不务正业"的中文系本科生足够有资格翻译本雅明了。①

从这段话中我们可知，翻译这本书时，张旭东是北京大学中文系的本科生，他是在"文化：中国与世界"编委会副主编刘小枫的推荐下开始翻译这本书的，所以此书后来收录在《现代西方学术文库》中是顺理成章的事情。此书由"1985年开始翻译"，"1987年才译完"，1989年3月由生活·读书·新知三联书店出版。经调查，事实上，最先向国内学者介绍本雅明的人不是张旭东，而是由王齐建节译的《机械复制时代的艺术作品》，该文收录在由中国社会科学院外国文学研究所编的《文艺理论译丛》里，出版时间是1985年，由中国文联出版社出版，译自索罗门辑《马克思主义与艺术》（维恩大学出版社，1979年）。此文是节译本，这说明，中国学界大概在1985年前后开始接触本雅明其人及作品。

瓦尔特·本雅明（Walter Benjamin，1892—1940），德国现代最杰出的思想家、哲学家和马克思主义文学批评家。他早在20世纪30年代左右就在一个"难以描绘的圈子里赢得了承认"，如

---

① 张旭东：《批评的踪迹：文化理论与文化批评（1985—2002）》，生活·读书·新知三联书店2003年版，第2页。

阿尔多诺、布莱希特、雨果、霍夫曼斯塔尔等等，但是为什么直到 80 年代中期，他的思想才首度出现在中国呢？一方面由上面的"回忆"可知，这是一本"谈波德莱尔"的书，当时文学批评界对波德莱尔的现代派诗歌重新产生了兴趣；另一方面是这本书与当时中国青年的生活状态和精神思考产生了共鸣。张旭东在"回忆"时，也说明这种状况：

> 重要的是我们当时所接受的本雅明回应了一种时代性的期待。他的文本所说的与我们当时期待的很不一样，但这种不同也只有在今天，在我们自身的历史视野发生重大变化的时候才被提上了议事日程。本雅明讲到通感，讲到现代性的个人和技术时代的官僚世界的紧张关系，讲到波德莱尔那样的个人如何抵抗现代性的压迫，这些都容易引起读者的共鸣。但是作为一种方法论，一种理论建构上的东西，作为现代西方"古典与现代"冲突史上的一个兴奋点，本雅明当时并没有被知识界真正吸收。我在译介时虽然意识到这个问题，也试图把本雅明的理论思路勾画出来，但当时还只是一笔带过，主要兴趣还是在"自我意识"、个人与社会的关系、表现、风格等非常"80 年代"的问题上。直到现在，或许相当一部分"本雅明迷"也还是把他读解为一种文人意识，游荡意识，和同时代的紧张关系等，都是一种个人相对于时代的诗意的东西。但十多年来，市场化、"全球化"时代来到中国，本雅明，杰姆逊的文本具有了非常具体的批判指向和理论意义。[1]

---

[1] 张旭东：《批评的踪迹：文化理论与文化批评（1985—2002）》，生活·读书·新知三联书店 2003 年版，第 2—3 页。

张旭东的这段"回忆"发生在 2002 年与薛毅的一次访谈中，所以在经历过十几年的反思与沉淀之后，他认为本雅明理论最重要的价值即是他对现代西方"古典与现代"冲突的敏感与洞察，然而可惜的是不但当时的知识界，就是作为翻译者张旭东本人也没有对此问题展开有意识的讨论。对本雅明的接受一直局限于他在文中所表达的"文人"意识（如张旭东在《读书》1988 年第 11 期发表的《现代"文人"：本雅明和他笔下的波德莱尔》）、游荡意识（波西米亚人、浪荡子等概念的提出），以及个人自我意识的觉醒、人与时代的关系等问题上。因此重返《发达资本主义时代的抒情诗人》，目的就是想重点讨论张旭东后来发现的本雅明对"现代性"的思考。

本雅明用一种"诗意"的语言来描绘波德莱尔和 19 世纪的巴黎都城。用张旭东的话说，"本雅明隐晦的意图是，在寓言的意义上具体地呈现出完整的时代与体验的内在的真实图景"①。本雅明通过对他笔下的"文人"波德莱尔在 19 世纪都城巴黎中游荡的描写，展示了波德莱尔给"现代性"定义时说的那种"过渡、短暂、偶然"的特点。确切地说，他通过展现"文人"与社会生活的关系来说明——人们在心理和理智上，如何回应和吸收现代都市生活向他们展示的，令人无法想象的经历和刺激的多样性——在 19 世纪后半叶的大型的都市之中出现了现代主义的特质。因此在本雅明诗意语言的背后，他的"巴洛克研究计划"（关于 17 世纪德国悲剧）和"拱廊街"计划（关于 19 世纪的巴黎）就"带有浓重的文化史、社会史色彩"。本雅明不同于海德格尔等人运用抽象的概念来构建自己的哲学体系，"他的'野心'是在世俗世界的'堕

---

① 〔德〕瓦尔特·本雅明：《发达资本主义时代的抒情诗人》，张旭东、魏文生译，生活·读书·新知三联书店 1989 年版，第 1 页。

落的具体性'中夺取思想的战利品,并由此把空洞的时间再造成充满意味的寓言空间。这迫使他在一种'物的意义上'去联结四分五裂的历史,征服异质性的'残片'"①。而徘徊在这个世俗的世界上,对这个世界有特别清醒认识的,就是本雅明笔下的"文人"形象,他在文中对"文人"的定义是:

> "文人"与"收藏家"不同,后者多少是个寓言形象,而前者则主要是个社会形象。……"文人"大概就是这样一种人,他们出没于稠人广众之中,游荡在社会的边缘;他们与任何秩序或分类格格不入,貌似无害,实则危险。他们确实生活在文字的世界里,被书籍包围着,但他们却从不会"职业性地"读书撰文。他们并不把自己视为那种以其专长服务于国家社会的"知识分子",并在一切方面保持着"自由然而孤独"的权利。在商品社会里他们卖文为生,然而写作并不是他们的"工作",反倒是他们的"不工作";他们物质生活的基础便正建立在这种"不工作"带来的收入上。因为,无论多么忙碌,他们是"闲暇人"。可以说,文人的本质不在于他们的思维方式,而在于他们的生活方式,在于他同现实世界和精神世界的关联方式。②

本雅明笔下的这些"文人"游荡于城市,他们是"闲暇人"、是波德莱尔拥趸的"浪荡子",这种比喻为后来的思想家们提供了一种分析"大都市光影"的方法,仿佛那些游荡于城市的流浪汉

---

① 张旭东:《现代"文人":本雅明和他笔下的波德莱尔》,《读书》1988年第11期。
② 张旭东:《现代"文人":本雅明和他笔下的波德莱尔》,《读书》1988年第11期。

才能最深切地体会那些都市的变化和现代工业文明带来的矛盾生活。本雅明的美学理论作为"遗著"出版随之声名鹊起是20世纪70年代以后的事情，并迅速从文学领域扩展到建筑、电影，甚至是社会学方面。我们看匈牙利电影理论家伊·皮洛下面的这样一段描绘：

> 在这里，大都市犹如一位千娇百媚的明星，令人神往。在她身上，一切都是迷人的：她的生命力、她的奥秘、甚至她那稍嫌过分的娇嗔。城市，这富足的象征，似乎永无衰竭之日：通过城市生活，人们发现了无休止的声音、无数的事件和无尽的财富，简言之，对繁杂的生活与挥霍的现象有了新体验。冲击力、光影的闪烁、运动和狂乱就是这里的一切。宽阔的林荫道与狭窄的街巷，豪华与贫困——这一切为大城市的传奇与神话平添了更多内容。
>
> ……
>
> 心地坦诚的流浪汉沿着如林的砖墙闲逛，在冷漠的摩天楼下游荡，在疾驰的高速汽车之间穿行，熙熙攘攘的人群只会突出流浪汉的孤寂。他仿佛随着这股旋风飘飘荡荡，四处碰壁。在这里，人们互不相识，每个人都是昏乱地朝神秘目标奔去。流浪汉被人群挤来挤去，跌倒在地，无人理睬。漠不关心，无暇旁顾，不讲人情是普遍的现象。情感的柔弱花朵只能在荒芜的后院开放，它小心翼翼，悄无声息，仿佛是已被淡忘的往事。在最初形成的电影形态中，《摩登时代》的形象、新文明的引人注目的形象就是如此。[①]

[①] 〔匈牙利〕伊·皮洛：《世俗神话——日常生活领域的亲电影性》，崔君衍译，《世界电影》1987年第1期。

伊·皮洛在《世俗神话——日常生活领域的亲电影性》一文中描述的"流浪汉"与本雅明笔下的"文人"形象既有相同之处又有不同。本雅明的"游荡者"其实是对那些都市生活敏感,最早看到工业文明和都市生活所带来的"现代性"危机的人。说他们是"游荡者"是因为他们并不属于大都市造就的"人群中的人","大城市并不在那些由它造就的人群中的人身上得到表现,相反,却是由那些穿过城市,迷失在自己的思绪中的人那里被揭示出来"。也就是说,这些人仿佛拥有无尽的"闲暇时间"以供他们总是"心不在焉"地"胡思乱想",而真正由大都市造就的人早就迷失在城市中,看不到其完整的形态与危机。本雅明精彩地分析了"专栏作品、专栏作家与技术进步广告及城市生活"的关系,他想要说明的是"文人"所处的历史境况,他们处于一个日渐物化的世界当中。"如果说拱廊街是室内的古典形式——游手好闲者眼里的街道就是这样的——那么百货商品则是室内的衰败。市场是游手好闲者的最后一个游荡场所。如果街道在一开始是他的室内,那么室内现在变成了街道。现在他在商品的迷宫里穿行,就像他从前在城市的迷宫里穿行一样。"本雅明的"拱廊街""街道"和"百货商店""市场"全部是有象征意义的隐喻,它们象征了传统社会在商品物化后产生的变化,那些写诗的人和他们的抒情传统,全部被专栏和广告所替代,在新闻稿件里,诗歌失去了"想象性",也失去了传统艺术最后的阵地。所以张旭东分析说:

在商品社会里,"文人"逍遥放荡的个性是他对把人分成各种专业的劳动分工的抗议。波德莱尔感受到但却没意识到的东西,正是本雅明意识到却没能够摆脱掉的东西。……他的"文人"姿态所针对的正是那种日益物化的历史统一体。

在"寓言的最堕落的感官意义上",食利者的闲散竟成为精神最后的庇护所。波德莱尔和本雅明都由此出发,对传统的队伍实施突袭。①

本雅明最后得出结论说:"只有在断片中才有这个时代获救的唯一的希望。这个希望像一颗隐藏的太阳,在'文人'每每出人意料的字句后面放出光晕。文人与一切现有秩序格格不入,但他曾是且或许将是未来的立法者;他把传统视为一片废墟,但却由此把它作为残片赎救出来;在现代都市里他一步步丧失了完整的东西,他却藏有真正的诗意;他不具备任何一般可称为英雄的那种人的特征,但或许是这个琐碎的世界里仅存的英雄主义者。"② 那些游荡于都市中的"闲暇者"、"文人"还在尽力维护"诗歌"本来的"光晕",他们曾经是立法者,也许将来还会是"立法者",在本雅明的笔下,传统已经变成了一个"废墟",但他认为也许"文人"还可以"赎救"这片废墟,他还心存着希望。

二、"机械复制时代"与"现代性"永恒光环的消失

在《机械复制时代的艺术作品》中,本雅明提出了文学生产论,并发明了"光晕消失"的概念——"光晕(Aura)原指环绕艺术作品的神圣气氛,或一种令人起敬、并向艺术品膜拜的心理距离。光晕起源于人类祭祀。世俗艺术兴起后,光晕依然是艺术的标记。它证明,艺术品天生有其标准:独一无二和真实权威。没有光晕,就谈不上艺术,只有赝品(Kitsch)。"本雅明的"光

---

① 张旭东:《现代"文人":本雅明和他笔下的波德莱尔》,《读书》1988年第11期。
② 张旭东:《现代"文人":本雅明和他笔下的波德莱尔》,《读书》1988年第11期。

晕消失"概念与波德莱尔的"光环丢失"寓言有一脉相承的相同血统,均指对权威的批判,但波德莱尔只是一个隐喻,是本雅明回答了它的源始问题。"本雅明指出,机器时代引发一大变化,即文艺作品光晕消失。何以如此呢?首先,艺术品实现了大规模机器生产,万千仿制品不再具备独一权威性;其次,传统接受模式瓦解,原本由少数高贵者享用的艺术,如今要服从大众需求;最后,艺术不再与祭祀相关,它受制于政治经济。本雅明引入一种全新视角。他从艺术生产和接受的变革趋势,来看待现代主义崛起。"① 海德格尔曾经说过:"'现代人'的悲剧多半就在于科学技术抢占了古老形而上学的地盘,结果便造成了工业时代的'既无历史又无家可归的人'。"② 本雅明所描绘的生活就是这个"工业时代"。

本雅明经典文本《机械复制时代的艺术作品》写于1935年。如前所述,最先向国内学者介绍此文的是王齐建,他于1985年节译此文,后该文被收录在由中国社会科学院外国文学研究所编的《文艺理论译丛》中。全译本是后来由张旭东于1990年重新翻译发表于《世界电影》1990年第1期。下面便以张旭东的译本为例,分析本雅明在文中提到的哪些内容对"现代性"概念带来了冲击。

本雅明在文中回顾了机械复制的发展历程,从古希腊人复制艺术作品的工序铸造和冲压开始,历经印刷术、木刻、平版印刷到照相机的产生。本雅明认为,其实复制技术从古至今一直以一种加速的方式在发展着,但是直到1900年左右技术复制达到了

---

① 赵一凡:《现代性的趋势》,《美术观察》2002年第6期。
② 〔德〕H. M. 格拉赫:《评海德格尔的存在主义》,熊伟译,《哲学译丛》1979年第2期。

一个新的标准。这种突飞猛进的进展,使我们可以轻易地复制所有流传下来的艺术作品,艺术品的复制和电影艺术的出现对传统形态的艺术的冲击导致了艺术本质发生了深刻的变化,这种变化就是艺术品的"独一无二"性受到攻击,艺术失去了"权威"。用本雅明的话说,就是艺术身上的"光晕"或"光环"消失了,现代人心目中的艺术作品已从崇拜对象转变为市场上的消费品。那么原本艺术的"独一无二"性表现在哪里?又是如何被机械复制技术所摧毁的?本雅明在文中层层递进地进行了阐释,他首先说明的是艺术品身上的"光环"源自哪里,他在文中有这样一段文字:

> 我们知道最早的艺术作品起源于为仪式服务——首先是巫术仪式,其次是宗教仪式。重要的是,同它的光环相关的艺术作品的存在从来也不能完全与它的仪式功能分开。换句话说"本真的"艺术作品的独特价值根植于仪式之中,即根植于它起源的使用价值之中。这个仪式性基础无论多么遥远,仍可以在世俗化的仪式甚至在对美的崇拜的最亵渎的形式中辨认出来。美的世俗崇拜在文艺复兴时期发展起来,并在此后的三个世纪里势如卷席,这清楚地表明那个正在倾颓中的仪式基础以及降临在它头上的深刻的危机。随着第一个真正的是革命性的复制方法即照相术的出现,同时也随着社会主义的兴起,艺术感受到那场在一个世纪之后变得显而易见的危机正渐渐迫近。①

---

① 〔德〕瓦·本亚明:《机械复制时代的艺术作品》,张旭东译,《世界电影》1990年第1期。

"巫术说"的论者认为原始艺术作品的发生与原始宗教巫术活动之间的关系非常密切,本雅明就是从此意义上说艺术的光环或光晕来自于神圣的宗教仪式,艺术的起源决定了它从诞生之初就被赋予了神秘而神圣的色彩、被人朝拜和供奉的地位。从前的艺术作品大多是神的雕像或壁画,它们大多藏在黑黢黢的山洞深处或寺院中,本雅明说"艺术生产始自服务于崇拜的庆典之物。我们可以料想这里关键的是它们的存在,而不是它们被人观赏","崇拜价值似乎要求艺术作品藏而不露",后来随着种种艺术实践渐渐从宗教的仪式中解放出来,"它们的产品也获得了日益增多的展览机会","半身肖像可以搬来搬去,因而便于展出",但那些神的雕像依旧还是固定在寺院的深处,是机械复制技术"把艺术作品从对仪式的寄生性依赖中解放出来",那些"深藏不露"的作品可以被照相机捕捉下来,然后通过复制打印传遍世界各地。再后来,人们甚至开始渐渐只创作那些"被复制的艺术作品变成了为可复制性而设计出来的艺术作品","艺术作品的五花八门的技术复制手段使它越来越适于展览,直到它的两极之间的量的转移成为它本性的质的变化"。本雅明说:"当机械复制时代把艺术与它的崇拜根基分离开来,它的崇拜性的面貌便也永远消失了。"①

接下来,本雅明在文中罗列了复制艺术品出现的社会心理背景以及它从哪些方面为艺术的本质带来了转变。他说:"艺术机械复制改变了大众对艺术的反映","当代大众有一种欲望,想使事物在空间上和人情味儿上同自己更'近';这种欲望简直就和那

---

① 〔德〕瓦·本亚明:《机械复制时代的艺术作品》,张旭东译,《世界电影》1990年第1期。

种用接受复制品来克服任何真实的独一无二性欲望一样强烈。这种通过持有它的逼肖物、它的复制品而得以在极为贴近的范围里占有对象的渴望正在与日俱增"。① 而事实上,当代大众对艺术品的占有心理其实还是源于对艺术的"光晕"的崇拜,他们希望能够有资格占有艺术,仿佛分享艺术品就可以证明自己的"独特"与"品味",这就是一件艺术商品的"虚假的吸引力"。这种吸引力依旧来自传统的对艺术的崇拜性心理,因为艺术身上的"光环"代表着地位和权力,这是一种希望拥有与"有品味""掌权人"普遍平等的欣赏和占有艺术品的权利的心理,以致他们甚至希望"通过复制来从一个独一无二的对象中榨取这种感觉"。而事实上,毁掉艺术平等感的正是这样的心理,至少在传统艺术的概念里,"绘画绝对不能够为一种同时的集体经验提供对象"。可惜的是"当代大众"们还没有意识到即便是最完美的复制品也已经缺少了人们本意想要追求的"光环",因为它的身上缺少了一种因素:"它的时间和空间的在场"。本雅明的意思是,艺术作品作为独一无二的存在,它的这种独特的存在决定了它的历史,"这包括它经年历久所蒙受的物质条件的变化,也包括它的占有形式的种种变化",而"前者的印记可由化学或物理的检验揭示出来,而在复制品上面就无法进行这种检验了"。因此,本雅明说"在艺术品这个问题上,一个最敏感的核心——即它的本真性——受到了扰乱",在传统艺术中,艺术的本真性就像自然世界的每一个唯一的事物一样"无懈可击",本真性是我们判断一件物品区别于他物的基础。用本雅明的话说:"它构成了所有从它问世之刻起流传

---

① 〔德〕瓦·本亚明:《机械复制时代的艺术作品》,张旭东译,《世界电影》1990 年第 1 期。

下来的东西——从它实实在在的绵延到它对它所经历的历史的证明——的本质。"于是"当那种实实在在的绵延不再有什么意义的时候,这种历史证明也同样被复制逼入绝境。而当历史的证明受到影响时,真正被逼入绝境之中去的正是物品的权威性"。正是源于以上的分析,本雅明得出结论说:

> 我们不妨把被排挤掉的因素放在"光环"(aura)这个术语里,并进而说:在机械复制时代凋萎的东西正是艺术作品的光环。这是一个具有征候意义的进程,它的深远影响远远超出了艺术的范围。我们可以总结道:复制技术使复制品脱离了传统的领域。通过制造出许许多多的复制品,它以一种摹本的众多性取代了一个独一无二的存在。复制品能在持有者或听众的特殊环境中供人欣赏,在此,它复活了被复制出来的对象。这两种进程导致了一场传统的分崩离析,而这正与当代的危机和人类的更新相对应。①

关于本雅明的"光晕消失"概念,作为译者也是接受者的张旭东在译文的"编者按"中有段非常重要的总结,他说:

> 本亚明认为,在过去时代里,艺术作品一直具有"独一无二性",用他的术语来说,是带着受人崇敬的"光环"的。人们和它保持一个"自然的"距离,以"个体感受"的方式进行观赏、沉思。机械复制技术的发展则刺激了大众对艺术品的

---

① 〔德〕瓦·本亚明:《机械复制时代的艺术作品》,张旭东译,《世界电影》1990 年第 1 期。

需求，人们可以轻而易举地拥有复制的艺术作品，可以在近距离内逼视它的一切隐秘的细节。于是艺术作品的"光环"消失了，它的"崇拜价值"严重下降了，而它的"展览价值"则大大增加了。从这个意义上说，现代人心目中的艺术作品已从崇拜对象转变为市场上的消费品。复制品也使高雅精神，心灵上的沟通受到排斥，使艺术不再是本来意义上的艺术，而只是一种大众交流的手段。

在本亚明看来，使艺术的原有本性发生如此剧烈转变的主要根由是照相术的发明和完善。……贝尔托特·布莱希特曾激烈指责本亚明的所谓电影的复制可能性使它的艺术"光环"消失殆尽的说法，是"否定神秘主义的神秘主义"。这个指责也许过于严重了一些，然而本亚明在显然过分地渲染了过去艺术的崇拜价值的同时，如此强调机械复制对现代人的艺术观念的销蚀作用，确实是难以令人信服的。①

以上这段批评说明，张旭东在写下这段话时，他对于本雅明在文中对"机械复制对现代人的艺术观念的销蚀作用"的说法是存有保留意见的，他认为本雅明过分地渲染了这种情况的出现。张旭东发表此译作的时间是1990年，中国的"新潮美术运动"刚刚在十年内把西方百年现代艺术走了一遍，理论反思才刚刚开始，而国际上汉斯·贝尔廷和阿瑟·丹托等人对"艺术终结论"问题的探讨也要到新世纪以后才传入中国并引起学界热议，所以张旭东的批评符合他翻译此文的时代背景。就今天来看，本雅明的思

---

① 〔德〕瓦·本亚明：《机械复制时代的艺术作品》，张旭东译，《世界电影》1990年第1期。

想的确是特别深刻并极具预见性。张旭东曾在《发达资本主义时代的抒情诗人》中评价说:"本雅明对时代以及人在这个时代的处境的洞察,以及他的思想方式和表达方式的独特超出了同时代人的理解力,更确切地说,超出了那个时代的意识形态的承受力。"①看来这种表述的确是事实,要经历很久之后,直到新世纪来临,人们才会对本雅明的思想有更深的体悟,了解他试图在现代性的"过渡、短暂和偶然"中重新建立"永恒和不变"的希望。

第三节 "新的美学"之本土衍义

在本章的开端提到过,20世纪80年代初文艺界围绕着孙绍振提出的"新的美学原则"问题所展开的一系列争论,是对朱光潜等美学家对"美的本质"等相关话题的延伸与呼应。那么,波德莱尔和本雅明对艺术作品"独一无二性"的批判,二者"光晕/光环消失"的现代性定义与上述话题是否也有着学术承续关系?波德莱尔的"新的美学"与孙绍振的"新的美学原则"是否是同一概念?

较之西方,中国学术界对于所谓的"权威"和"学院派"的定义是不同的。在波德莱尔和本雅明的笔下,它们更多的是指一种源自古代宗教仪式的对艺术崇拜的心理以及古典的艺术规范;而中国的"权威"有自己的国情,它指的是"文革"以来的那种充满鲜明意识形态色彩的"官方话语模式"。朱光潜新时期一开

---

① 〔德〕瓦尔特·本雅明:《发达资本主义时代的抒情诗人》,张旭东、魏文生译,生活·读书·新知三联书店1989年版,第3页。

始就发表了一篇题为《从具体的现实生活出发还是从抽象概念出发》的文章，从探讨"美的本质"问题出发，矛头直指这种官方的"权威"表述方式。他说：

> 过去这些年写评论文和文艺史著作的都要硬套一个千篇一律的公式：先是拼凑一个通套的历史背景，给人一个运用历史唯物主义的假象；接着就"一分为二"，先褒后贬，或先贬后褒，大发一番空议论，歪曲历史事实来为自己的片面论点打掩护。往往是褒既不彻底，贬也不彻底，褒与贬互相抵销。凭什么褒，凭什么贬呢？法官式的评论员心中早有一套法典，其中条文不外是"进步"，"反动"，"革命"，"人民性"，"阶级性"，"现实主义"，"浪漫主义"，"世界观"，"创作方法"，"自然主义"，"理想主义"，"人性论"，"人道主义"，"颓废主义"，……之类离开具体内容就很空洞的抽象概念，随在都可套上，随在都不很合式，任何一位评论员用不着对文艺作品有任何感性认识，就可以大笔一挥，洋洋万言。我很怀疑这种评论有几人真正要看，这不仅浪费执笔者和读者的时间，而且败坏了文风和学风。现在是应认真对待这个问题的时候了！①

由此可见，朱光潜先生在文中对以社会主义现实主义作为衡量一切的空泛标准早就深恶痛绝了。另外他在文中提到了波德莱尔，他说波德莱尔将自己的诗集"命名为《罪恶之花》"，"一出版就成了一部最畅销的书，可见得到了广大群众的批准。但

---

① 朱光潜：《从具体的现实生活出发还是从抽象概念出发》，《学术月刊》1979年第7期。

是《罪恶之花》这个不雅驯的名称注定了他在某些人心目中成了'颓废派'的代表"。朱光潜的目的是要为波德莱尔正名,他说他并不是要为颓废派辩护,因为"十九世纪末的颓废主义"是"普遍流行的世纪病","这是客观的事实,而且也有它的历史根源",但这些著作毕竟有"不粉饰现实生活的积极内容","而且在艺术上还有些人达到很高的成就",因此我们就不能"干脆把他们一扫而空",否则才是"割断历史",背离马克思主义的"虚无主义"。①

朱光潜的上述观点得到了很多学者积极响应。1981 年在《诗刊》第 3 期上孙绍振发表了一篇题为《新的美学原则在崛起》的文章,此文一经发表就掀起了一场持久的论争,许多文学理论学者均参与到了这场论争之中,其实经过剥丝抽茧,这些论题围绕的话题主旨即是现实主义与现代主义之争。孙绍振在这篇文章中所建立的"新的美学原则"与波德莱尔的"新的美学"在主旨上是一致的,他们都反对那种"唯一的、绝对的"美的理论。孙绍振在开篇即说:

> 在历次思想解放运动和艺术革新潮流中,首次遭到挑战的总是权威和传统的神圣性,受到冲击的还有群众的习惯的信念。当前在新诗乃至文艺领域中的革新潮流中,也不例外。权威和传统曾经是我们思想和艺术成就的丰碑,但是它的不可侵犯性却成了思想解放和艺术革新的障碍。它是过去历史条件造成的,当这些条件为新条件代替的时候,它的保守性狭隘性就显示出来了,没有对权威和传统挑战甚至亵渎的勇

---

① 朱光潜:《从具体的现实生活出发还是从抽象概念出发》,《学术月刊》1979 年第 7 期。

气,思想解放就是一句奢侈性的空话。在当艺术革新潮流开始的时候,传统、群众和革新者往往有一个互相摩擦、甚至互相折磨的阶段。①

孙绍振在文中明确表示要想思想解放就要挑战"权威和传统的神圣性",他也同波德莱尔一样是在艺术革新潮流中探讨这个问题的,只不过孙绍振的"新的美学原则"更具有"中国特色"。

孙绍振"新的美学原则"具有如下几个特点:

第一,孙绍振说他所推崇的"新的美学原则",不是说"与传统的美学观念没有任何联系",这与波德莱尔并不否认传统艺术和美的永恒性是一样的。孙绍振说他所提倡的是新崛起的这批青年诗人们对我们传统的美学观念常常表现出的"一种不驯服的姿态","他们不屑于作时代精神的号筒";"不屑于表现自我感情世界以外的丰功伟绩";"他们甚至于回避去写那些我们习惯了的人物的经历、英勇的斗争和忘我的劳动的场景。他们和我们五十年代的颂歌传统和六十年代战歌传统有所不同,不是直接去赞美生活,而是追求生活溶解在心灵中的秘密"。② 由此可见,孙绍振批判的"权威"与"传统"更有针对性,指的是五六十年代以社会政治为唯一标准的千篇一律的赞歌式话语方式。

第二,孙绍振提出了社会学与美学的不一致性,突出强调自我表现,理由是:"既然是人创造了社会,就不应该以社会的利益否定个人的利益,既然是人创造了社会的精神文明,就不应该把社会的(时代的)精神作为个人的精神的敌对力量。"孙绍振说:

---

① 孙绍振:《新的美学原则在崛起》,《诗刊》1981年第3期。
② 孙绍振:《新的美学原则在崛起》,《诗刊》1981年第3期。

"在年轻的探索者笔下,人的价值标准发生了巨大的变化,它不完全取决于社会政治标准。社会政治思想只是人的精神世界的一部分,它可以影响,甚至在一定条件下决定某些意识和感情,但是它不能代替,二者有不同的内涵,不同的规律。"[①] 这个特点与中国新时期知识分子对"文革"的反思及自我意识觉醒相关。

第三,孙绍振提出"艺术革新,首先就是与传统的艺术习惯作斗争"。他向青年诗人指出"要突破传统",必须"从传统和审美习惯中吸取某些'合理的内核'",但又认为他们当前面临的矛盾,主要方面还是在于旧的"艺术习惯的顽强惰性"。波德莱尔也说过,不经思考就以过去的美的原则来衡量现在的事物就是"错误的、教条的,这就是懒惰的表现"。关于习惯,孙绍振在文中引用了顾城在《学士札记二》中的一段描述:

> 诗的大敌是习惯——习惯于一种机械的接受方式,习惯于一种"合法"的思维方式,习惯于一种公认的表现方式。习惯是感觉的厚茧,使冷和热都趋于麻木;习惯是感情的面具,使欢乐和痛苦都无从表达,习惯是语言的套轴,使那几个单调而圆滑的词汇循环不已,习惯是精神的狱墙,隔绝了横贯世界的信风,隔绝了爱、理解、信任,隔绝了心海的潮汐。习惯就是停滞,就是沼泽,就是衰老,习惯的终点就是死亡……当诗人用崭新的诗篇,崭新的审美意识粉碎了习惯之后,他和读者将获得再生——重新感知自己和世界。[②]

[①] 孙绍振:《新的美学原则在崛起》,《诗刊》1981年第3期。
[②] 孙绍振:《新的美学原则在崛起》,《诗刊》1981年第3期。

孙绍振赞扬诗坛新崛起的这批诗人勇于"探求那些在传统的美学观看来是危险的禁区和陌生的处女地,而不管通向那里的道路是否覆盖着荆棘和荒草"。孙绍振在这里所说的"传统的美学观念"是一个狭窄的定义,它指的是"十七年"以来"习惯于文艺从属于政治"的观念,孙绍振评价说这群诗人创造的探索沉思的诗风才是真正从"迷信走向了反面"。

孙绍振的这篇文章一经发表就在中国新时期文坛引起了轩然大波,从该文发表的 1981 年起直到 1990 年一直都有学者撰文批评他的"新的美学原则"。如程代熙发表于 1981 年《诗刊》第 4 期的《评〈新的美学原则在崛起〉——与孙绍振同志商榷》一文中直接就否定说"根本不是什么'新的美学原则'"[①],程代熙批评说孙绍振这种把现实生活排除在诗人视野之外的理论事实上是步了西方现代主义文艺的脚迹,即现代主义文学家、艺术家们"把文艺作为表现他们资产阶级、小资产阶级个人主义及无政府主义思想(即否定理性)的唯一手段",现代主义艺术家"不满于生活的牢笼,但在行动上却使自己龟缩在'自我'的深处"。实际上,程代熙所讨论的问题还是现实主义与现代主义之争的问题。继程代熙之后,《诗刊》上还刊发了以下一些文章,但大多都同程代熙一样也都采取了批判的立场。

为了弄清楚孙绍振"新的美学原则"到底在哪些核心层面被讨论,我们有必要对这些批评者的立场和方法进行详细的复述。比如洁泯在《读〈新的美学原则在崛起〉后》一文中明确表示"很赞同程代熙同志的意见",他说:"孙绍振同志说的'新的美学

[①] 程代熙:《评〈新的美学原则在崛起〉——与孙绍振同志商榷》,《诗刊》1981 年第 4 期。

原则'的内容之一是'不屑于作时代精神的号筒,也不屑于表现自我感情世界以外的丰功伟绩';'不是直接去赞美生活,而是追求生活溶解在心灵中的秘密','创造一种探索沉思的传统'。"因此,"'新的美学原则'宣示得很清楚,那就是要回避时代,回避现实,把自己关闭在'自我感情世界'的小天地里。但可惜的是,这和一个社会主义时代的诗人,是十分不相称的"。洁泯将孙绍振所述问题的不当之处归根结底为"'新的美学原则'所要追求的,是超脱于社会现实之外的一种幻想,是现实中虚妄的东西",他说:"孙绍振同志在这里把人和社会作了严重的对立,认为'社会的(时代的)精神'必然会反对'个人的精神'(包括个人幸福、个人利益),成为'敌对力量'。这种对我们的现实社会严重歪曲的观点,实在是到了使人吃惊的地步。由此他就引申出'传统的美学原则'和'革新者'的'美学原则'的'分歧'和'不同'的新原则来,因为社会与个人两者是对立的,甚至是'敌对'的,那么只有把艺术游离于社会之外,潜首到'自我感情世界'中去,才算是完成了此种'革新'。谈的是美学,其实说的是'传统'和'革新者'对于'人的价值标准'分歧的社会现实问题。这是分歧的核心所在。"洁泯在文中还有一段话更为直接地点出了文章的要旨:"十九世纪法国诗人贝朗瑞说:'不要模仿那些为艺术而艺术的人。要努力给自己找到一种对国家或对人类的强烈的信仰,以便使你有可能将自己的努力和思想同祖国或人类联系起来。'表现时代,对祖国伟大事业的强烈的信仰,正是我们的美学原则中所最不可缺少的因素。如果我们的诗人的心灵排除了最美好的时代感,那么我们诗人的心灵将是苍白的。"①

---

① 洁泯:《读〈新的美学原则在崛起〉后》,《诗刊》1981年第6期。

傅子玖、黄后楼《认清方向，前进！——评〈新的美学原则在崛起〉及其他》一文直接批评孙绍振"说到他那据说是'富于历史感和战略眼光'的'美学原则'；其实它并不'新'，也无所谓'崛起'，只不过是步西方现代主义文学的后尘，带着非常浓烈的小资产阶级'自我表现'气味的一种唯心的美学思想的泛起而已"，并说他"这种心造的美学'原则'将美的规律看作是主观创造的产物，无疑是一种唯心论的理论翻版"。因此二人还是从"唯物"还是"唯心"二元对立的老话题上去批评孙绍振的"新的美学原则"，认为它不符合马克思主义的美学原则，而好诗还是应"要求自己与人民的心灵相通，重视诗的社会功能，坚持走现实主义创作道路"。①

王庆璠《评"新的美学原则"》（1982年第3期）从两方面批评孙绍振的"新的美学原则"。第一，他将孙绍振强调诗歌要表现"自我感情世界"的理论出发点归结为是"人的'异化'"和"人性复归"的概括，说孙绍振的逻辑前提是："在我们的社会里，存在着严重的'异化'现象，用他的话来说，它表现为'人异化为自我物质和精神的统治力量的历史'，表现为'社会、阶级、时代……成为（对）个人的统治力量'，简言之，它表现为'社会的利益'与'个人的利益'、'幸福'的对立，'个人与社会的分裂'，'社会的（时代的）精神作为个人的精神的敌对力量'"，因此，还是从个人与社会的关系来讨论其"美学原则"。第二，他说"孙绍振同志在他的'新的美学原则'中自觉、不自觉地抹煞了艺术创作中的理性作用，而将艺术创作中的'非自觉'状态神秘化"，而

---

① 傅子玖、黄后楼：《认清方向，前进！——评〈新的美学原则在崛起〉及其他》，《诗刊》1981年第8期。

这种"对于创作的神秘的非理性主义的解释"是"受了资产阶级的旧的美学思想的影响"——所谓"资产阶级的旧的美学思想",王庆璠认为是"克罗齐的'直觉即表现'、弗洛伊德的荒诞心理学、伯格森的心灵表现说、二十世纪初叶现代派的理论中都能找到它的谱系渊源"。他的观点是"文学艺术创作的全过程始终是一个理性活动过程,它和人们在生活中的思想、实践活动一样,都'属于理性范畴',而不是如孙绍振同志所认为的那样,不'属于理性范畴'。是什么'不由自主的'、'自发的''潜意识'、'下意识''占优势'"。因此,他最后总结道:"只要立足于马克思主义哲学","尤其是唯物主义的反映论的基础之上",孙绍振所说的"非自觉状态"是能够得到合理说明的。它得之于生活经验的积累,得之于对生活及其所包含的意义的严肃的思考、探索和追求,仍然是积极严肃的理性活动的硕果,绝非所谓'潜意识'或'下意识'、非理性的直觉活动的产物。离开马克思主义的哲学立场,去到资产阶级神秘的美学武库中去寻找那种早已过时的武器,是毫无用处的"。①

郑伯农《在"崛起"的声浪面前——对一种文艺思潮的剖析》(1983年第12期)一文更是明确点明了这个问题的核心不过是"社会主义,还是现代主义"的问题。他首先将孙绍振的"新的美学原则"归为中国诗歌界三次"崛起"之一,认为从1980年5月谢冕在《光明日报》上刊登《在新的崛起面前》,接着孙绍振撰写《新的美学原则在崛起》,最后到徐敬亚1983年1月在《当代文艺思潮》上发表的《崛起的诗群》,三次"崛起""一浪高过一浪"是"中国现代派宣言"。郑伯农总结说:"尽管三篇文章作

---

① 王庆璠:《评"新的美学原则"》,《诗刊》1982年第3期。

者的具体意见并不完全一样,他们各自都不能为别人的文章承担责任,但他们在下列基本观点上的立场是共同的:都否定中国新诗所走过的道路,主张改弦更张;都要求中国的诗歌步西方世界的后尘,发展'现代'倾向。""'新诗潮'的一个重要特点是反传统","抨击传统,是为了给发展'新诗潮'、实行'新的美学原则'——即西方现代主义美学原则清扫道路"。由此可见,郑伯农直接把"新的美学原则"等同于了"西方现代主义的美学原则",其特点有二:一是"表现自我",二是"反理性主义"。"总的来说,它是一种对生活失去信心、失去希望的文艺。我们不能去承袭它的世界观、艺术观体系,不能让社会主义文学走现代主义的道路。"而且"现代主义对古典主义讲来,是新出的东西,对于社会主义讲来,决不是什么新出的东西"。从时间上来看,马克思主义文艺理论的介绍比西方现代主义思想要晚,所以才是更新的原则。所以,新诗的发展怎么能倒退呢。因此,郑伯农觉得"把西方现代主义奉为新潮流、'新的美学原则',是颇为滑稽的误会"。①

此外在其他杂志上也有相关的批评文章,如李元洛发表于《诗探索》1981年第3期的《是什么"新的美学原则"?——与孙绍振同志商榷》,该文直接问道:"社会主义诗歌就是'自我表现'吗?""社会主义诗歌要不要表现时代精神?"在这场有关"新诗潮"的争论中,撰文对孙绍振予以支持的学者很少,只有陈志铭发于《诗刊》1981年第8期上的《为"自'我'表现"辩护——与程代熙、孙绍振同志商榷》一文,以及江枫1981年第10期刊登于《诗探索》的文章《沿着为社会主义、为人民的道路前进——

---

① 郑伯农:《在"崛起"的声浪面前——对一种文艺思潮的剖析》,《诗刊》1983年第12期。

为孙绍振一辩与程代熙商榷》。两篇文章也主要集中于诗歌要不要"表现自我"这个问题上进行辩论。

由此可见，无论支持或反对孙绍振的"新的美学原则"，论战双方讨论的焦点还在于——诗歌甚至可扩展到所有的艺术形式——是该"表现时代精神"还是"表现自我"的问题。艺术是模仿还是表现的问题，其争论由来已久。有论者甚至不惜从系谱学的角度上去追溯其"谁先谁后"，仿佛作为创作原则谁预先被使用，谁就掌握了话语权。就此思路，我们也不妨讨论一下"现实主义"的理论渊源，其作为创作原则、作为批评体系，是因为"文化观念的发展中有一个基本的假设，认为一个时期的艺术与当时普遍盛行的'生活方式'有密切的必然的联系，而且还认为，作为上述联系的结果，美学、道德和社会判断之间密切地相互联系着。这样的假设现在已被普遍接受，成为一种思想习惯，人们因此往往不易记住它的根本原因是19世纪思想史的产物。这种假设的最重要形式之一，当然是马克思的学说"[①]。英国马克思主义文化批评家雷蒙斯·威廉斯在其著作《文化与社会》中明确指出，将艺术表现的内容与社会以及生活方式必然联系起来的美学原则是马克思主义思想体系的产物，他还在文中引用克拉克（Sir Kenneth Clark）在《哥特式建筑的复兴》（*The Gothic Revival*）的表述中说："据我所知，18世纪还没有出现艺术风格与社会有机相联和不可避免地来自生活方式的观念。"[②] 因此，阐明"艺术与时代必然关系"的原则，这当然是很奇怪的。当然，用一个时期的艺术来判断产生该艺

[①] 〔英〕雷蒙斯·威廉斯：《文化与社会》，吴淞江、张文定译，北京大学出版社1991年版，第178页。

[②] 〔英〕雷蒙斯·威廉斯：《文化与社会》，吴淞江、张文定译，北京大学出版社1991年版，第178—179页。

术的社会的性质，这的确是一种有效并可使用的批评方法，但这只是方法之一。若把艺术的判断扩大为社会的判断，将对艺术多种形式到讨论被淹没在"艺术与时代必然关系的原则"之下就让人无法认同了。一言以蔽之，80年代这场关于"新的美学原则"的讨论，其主旨还是争论艺术的本质到底是政治还是审美的问题。艺术中政治与审美的关系研究，无论是选择哪种立场，抑或是对审美的强调，其实依旧是政治问题。这其中生动、复杂、微妙的立场与情感均可归属于中国现代化的知识层面的统一心态。正如朱国华后来在讨论"本雅明机械复制艺术理论的中国再生产"时，详细举例分析的"早期的本雅明中国接受者"是如何漠视了本雅明文中强烈的政治关切。他说"我们中国学人"并不关心《机械复制时代的艺术作品》"此篇论文的叙事框架和条件"，而"只是关心作为艺术史和艺术接受史的范式变换的诸概念——零氛艺术/机械复制艺术、膜拜价值/展示价值、凝神专注式接受/消遣性接受"，或者"只是关心本雅明的碎片、影像等概念与后现代主义的勾连"。本雅明在此文中的政治热忱被有意地、系统地过滤了，原因就在于"无论本雅明的实际政治指向是什么，它总有可能把我们带回到'文化大革命'赤裸裸的政治实用主义的痛苦历史记忆中去，因此在此一层面必然会遭到拒绝。从这种意义上说，正是对本雅明思想如此去政治化的非法挪用，在中国当代语境下才可能是具有政治意义的合法挪用"。"在80年代"，"拒绝政治的文艺理论乃是一种从文学艺术屈从于政治权利的审美政治学突围而出的政治姿态，一种秘而不宣的迂回战术"。① 所以，无论是朱光潜"美的本质"的讨论，还是孙绍振的"新的美学原则"，所反叛的"权威"是更具有指涉性

---

① 朱国华：《别一种理论旅行的故事——本雅明机械复制艺术理论的中国再生产》，《文艺研究》2010年第11期。

的"政治权威";颠覆的"传统"是必须"反映时代精神"的创作原则。这是对波德莱尔和本雅明所使用的"现代性"概念的"再生产"。用朱国华的话说"这里就出现了一个悖论:对本雅明的艺术复制理论的中国接受而言,当我们进行去政治化解读的时候,却可能蕴含着强烈的政治诉求"①。

"新的美学原则"之下,孙绍振及其批评者,均以"诗歌"为研究对象,那我们就再将视线拉回到中国的传统诗学领域,到底是呈现社会忧患现实的《三吏》《三别》好,还是"细雨鱼儿出,微风燕子斜"好?同是杜甫诗作,我们不能将"是否反映时代精神"作为唯一原则来判定诗作的好坏。在中国,文学与政治自古以来就缠绕在一起,但是也从没有说过"表现内心与自我"就不如"再现社会现实"了。再比如:

去年今日此门中,人面桃花相映红。
人面不知何处去,桃花依旧笑春风。

这是唐人崔护所作的一首脍炙人口的绝妙好诗。因了孟棨《本事诗》的记载,我们得知"姿质甚美"的崔护在游园时邂逅一位"妖姿媚态"的美人,两情迤逗,情不自胜。越明年,崔护重游南庄,寻之不遇,遂写下此诗。

想来崔护必是多情而又洒脱之人,重游南庄,也应是乘兴而来,兴尽而返,不必非觅得"独倚小桃斜柯伫立"的妖冶女子不可。倒是孟棨有些败兴,煞有介事杜撰女子伤情而死、死而复活,

---

① 朱国华:《别一种理论旅行的故事——本雅明机械复制艺术理论的中国再生产》,《文艺研究》2010 年第 11 期。

才子佳人终成眷属的团圆故事。却不料一来才子佳人必成伉俪落入了精神胜利法的俗套，二来崔诗也没有"长相思，摧心肝"的痛感。富寿荪《千首唐人绝句》说崔诗妙在"前半忆昔，后半感今，今昔相形，怅惘无尽"，可谓的评！该诗好就好在有感而发、清丽自然，昔时"人面"虽美，却未眩惑、沉溺其中；今日佳人难再得，也不至于"衣带渐宽终不悔，为伊消得人憔悴"，只是怅惘，可谓"哀而不伤"。兴起兴尽、抚今追昔之间，隐含了中国诗学中一个颇为精妙的传统——感兴。

"感"，"动人心也"（《说文解字》）；"兴"是"起情"，"有感之辞"（挚虞《文章流别论》）、"托事于物"（郑玄注《周礼》引郑众语）。这里的"事"是情感、兴会、感悟，"物"则是物象、事物、人物。但凡人对自然、社会、人生、历史等有所感触，情动于中，诉诸文辞，皆是"感兴"。如《文心雕龙·物色》说："春秋代序，阴阳惨舒。物色之动，心亦摇焉。"《诗品·序》也说："气之动物，物之感人，故摇荡性情，形诸舞咏。"

"感兴"的道理并不艰深古奥。说它精妙，是因为感兴的诗学是对生活中点滴兴会、感动的记录，并不期待对历史、人生和社会做出多么宏大、深刻的诠释，没有多么丰沛深厚的历史底蕴、宽广沉重的悲悯情怀、费解难懂的哲理玄思，也不追求文辞的雕缛和用典等形式技巧，但它却具有某种天然、素朴的情感力量和艺术魅力，直教人反复咀嚼、悉心品味。就像是这句"桃花依旧笑春风"，惹得千载而下的读者为之怦然心动。"兴"虽起而有节、"情"虽动而无伤大雅，所以不忍释卷，只能陪他一起怅然若失。说到底，这是一种生活的智慧，过于执著，未免心为物役、堕入悲苦；看得太透，则又会寡淡枯寂、了无生趣。真正的趣味，只在于洞明世态、练达人情，在痴迷其中与冷眼旁观之间寻求一个合适的"度"。面对这个"度",语言虽常有力不从心的无奈,没有办法也不可能直接描述它的刻度,却可借由一个个场景、情态的呈现,一次次兴会、感悟的传达,让人灵犀一动,心领神会。因而,在感性的诗学、感性的作品里,题材只是题材、抓手,通常不具备"主题"的宏大意味和"思想"的完整性、一贯性,如果非得给它冠以一个明确的主题,恐怕只能用"生活"这样一个意义繁复丰饶的概念了。

就古代而言,感兴的诗学传统蔚为大观,甚至有人将其称为"诗学之正源,法度之准则"(杨载《诗法家数·诗学正源》)。于近现代而言,因遭遇了"三千年未有之变局"的激烈动荡,革命、建设、改革等成为中国历史首当其冲的要务,加之以西方诗学理论、文学观念的融入,凡斯种种宏大历史命题统摄下的诗学主流,莫不汲汲于国家、民族、社会、历史等宏大主题的反思与重塑,其间人性、审美等超越庸常日用的抽象观念也成为权衡文学、艺术的重要尺度。感兴的诗学传统消隐于默然实存的自在状态,虽不绝如缕,却也无从申张。直到20世纪80年代孙绍振的"新的美学原则"的提出,也遭受了诸多挫折。要等到90年代以后,一个具有"现代"品质的国家、社会和个体生活局面初具规模,生活与历史间的紧张、矛盾得以消解。在一种"生活现代性"崛起的历史形态中,感兴的诗学才重见天日,于是我们看到了"前生代"作家创作的转变,也感受到"新生代""晚生代"创作不同以往、扑面而来的生活气息,尤其是新世纪以后的诗歌,更明确呈现出一种拥抱生活、体味生活、吟咏生活的创作动向,如尹丽川的《生活本该如此严肃》《另一种生活》,雷平阳的《生活》,杨克的《在商品中漫步》……这些诗中有赞美,有质疑,有拥抱,也有反抗,但都在"我始终跑不出自己的生活"之大前提下,或是在商品的包围中"灵魂再度受洗",或是感喟"缓慢的打工生活"。

或许新世纪诗歌所根植的现代性生活形态较之传统而言已然翻天覆地,但其在生活中感兴,借诗遣怀,试图以审美的方式理解和诠释生活本身的诗学意图,却是一以贯之的。就此而言,我们甚至可以说,新世纪的中国诗学,在某种程度上就可以称之为"感兴的诗学"之复兴,而这就是孙绍振心心念之的"新的美学原则的崛起"。无独有偶,新世纪以后,再一次出现了关于"新的美学原则"的争论,其内涵早已不是"现实主义还是现代主义""表现还是再现""社会还是自我"的争论了,其中心议题是有关"日常生活审美化"的讨论。事件的起因是《文艺争鸣》2003 年第 6 期上刊登了一组主题文章,主要包括王德胜《视像与快感——我们时代日常生活的美学现实》、陶东风《日常生活审美化与新文化媒介人的兴起》、金元浦《别了,蛋糕上的酥皮——寻找当下审美性、文学性变革问题的答案》、朱国华《中国人也在诗意地栖居吗?——略论日常生活审美化的语境条件》等。紧接着 2004 年第 3 期鲁枢元发表《评所谓"新的美学原则"的崛起——"审美日常生活化"的价值取向析疑》一文,对上述学者提出来的"新的美学原则"进行质疑;王德胜又撰写《为"新的美学原则"辩护——答鲁枢元教授》发表于 2004 年第 5 期予以回应,直到 2006 年第 5 期再次刊登桑农的文章《"日常生活审美化"论争中的价值问题——兼为"新的美学原则"辩护》。

此时王德胜等人的"新的美学原则",和彼时孙绍振的"新的美学原则"已不是同一概念。从批判特定时期普遍盛行的艺术与"时代精神"、"社会生活"必须有密切的必然的联系,到重新讨论日常生活与审美的关系问题,这绝对不能简单地将其归结为现实主义的"回归"或是"复辟"。如果说孙绍振讨论的"新的美学原则"要挑战"权威和传统的神圣性",表现每个独特的"自我"的日常生活体验与心情。此"生活"是鲜活的每个人的生活,而不必纠结于一定要与国家、民族、社会、历史等宏大主题发生必然联系。但至少在孙绍振那里,审美还是与心灵存在、超越性的精神努力相联系的,确切地说是一种"用心体会"的精神超拔,还属于"审美仅仅与人的心灵存在、超越性的精神努力相联系"的康德美学体系。而新世纪王德胜的"日常生活的美学现实"则更多的指向单纯感官性质的世俗享乐生活,是对"康德式理性主义美学的理想世界的一种现实颠覆"[①]。新世纪"新的美学原则"正以一种压倒性优势瓦解着康德美学体系,一种更具官能诱惑力的实用的美学理想正在日益合法化。"美/审美的日常形象被极尽夸张地'视觉化'了,成为一种凌驾于人的心灵体验、精神努力之上的视觉性存在","这一由人的视觉表达与满足所构筑的日常生活的美学现实"[②],仿佛与波德莱尔对现代生活那"偶然、短暂、稍纵即逝"的现代性定义,和本雅明讨论机械复制技术进步所带来的图像时代之光影体验和瞬息万变的现代生活,都有着无比密切的关联。确切地说,新世纪"新的美学原则"是对80年代"新的美学原则"的颠覆,相隔20年,两个"新的美学原则"之间发生了什么?"现代性"总是乐此不疲地背离"曾经","逐新"是它的本性,它的概念又经历了怎样的变迁,使其再一次"反叛"刚刚确立的美学原则?现代性从"现代主义"面孔,变成了"后现代主义"面孔。美学原则再一次被更新。

[①] 王德胜:《视像与快感——我们时代日常生活的美学现实》,《文艺争鸣》2003年第6期。

[②] 王德胜:《视像与快感——我们时代日常生活的美学现实》,《文艺争鸣》2003年第6期。

第五章 后现代主义：审美现代性的终结

作为一个外来词汇，"现代性"在中国并没有元叙事，它的内涵之变迁完全受控于它被引进的那个时间点上西方的语用语境。因此，它初入中国的时候，正值20世纪初西方现代主义文艺思潮发展的顶峰时期，甚至引用斯彭德在《释现代诗中底现代性》的话说——现代主义的"蛟龙时代"已然要过去了。于是在西方，50年代末和60年代初，"现代性"的危机已被思想家察觉到，这个时刻，后来被视为后现代主义的断裂。但是在中国，对"现代性"概念的解释并没有在"这个时刻"与后现代主义发生联系，而是转向了"社会主义现实主义"。新时期以后，对现代主义的重新认识同时也伴随着后现代主义的介绍与研究，也因此"现代性"呈现出了更为混乱和复杂的意义。于是，当很多中国学者还在和孙绍振争论到底是"现实主义"还是"现代主义"之际，"后现代主义"话题已然在中国展开讨论。1991年《国外社会科学》第1期上，刊登了一篇郭小平的译文，作者是美国学者罗克莫尔，文章题为《现代性与理性：哈贝马斯与黑格尔》，作者一开始就直截了当地描述说"近年来现代性（modernity）已成为越来越多的人所熟悉的哲学课题"，"为什么哲学家们近来热衷于研究现代性"，"一个显然的理由是，人们对相关的文化运动譬如法国的后现代主义的本质有了日益增长的兴趣。毋需说，无论人们为哪一种观点辩护，后现代主义这一观念本身显然最终还会回溯到现代上来，它自身表现为与后者相关的一种延续"。[1] 90年代之后，"现代性"概念的讨论呈现出更为热闹的景观，原因就在于作为明确"反现代"的后现代主义的引入和探讨，使人们更为迫切的需要弄清楚"现代性"的边界、内涵和规则，在此基础之上才能够对后现代性、后现代主义有更为清醒的认识。就像俗语常说的那样，人们反而是在批评和反对声中更清晰地认识了自己。

"现代性"是现代化的结果，这一结果使得现代社会与传统社会有了质的区别，在此意义上，"现代性"即现代社会区别于传统社会的根本特性。但是，在现代社会中又出现了新的转折，即从工业社会转向了后工业社会和消费社会，这些社会区别于现代社会的特征，即"后现代性"。作为一种新的社会发展阶段的表征，"后现代性"在文艺、哲学思潮上针对现代主义风格或现代主义叙事的批评，我们称为后现代主义。有的学者问道："后现代主义确实存在吗？如果存在，那么它意味着什么？它是一个概念抑或一种实践？一种区域风格抑或一整个新时期或经济发展阶段？它的形式、效果、地位是什么？我们如何去标明它的降临？我们真的超越了现代而处在所谓后工业时代？"[2]

中国知识分子对"后现代主义"概念的全面认知是来自1985年詹明信访华讲学。在之后的七年，直到新时期结束，中国学者对后现代性、后工业社会、晚期资本主义等概念的接受与译介，

---

[1] 〔美〕T. 罗克莫尔：《现代性与理性：哈贝马斯与黑格尔》，郭小平译，《国外社会科学》1991年第1期。
[2] 〔英〕霍·福斯特：《反审美：后现代主义的走向》，王一川译，见王岳川、尚水编：《后现代主义文化与美学》，北京大学出版社1992年版，第252页。

大多来自下面这些重要思想家的经典著述——韦伯对新教伦理与资本主义精神关系的探讨；贝尔对资本主义文化矛盾的批评；以及詹明信对晚期资本主义文化逻辑的总结；哈贝马斯在建构自己的"现代性方案"时也对晚期资本主义特点进行了评估；利奥塔对后现代状态的报告。这些理论家们虽都指向"后现代性"问题，讨论第二次世界大战以来，西方社会发生的一系列新的变化，以及面对这些变化，试图对其出现的新特点以及特征进行描述和总结。但他们都各自拥有自己庞大的理论体系，要充分地论述这些差异，就必定需要远比一个章节所允许的文字要多的篇幅。因此本章只重点关注他们有关"现代性"概念的讨论；侧重描绘各位思想家的"现代性"文本进入中国的过程；内容主要涉及三个方面：一是后工业社会或晚期资本主义社会特征与"现代性"的关系问题；二是在对后现代主义、现代主义、现实主义的基本特征总结中定义"现代性"；最后，讨论后现代主义是不是真的意味着"审美现代性"的终结。

第一节　后工业社会的来临与"现代性"危机

20世纪60年代，美国文艺界掀起了有关"现代性"的第二波论战，从现代主义衰竭，转向后现代主义崛起，对垒的有丹尼尔·贝尔、屈瑞林、哈贝马斯、桑塔格等人，一方谴责后现代主义带来的混乱，要求规范文艺，重建信仰，恢复秩序；一方坚信启蒙工程并未失败，不可放弃理想。[①] 双方的焦点就在如何解释

---

① 赵一凡：《现代性的趋势》，《美术观察》2002年第6期。

和评价生成后现代主义的社会状况。1963 年,在社会学领域出现了"后工业社会"这个概念,它还有很多其他表达方式,如晚期资本主义社会、后现代化社会、后经济社会,还有服务社会、信息社会等等。后现代主义、后现代性等概念的生成与之密切相关,后现代主义思潮是后现代社会(后工业社会、信息社会、晚期资本主义等)的产物。当新时期以后我国知识分子将目光再次投向世界时,伴随着现代主义、后现代主义等文艺思潮进入中国的同时,很多人都特别关注中国社会与西方社会之间的在各个领域的错位程度,于是也就对描述西方社会状况的作品特别关注,如詹明信 80 年代中期在北大做的有关"后现代主义和文化理论"的演讲;丹尼尔·贝尔对后工业社会和资本主义文化矛盾的反思;马克思·韦伯对新教伦理与资本主义精神的解读;以及哈贝马斯对晚期资本主义社会的描述。

一、詹明信来华始末与"文化分期"

中国学术界有一个基本的共识,即是詹明信把"后现代主义"理论带入了中国。美国学者詹明信是中国新时期以来学术界最熟悉的朋友,他曾先后四次到中国进行讲学和学术交流[①],几乎所有的著作在中国都有译本。(见下表 1)

[①] 詹明信四次来华时间为:第一次,1985 年 9 月至 12 月,北京大学讲学;第二次,1997 年 6 月 20 日至 7 月 9 日来华参加由中国社会科学院外文所和湖南师范大学在长沙联合举办的"批评理论:中国和西方"国际研讨会;第三次,2002 年夏 7 月,在中国社会科学院外文所(7 月 31 日,题为"当下时代的倒退")和上海华东师范大学(7 月 28 日题为"现代性的幽灵")做了报告;第四次,2012 年 12 月,年近八十的詹明信再次访问中国,在北京大学和上海华东师范大学发表学术演讲,题为"奇异性美学:全球化时代的资本主义文化逻辑"(2012 年 12 月 12 日)。

表1 詹明信专著年表及中译本时间对比

著作名称	中译本名称	原著出版时间	中文译本发表时间
Sartre: The Origins of a Style	《萨特：一种风格的始源》	1961	
Marxism and Form	《马克思主义与形式》	1971	1997
The Prison-House of Language	《语言的牢笼》	1972	1997 2010
Fables of Aggression: Wyndham Lewis, the Modernist as Fascist	《侵略的寓言：温德姆·路易斯，作为法西斯主义的现代主义者》	1979	
The Political Unconscious: Narrative as a Socially Symbolic Act	《政治无意识：作为社会象征行为的叙事》	1981	1999 2011重印
The Ideologies of Theory, Essays 1971-1986 Vol.1 Situations of Theory; Vol.2 The Syntax of History	《理论的意识形态》 第1卷：《理论的境遇》 第2卷：《历史的句法》	1988	
Late Marxism	《后期马克思主义》	1990	2008
Post Modernism, or, the Cultural Logic of Late Capitalism	《后现代主义，或晚期资本主义的文化逻辑》	1991	1997
Signatures of the Visible	《可见的签名》	1991	2012
The Geopolitical Aesthetic	《地缘政治美学》	1992	
The Seeds of Time	《时间的种子》	1994	1997 2006
The Cultural Turn	《文化转向》	1998	2000

（续表）

著作名称	中译本名称	原著出版时间	中文译本发表时间
Brecht and Method	《布莱希特与方法》	2000	1998
A Singular Modernity	《单一的现代性》	2003	2005
Archaeologies of the Future	《未来的考古学》	2005	

詹明信的学术生涯开始于20世纪60年代末期，在1985年来华讲学之前公开发表专著5部，论文90余篇[①]。他早期的主要著作及大部分文章，"旨在发展一种反主流的文学批评，也就是反对当时仍然居统治地位的形式主义和保守的新批评模式"，即讨论后现代主义的来临；同时，"20世纪60年代末和70年代初，黑格尔式的马克思主义在欧洲和美国出现"，詹明信在其《马克思主义和形式》(*Marxism and Form*, 1971) 一书中对这一思想进行了介绍和阐释；詹明信还提供了其他一些马克思主义者的基本观点，如阿多诺、本雅明、马尔库塞、布洛赫、卢卡契和萨特等人的理论及著作。马克思主义一直是詹明信著作的主线，因此，这既是詹明信对中国情有独钟的原因，也是80年代的中国学界广泛接受詹明信的理由。关于詹明信的学术思想从80年代起就有各种评价与论述，与詹明信相交多年的王逢振教授，还有其在中国招收的博士生唐小兵、张旭东等人更是凭借天时地利人和之便撰写了大量研究詹明信的文章。此处重提詹明信来华讲学一事的目的是要厘清被詹明信介绍进入中国的"后现代主义理论"与"现代性"之间的关系，他为新时期中国"现代性"概念的生成提供了哪些理论

---

① 王逢振主编：《詹姆逊文集3：文化研究和政治意识》，中国人民大学出版社2004年版，第430—445页。

背景？他的"后现代主义文化"理论一定带有他独特的思考印迹，而这些对当时的中国又产生了哪些影响？

詹明信 1985 年来华讲学完全可归功于他与中国社会科学院外文所的王逢振教授建立的深厚友情。关于詹明信教授 1985 年来华前后的细节，王逢振先生曾经有过一段详细的回忆：

> 1982 年秋，我到加州大学洛杉矶分校做访问学者，正好 11 月詹姆逊应邀到那里讲学，大概因为他是马克思主义批评家，想了解中国，便主动与我联系，通过该校的罗伯特·曼尼吉斯（Robert Maniquis）教授约我一起吃饭，并送给我两本他写的书：《马克思主义与形式》和《政治无意识》，还邀请我次年到他任教的加州大学圣克鲁兹分校访问。
>
> 说实在的，我当时读不懂他送的两本书，只好硬着头皮读。我想，读了，总会知道一点，交流起来也有话说，读不懂的地方还可以问。1983 年春天，我应邀去了圣克鲁兹，我对他说有些东西读不懂。他表示理解，并耐心地向我进行解释。我们在一起待了一个星期。我住在他家里，并通过他的安排，会见了著名学者海登·怀特和诺曼·布朗（Norman Brown）等人，还作了两次演讲——因为当时我在《世界文学》编辑部工作，主要是介绍中国翻译外国文学的情况。
>
> 1983 年夏天，我们一起参加了在伊利诺伊（厄班纳—上滨）召开的"对马克思主义和文化的重新阐释"的国际会议——正是在这次会议上，我认识了一些著名学者，如佩里·安德森［英］、G. 佩特洛维奇（Gajo Petrovic）［南斯拉夫］、亨利·勒费弗尔（Heri Lefebvre）［法］和弗朗哥·莫雷蒂（Franco Moretti）［意］等人（我在会议上的发言与他们的

发言后来一起被收入到了《马克思主义和文化阐释》一书）。此后，1985 年，我通过当时在北大国政系工作的校友龚文库的帮助和安排，由北大邀请詹姆逊作了颇有影响的关于后现代文化的系列演讲。他在北京的四个月期间，常到我家做客。后来我到杜克大学访问，也住在他家里。

……

1985 年，他刚调到杜克大学时，该校给了他一些特殊待遇。正是这些特殊待遇，使他得以在 1985 年秋到中国讲学一个学期（他的系列演讲即后来出版的《后现代主义和文化》），并从中国招收了两名博士研究生：唐小兵和李黎。唐小兵现在是南加州大学教授，李黎是中美文化交流基金会董事长。由于詹姆逊对中国情有独钟，后来又从中国招收过三名博士生，并给予全额奖学金，他们分别是张旭东、王一蔓和蒋洪生。张旭东现在已是纽约大学的教授。[①]

从这段回忆里，可以得到以下几点信息：第一，詹明信对中国的介入是主动而积极的，这与 80 年代中国集体向西方学习、补课的情形不同，这是新时期以来西方学术界主动进入中国的一次重要事件。第二，詹明信的中国之行促成之人是王逢振，而他与詹明信所建立的友情，又促使他通过詹明信认识了更多的西方理论家和批评家，这些人的著作在新时期后期的中国都有译文出现，所以从此意义上来说，二者相识、交往的意义又是不可估量的。第三，詹明信在中国招收了五位博士研究生——唐小兵、李黎、张旭东、王一蔓和蒋洪生，其中唐小兵与张旭东是詹明信文章的

---

① 王逢振：《交锋：21 位著名批评家访谈录》，上海人民出版社 2007 年版，第 6—8 页。

主要翻译者，而张旭东对本雅明理论的翻译也与师从詹明信有关。

詹明信 1985 年来华停留时间共四个月，从 9 月至 12 月，是一个完整的秋季学期。最终成行在官方上是应北京大学比较文学研究所和国际政治系之请，在北京大学开设有关当代西方文化理论的专题课。"听讲的学生来自中文系、西语系和国际政治系，还有一些来自美国和苏联的留学生。他的课非常严格地按每周 6 小时进行，用英文讲授，同时由英语系的唐小兵①用每周 3 小时向英语较差的同学进行辅助性翻译复述。"②后来出版的讲演录《后现代主义与文化理论——杰姆逊教授讲演录》"就是根据杰姆逊教授的上课录音，由唐小兵翻译整理而成"③的。该讲演录在最初发行时就分别于 1986、1987 年发行了两版，后又于 1997 年和 2005 年发行两版，一本书在 20 年间再版四次，足见其影响之大。有人称詹明信这次来华讲学的影响为"飓风式效应"，后来对他这次中国之行为什么会取得这么大的影响，学界的意见还是比较一致的，就是因为"当时的中国文化思想界，整体上还继承着'五四'以来的启蒙主义，沉浸在对现代性的仰望中。詹明信教授带来的'后现代'诸种理论，突然将现代性及其诸位大师挤到思想史的边缘，福柯、格雷马斯、哈桑、拉康等等一大批后现代理论家占据了前

---

① 唐小兵，1984 年毕业于北京大学英语系，1991 年获美国杜克大学文学博士学位，1991 年至 1995 年任教于美国科罗拉多州大学，1995 年至 2005 年任教于芝加哥大学，2005 年至今任美国南加州大学东亚系及比较文学系教授、东亚系主任。代表作有《全球空间与现代性的民族主义论述：论梁启超的历史思想》（斯坦福大学出版社，1996），《中国现代：英雄的与日常的》（杜克大学出版社，2000），以及最新的《中国先锋派的起源：现代木刻运动》（加州大学出版社，2007）。
② 〔美〕弗雷德里克·杰姆逊：《后现代主义与文化理论——杰姆逊教授讲演录》，唐小兵译，陕西师范大学出版社 1987 年版，第 1 页。
③ 〔美〕弗雷德里克·杰姆逊：《后现代主义与文化理论——杰姆逊教授讲演录》，唐小兵译，陕西师范大学出版社 1987 年版，第 1 页。

台。此时,中国学者蓦然意识到西方当代文化理论和文学理论已经今非昔比,都变成了'后'的天下,詹姆逊由此也成为把后现代文化理论引入中国大陆的'启蒙'人物,备受推崇"[①]。

这段评论是符合 1985 年左右中国思想界现状的。詹明信在课上所提到的后现代主义和文化理论在当时的中国理论界完全是一个新鲜的事物。在此之前中国接触后现代理论的学者特别少,比如,詹明信在同年深圳大学和北京大学联合举办的中西比较文学讲习班的讲稿《现实主义、现代主义、后现代主义》里直接表述过这样的事实,他说:

> 正如本文的题目所示,在划分文学时代的尝试中,我选择了大家熟悉、惯用了的术语。"后现代主义"这个术语人们可能还不太了解,但有迹象表明,它很快就会象"现实主义"和"现代主义"一样被广泛、随便使用。[②]

因此对詹明信的第一次来华,所受到的一边倒的赞誉就不足为奇了,一个还不知道"后现代主义"为何物的中国理论界,是没有立场提出质疑与反对的。当 2002 年詹明信再次来华进行演讲时受到"质疑"和"批评"的状况就与这次的情境大不相同了。詹明信教授在 1985 年的这次专题课程的最重要的理论价值主要有两点:一是他的"文化分期"第一次为中国学者清晰地呈现了西方社会的发展脉络,对晚期资本主义的文化特征做了描述;二是他结合对电影、新闻、电视、广播、建筑、绘画、文学、时装、

---

① 百度百科"弗雷德里克·詹姆逊"条目。
② 〔美〕詹明信:《现实主义、现代主义、后现代主义》,《文艺研究》1986 年第 3 期。

摄影、广告等文化工业的新生活方式的精彩分析，对后当代文化和后现代主义特征做了总结。

"文化分期"理论首先是从他对"文化"的界定开始的，选择这种溯源式的讲授方式，是中国学生补充欠缺后现代知识的实际需要。他在讲演的引论部分首先阐释了"文化"的三种含义，他说：第一，"'文化'相当于德语中的 Bildung，意即个性的形成，个人的培养。（浪漫主义时代的概念）"。第二，"是文明化了的人类所进行的一切活动，文化与自然是相对的"。（"人类学意义上的定义，最明确的定义由弗兰茨·波瓦斯 [Frantzr Boas] 给出"）第三，"即日常生活中的吟诗、绘画、看戏、看电影之类，这种文化和贸易、金钱、工业是相对的，和日常工作是相对立的"。① 在詹明信看来，以上三种含义已经不能解释我们今天的"文化"，他认为在现在的社会里，这种文化和工业，和贸易金钱已经紧密相联，在我们的时代里，已经面临着新的"文化文本"，即法兰克福学派所称的"文化工业"。所以，詹明信提出："在不同的阶段，文化的作用、含义和地位是不一样的，是在转变的。因此文化中有着'分期'，有历史阶段。"② 詹明信的"文化分期"是他将要论述的晚期资本主义或后现代主义特征的一个背景，因此将其说清楚至关重要。他参照了德鲁兹和加塔里的历史模式，以及索绪尔的符号系统模式，将人类社会发展分成五个阶段。参考詹明信的《后现代主义与文化理论——杰姆逊教授讲演录》讲稿，及中西比较文学讲习班的讲稿《现实主义、现代主义、后现代主义》一文，可

---

① 〔美〕弗雷德里克·杰姆逊：《后现代主义与文化理论——杰姆逊教授讲演录》，唐小兵译，陕西师范大学出版社 1987 年版，第 2—3 页。
② 〔美〕弗雷德里克·杰姆逊：《后现代主义与文化理论——杰姆逊教授讲演录》，唐小兵译，陕西师范大学出版社 1987 年版，第 3 页。

见詹明信"文化分期"如下：

表 2 詹明信"文化分期"对照表

詹明信：历史分期描述	詹明信：资本主义经历的三个阶段	文学时代划分	德鲁兹和加塔里的历史模式（《反欧狄浦斯》）	索绪尔符号系统模式	生产力
上古时期，原始时代			"规范形成"时期	语言具有一种完全不同的结构和作用	
神圣帝国时代			"过量规范形成"时期		
资本主义时代	国家资本主义阶段	现实主义	"规范解体"时期	参符产生的时代（文学语言和科学描述中产生说明性语汇的时代）	
新生的垄断资本主义的世界体系（帝国主义）	列宁的垄断资本或帝国主义阶段	现代主义（从1857年波德莱尔出版《恶之花》开始，到1930年前后德国纳粹分子上台之后）	"规范重建"时期	只剩指符和意符的结合	物化的力量
多民族的资本主义或失去了中心的世界资本主义的形势	二次大战之后的资本主义（晚期资本主义/多国化的资本主义）	后现代主义（特征：文化工业的出现）	患精神分裂症的人，否定一切的人	只剩自动的指符（只有纯指符本身所有的一种新奇的、自动的逻辑、本文、文字、精神分裂症患者的语言）	

由上表可知，詹明信是把现实主义、现代主义、后现代主义放置入一个更大的、更抽象的统一的模式中，从它们的相互联系和对照中加以界定的。詹明信概括出了晚期资本主义的文化特征："在继国家资本主义、垄断资本主义（帝国主义）而后的晚期资本主义，是一个全商品化了的、技术高度发达的信息社会。在这样的社会中，个人对时间和空间的感受产生了新的变化，历史的深度消失了。多民族、无中心、反权威、叙述化、零散化、无深度等概念是这个社会的主要文化特征，后现代主义是对这些特征的概括。"[①] 后现代主义是什么？詹明信曾在 1984 年夏天在《新左派评论》发表过一篇长达 40 页的文章，专门探讨了这个问题。詹明信说，这篇文章他采取的立场是，提出了"后现代主义作品和文化经验所缺乏的一系列性质"，而"这些性质在现代主义阶段似乎是最基本、最有意义的"，他是在这种对比中描述了后现代主义的基本特征。

自詹明信起，中国知识分子对"现代性"的探讨，从现代主义开始转向后现代主义。原本对"现代性"的批判，是现代主义特征所决定的，当后现代主义进入之后，"现代性"的概念和内涵发生了一些改变，除了历史时间观念的改变，以及传统与先锋关系的颠覆，詹明信在演讲里还为"现代性"概念增加了"暴力""宗教"和"身体"的维度，尽管这些含义并不是由他最早讨论与演绎的，但至少对 80 年代的中国学者来说是最新鲜的。詹明信用这三个概念来说明晚期资本主义社会与以前社会的根本不同：

[①] 乐黛云：《〈后现代主义与文化理论——杰姆逊教授讲演录〉序》，见〔美〕弗雷德里克·杰姆逊：《后现代主义与文化理论——杰姆逊教授讲演录》，唐小兵译，陕西师范大学出版社 1987 年版，第 1—2 页。

首先关于"暴力",他引入了福柯的"知识即权力"理论[①]来予以解释,他认为所谓权力另一方面就是暴力的象征,詹明信说:"当时很多美国人对印第安社会的研究是与屠杀印第安人同时进行的。这正符合米歇尔·福柯对知识的认识,他指出知识就是权力的表现,认识他人也就是强加权力于他人,控制他人","人类学的出现是与原始部落群的侵略屠杀分不开的"。所以"现代性"曾引以为傲的利器——"现代文化和科学正在摧毁已经越来越少的原始社会"[②]。其次关于"宗教",詹明信说:"在早期的社会里,宗教在社会中包括了所有上层建筑。宗教包括了文化,和政治结合在一起,而且其本身就是法律,就是伦理标准。只是在进步了的社会,只是在资本主义、个人主义出现之后,上层建筑的各层次才分离开来。宗教失去了其统治地位,不再将上层建筑的各个层次联系在一起。"[③]他分析说"19世纪末大规模的工业化,城市的扩展,以及神圣感的失去,使诗人们眼中的世界成了一片《荒原》,没有水,没有生命,一切都已经死亡。艺术家诗人们于是创造了另一种宗教,旧的宗教已经被摧毁了,从根本上失去了其神圣性,新的宗教即艺术宗教便被诗人艺术家们创造了出来。这正是现代主义的基础,在一片干涸的荒原上创造新的神圣的东西,创造新的神秘。这种艺术就是一种再符码化,是个人而不再是集体完成的东西"[④],而目前连"艺术宗教"的神圣感也失却了,于是,就出现

[①] 〔美〕弗雷德里克·杰姆逊:《后现代主义与文化理论——杰姆逊教授讲演录》,唐小兵译,陕西师范大学出版社1987年版,第12页。
[②] 〔美〕弗雷德里克·杰姆逊:《后现代主义与文化理论——杰姆逊教授讲演录》,唐小兵译,陕西师范大学出版社1987年版,第9页。
[③] 〔美〕弗雷德里克·杰姆逊:《后现代主义与文化理论——杰姆逊教授讲演录》,唐小兵译,陕西师范大学出版社1987年版,第28页。
[④] 〔美〕弗雷德里克·杰姆逊:《后现代主义与文化理论——杰姆逊教授讲演录》,唐小兵译,陕西师范大学出版社1987年版,第19页。

了后现代主义;最后关于"身体",詹明信总结说"过去对客观世界的了解,或了解世界的方法,都是建立在对感官知觉的绝对信任基础上的","而新的科学则是对身体感官的彻底决裂。新的科学宣布人的感官不是能获得科学知识的器官,我们不能相信我们的视力、嗅觉和触觉","与清教教义相同的是对人的身体的不信任",科学宣布"不能相信我们的身体,不能通过身体获得知识","但这时的科学似乎认为视力是唯一可以相信的感官","在后来的科学发展中视力获得了特殊的权威,变成了一种控制的形式。这也是西方的特点之一,即对视力的绝对服从"①,基于此理论,詹明信可以说开启了中国学者关于视觉、图像美学理论的探讨与解读。

总之,詹明信在新时期中国的主动介入是一件影响深远的事件,尤其是在中国学界还在讨论"是现实主义,还是现代主义"的时候,詹明信给中国知识界带来了特别陌生的"后现代主义",这一方面更加搅浑了中国新时期有关现实主义、现代主义之争的混战局面;另一方面又的确为有关"现代性"的言说增加了新的维度;开拓了中国学者的视野。

二、丹尼尔·贝尔:"后工业社会"与资本主义文化矛盾

美国著名社会科学家和政治哲学家丹尼尔·贝尔(Daniel Bell,1919—2011)于1973年推出了自己最新的研究成果《后工业社会的来临》,"率先从后工业社会理论入手,直观后现代文化,占据了对后现代主义研究中全景阐释的优越地位"②。国内对此书的

---

① 〔美〕弗雷德里克·杰姆逊:《后现代主义与文化理论——杰姆逊教授讲演录》,唐小兵译,陕西师范大学出版社1987年版,第42页。
② 王岳川:《后现代主义文化逻辑(代序)》,见王岳川、尚水编:《后现代主义文化与美学》,北京大学出版社1992年版,第7页。

译介始于1984年，最早有两个译本，一个是由商务印书馆1984年12月出版，译者是高铦、王宏周、魏章玲；另一个版本是彭强翻译的简明本，由科学普及出版社1985年6月出版。这与詹明信将"晚期资本主义"概念介绍进入中国的时间差不多。贝尔对"现代性"的批判以他对后工业社会特征的总结为基础，后来哈贝马斯对贝尔的批评也与他对后现代社会的文化矛盾论述相关。因此，只要我们厘清贝尔"后工业社会"概念的内涵，就能掌握他对"现代性"概念的言说立场。

贝尔曾指出，他之所以提出"后工业社会"概念，"而不叫做知识社会、信息社会或专业社会，乃是侧重于指出西方社会仍处于一种巨大的历史变革之中，旧的社会关系、现有的权力结构，以及资产阶级的文化都正在迅速销蚀"。他认为"动荡的根源来自科技和文化两个方面"。他说"在社会发展问题上用'后'这一个缀语，一方面是对业已逝去，而另一方面也是对尚未到来的未来先进工业社会感到迷惘的'生活于间隙时期的感受'，意在说明人们正在进入的一种过渡性时代。正是基于这样一种不前不后的'过渡间隙感'，贝尔意识到世界正处于新变革的前夜"。"据此，贝尔否定以生产关系划分社会形态，而主张按工业化程度把世界分为三种社会，从而展开了他自己的后工业社会理论。在他看来，后工业社会（美国）是不同于前工业社会（亚非拉各国）和工业社会（西欧、苏联、日本）的新型社会。"[①] 三者之间存在巨大差异，具体内容可参看下表3：

---

① 王岳川：《后现代主义文化逻辑（代序）》，见王岳川、尚水编：《后现代主义文化与美学》，北京大学出版社1992年版，第7页。

表3 丹尼尔·贝尔社会分期对照表

	前工业社会	工业社会	后工业社会
代表国家	亚非拉各国	西欧、苏联、日本	美国
社会特征	"意图"是同"自然界的竞争",它的资源来自采掘工业,它受到报酬递减率的制约,生产率低下	"意图"是"同加工的自然界竞争",它以人与机器之间的关系为中心,利用能源来把自然环境改变为技术环境	"意图"是"人与人之间的竞争",在后工业社会里,以信息为基础的智能技术同机械技术并驾齐驱
时间视点	面向过去的倾向	着重考虑适应性调整,强调根据趋势作出推测和估计	面向未来的倾向,强调预测

贝尔认为,"'后工业社会'的概念强调理论知识的中心地位是组织新技术、经济增长和社会阶层的一个'中轴'。后工业社会意味着新中轴结构和中轴原理的兴起:从商品生产社会转变为信息或知识社会;而且在知识方式上,抽象的中轴从经验主义或者试验成败的修修补补转变为指导发明和制定政策理论和理论知识的汇编"[1]。有关后现代文化的研究,贝尔在他的另一部著作《资本主义文化矛盾》中更进一层地展开。

"1976年,美国建国两百年之际,哈佛教授丹尼尔·贝尔发表《资本主义文化矛盾》,提出资本主义经济、政治、文化三领域的冲突理论。站在保守立场,贝尔谴责后现代主义造成的混乱,要求规范文艺,重建信仰,回复秩序。"[2] 在贝尔眼中,"战后美国文化堪称礼崩乐坏、江河日下","这些后现代作品的通病",是"全

---

[1] 王岳川:《后现代主义文化逻辑(代序)》,见王岳川、尚水编:《后现代主义文化与美学》,北京大学出版社1992年版,第8页。

[2] 赵一凡:《现代性的趋势》,《美术观察》2002年第6期。

然摒弃我们的思想习惯与文学准则","如果说现代派还多少表现一些人性,后现代作家则只会虚构反英雄及其荒诞经历"。① 作为贝尔这部巨著的最初翻译者之一,赵一凡的以上总结说出了贝尔的整体"现代性"立场。哈贝马斯后来发表的《现代性:一项未竟工程》明确表示批驳的就是贝尔在此文中的主要思想,这标志着有关"现代性"的新一波论战的开始。丹尼尔·贝尔的《资本主义文化矛盾》最早是由赵一凡、蒲隆、任晓晋译介过来的,1989年由生活·读书·新知三联书店出版,收录于《文化:中国与世界》系列丛书的《现代西方学术文库》。具体分工是:"赵一凡负责序言、前言和第一章,蒲隆负责第二、三章,任晓晋负责剩余三章","因时间紧迫,曾邀请周发祥和王义国同志初译和补译了第一章和第六章部分内容","全书的串通修改及书后译名对照表由赵一凡担任";另外"贝尔教授于忙碌中来函询问翻译情况,并通过他在哈佛的中国博士生丁学良同学向译者提供技术咨询"。②

贝尔的学术与思想结构,是一种"组合型"的方式,有人评价说他"在经济领域是社会主义者,在政治上是自由主义者,而在文化方面是保守主义者"③,这种思想"已在美国学术界得到承认和重视,并被当作一种典型的'现代思想模式'加以评论"④。贝尔的理论被称为"三领域对立学说",赵一凡总结其要点是:

---

① 赵一凡:《现代性的趋势》,《美术观察》2002年第6期。
② 〔美〕丹尼尔·贝尔:《资本主义文化矛盾》,赵一凡、蒲隆、任晓晋译,生活·读书·新知三联书店1989年版,第19页。
③ 此评价是朗恩·切尔纳在其文章《丹尼尔·贝尔的文化矛盾》中所说,该文载于《变革》杂志1973年3月号,第12页。(赵一凡注)
④ 〔美〕丹尼尔·贝尔:《资本主义文化矛盾》,赵一凡、蒲隆、任晓晋译,生活·读书·新知三联书店1989年版,第2页。

贝尔在《资本主义文化矛盾》一书中集中探讨了当代西方社会的内部结构脱节与断裂问题。他的基本判断是：资本主义历经二百余年的发展和演变，已形成它在经济、政治与文化（狭窄定义上的文化，指由文学、艺术、宗教和思想组成的负责诠释人生意义的部门）三大领域间的根本性对立冲突。这三个领域相互独立，分别围绕自身的轴心原则，以不同的节律交错运转，甚至逆向摩擦。随着后工业化社会的到来，这种价值观念和品格构造方面的冲突将更加突出，难以扼制——这是贝尔有关当代资本主义文化总体批评的出发点。①

贝尔对资本主义文化矛盾和后工业化时代特点的分析主要集中在本书的第一部分，1989 年生活・读书・新知三联书店出版的这个版本第一部分的主题译为：现代主义的双重羁绊。贝尔原著此部分的英文原文是"The Double Bind of Modernity"，由此我们可知，赵一凡等人把 modernity 译为"现代主义"，这一方面说明中国学术界还存在着把"现代性"和"现代主义"等同的现象，而且很有意思的是，很多西方思想家也把现代性等同于现代主义使用，正是在这个意义上，他们说"现代性已经终结"了；另一方面，这也说明中国学界还未对"后现代主义"理论形成完整和统一的认识。到 2010 年江苏人民出版社发行严蓓雯的新译本时，第一部分的主题即译为"现代性的双重羁绊"，这种变化说明了中国学界在"现代性"概念的认识上渐趋成熟与完善。

贝尔以他自己提出来的"三领域对立学说"作为自己文化总

---

① 赵一凡：《〈资本主义文化矛盾〉中译文绪言：贝尔学术思想评介》，见〔美〕丹尼尔・贝尔：《资本主义文化矛盾》，赵一凡、蒲隆、任晓晋译，生活・读书・新知三联书店 1989 年版，第 9—10 页。

体批判理论的出发点,"认为历时 200 多年的资本主义的发展,已经形成在经济、政治、文化之间的根本性对立冲突。随着后工业社会的来临,三个领域之间价值观念和品格构造方面的矛盾将更加尖锐"①。王岳川先生在《后现代主义文化与美学》论文集的"后现代主义文化逻辑"(代序)中评价说:

> 贝尔的高明之处在于,他并没有简单地排列社会领域的矛盾形式,而是紧紧围绕"文化"这一中心,展开后现代文化剖析。在经济主宰社会生活、文化商品化趋势严重、高科技变成当代人类图腾的压迫局面下,变革缓慢的文化阵营步步退却抵抗,强化自身的专利特征和自治能力。人文科学在自然科学全面侵占的处境下,呼吁为科学技术和人文科学"划界",以争得一块合法生存的地盘。但文化本身的积淀性和扬弃性,完全不同于科技的革命性和创新取代性。科技以不断推翻陈说、标新立异而高歌猛进;而文化却不能完全丢掉自己立足其间的历史与传统,相反,它步步退却(寻根),不断返回存在的本源去发现生活的意义。②

贝尔在对以上的后现代文化本质特征的论述之上进一步表达了他对后现代主义的批判立场。贝尔"站在新保守主义的立场上,通过后现代精神、文化、美学、文艺批评等多方面考察,认为成为反文化的后现代主义是现代主义极端扩张而导致的文化霸权局

---

① 王岳川:《后现代主义文化逻辑(代序)》,见王岳川、尚水编:《后现代主义文化与美学》,北京大学出版社 1992 年版,第 8 页。
② 王岳川:《后现代主义文化逻辑(代序)》,见王岳川、尚水编:《后现代主义文化与美学》,北京大学出版社 1992 年版,第 8 页。

面，它意味着话语沟通和制约的无效，鼓励文化渎神与信仰悼亡"①。因此，贝尔总结的后现代主义特征就极具批判性，他认为后现代主义有以下特点：首先，"后现代主义反对美学对生活的证明和反思，张扬非理性，这必然导致对本能的完全依赖；艺术成为一种游戏。后现代主义打破现代艺术的界限，认为行动本身即艺术，艺术即标新立异；艺术和生活的界限消失了，艺术所允诺的事，生活都会加以实践；抹杀艺术和生活的界限是艺术种类分解的更深入的一个方面，绘画转化成行动艺术，艺术从博物馆移入环境中去，经验统统变成了艺术，不管它有没有形式。这一进程大有毁灭艺术之势"。其次，"后现代主义文化是一种反文化"。贝尔说它"以反文化的激进方式，使人对旧事物一律厌倦而达到文化革命的目的。因此，这是一种以反文化为其内容的新文化"。最后，"后现代美学是一种视觉美学"，这一点与詹明信的立场一致。最后，他也和詹明信一样提到了"信仰问题"，贝尔认为，"后现代主义社会中人所具有的两种体验世界的方式：外部世界的迅速变化导致人在空间感和时间感方面的错乱，而宗教信仰的泯灭，超生希望的失落、以及关于人生有限、死后万事皆空的新意识铸成自我意识的危机"。"因此，必须重新拥有一种新宗教或文化学科"，"贝尔相信，宗教能够重建代与代之间的连续关系，将我们带出生存的困境之中"，"贝尔一再强调精神价值的重要，希冀重建新宗教，解决人生意义的问题"。②

---

① 王岳川：《后现代主义文化逻辑（代序）》，见王岳川、尚水编：《后现代主义文化与美学》，北京大学出版社1992年版，第9页。
② 王岳川：《后现代主义文化逻辑（代序）》，见王岳川、尚水编：《后现代主义文化与美学》，北京大学出版社1992年版，第10—11页。

三、韦伯:"资本主义精神"视野下的"现代性"言说

马克斯·韦伯(Max Weber)的《新教伦理与资本主义精神》是唯一一本在 80 年代被同时收录于《走向未来》丛书和《现代西方学术文库》两大丛书的著作。《现代西方学术文库》的翻译者是于晓、陈维纲,出版时间是 1987 年 12 月;《走向未来》丛书版本的译者是黄晓京、彭强,出版时间是 1988 年 4 月。由时间上看,80 年代影响最大的两大丛书的编委均把目光锁定在了这本书上,可见其重要性。

"《新教伦理与资本主义精神》着重论述了宗教观念(新教伦理)与隐藏在资本主义发展背后的某种心理驱力(资本主义精神)之间的生成关系。"[1]安东尼·吉登斯曾评价说:"这部著作可以说是声誉最为卓著而且最受争议的现代社会科学著作之一。"[2]《新教伦理与资本主义精神》最初是作为一篇论文分两次发表于 1904 年至 1905 年的《社会科学与社会政治文献》,韦伯是该刊的编者之一。此文发表后就立刻引起了一场批评争论,韦伯也参与其中,直到今天,这场争论仿佛还没有停歇。这场争论即是:关于"现代性"及其意义的辩论。

韦伯作为这场辩论中尤为关键的人物,其主要观点由伯恩斯坦(Bernstein)做出如下总结:

> 韦伯认为启蒙思想家的希望和期待都是痛苦且令人啼笑皆非的幻想。他们在科学的发展、理性和全人类的解放之间

---

[1] 〔德〕马克斯·韦伯:《新教伦理与资本主义精神》,黄晓京、彭强译,四川人民出版社 1988 年版,第 2 页。
[2] 〔德〕马克斯·韦伯:《新教伦理与资本主义精神》,闫克文译,上海人民出版社 2010 年版,第 17 页。

维系着一种牢不可破的必然联系。但是一旦人们揭示并理解了它的本质，就会发现，启蒙运动留给人们的是……为特定目的服务的、工具主义理性思维的胜利。这种理性思维形式影响并感染了社会和文化生活的各个领域，包括经济结构、法律、政府行政管理，甚至艺术。它的发展并没有将全人类的解放落到实处，反而创造了一个人们无法摆脱的官僚主义理性的"铁笼"。①

韦伯在文中对启蒙思想家的"希望和期待"的批评，就是对启蒙运动理性书写的墓志铭，这种论断与尼采对启蒙理性的攻击是如出一辙的。那么韦伯的"新教伦理"概念又应如何理解？

首先，什么是新教？既然为"新"，就一定与旧相对。詹明信曾经"举出一些关于新教的一般性东西"来说明其特征，他说：

> 这种新的宗教含有新的精神、新的价值观和宗教实践。……有两点是新教与以前的宗教的不同之处：一是所谓"精神光明"（inner light）的概念，对个人的精神探索予以新的价值，个人对真理的理解开始有了一定的权威；另一点就是新教的"工作伦理"（work ethic），或称新教伦理。新教力图发展一种新型的教徒与工作之间的关系，新型的自我否定。这种精神觉醒是新教的一个重要特点。②

因此，詹明信说"新教也带来了崭新的人，与封建时代的人

---

① 李陀、陈燕谷主编：《视界》（第12辑），河北教育出版社2003年版，第7页。
② 〔美〕弗雷德里克·杰姆逊：《后现代主义与文化理论——杰姆逊教授讲演录》，唐小兵译，陕西师范大学出版社1987年版，第31页。

完全不一样。他们对外部客观世界的知觉完全改变了，在他们的眼里各种事物都获得了进行科学研究的可能性"[①]。詹明信的新教伦理观就是来自于马克斯·韦伯，韦伯在他的文中也对比了新与旧的关系，不过他是从传统社会与现代社会的比较层面来作出判断的，比如从人们工作的方式来看。他说古代的传统活动是"完整的"，也就是"你知道你应该怎样做这件事，因为人人都一直这样做，而且在一些原始社会，某项工作还和一定的神话有关，有一定的祭祀成份。你也知道为什么要做成这样或那样，也就是说你在劳动过程中所释放的能量和得到的劳累，仍然具有某种意义，这种意义来自一个更大的宗教或神话框架。用哲学词汇来讲，即具有某种内在的意义"。而在韦伯看来，资本主义发展过程导致新的社会方式、新的工作方式，实质上是"延缓的满足"，"新教社会里的工作方式不再有即时的满足，工作中的满足只是在很久以后才到来。工作是痛苦的，无法令人满足的，而在工作的结尾，你满足了，你得到了钱。这样，人的时间便被分割开了，在某段时间里有工作，没有任何满足，而在另一段时间里你将得到满足"[②]。也就是说，"在市场资本主义阶段"，出现了"一个新的社会，出现了一种新人，他们有了新的目的和动力；这个社会的英雄或典范就是做生意的实业家，他们体现了新教的伦理，其生活的主要目的就是赚钱，当然也不光是这个，但他们的生活是很富有创造性的"。于是"我们说过新教的特征之一就是新生的个人主义和对自我内在的权威的膜拜"。

---

① 〔美〕弗雷德里克·杰姆逊:《后现代主义与文化理论——杰姆逊教授讲演录》，唐小兵译，陕西师范大学出版社 1987 年版，第 41 页。
② 〔美〕弗雷德里克·杰姆逊:《后现代主义与文化理论——杰姆逊教授讲演录》，唐小兵译，陕西师范大学出版社 1987 年版，第 43 页。

四、哈贝马斯：晚期资本主义的合法性

哈贝马斯是西方当代最重要的思想家之一，1980年，他发表了两篇关于现代性的重要文章：《现代性：一项未竟的工程》和《现代性对后现代性》演讲，此举标志着由他开启了80年代以来对"现代性"的新一轮论战。中国学者对哈贝马斯的认识很早，但是对其讨论"现代性"的文献认识较晚。无论是其讨论的"现代性"文章还是他本人正式进入中国的过程中总是在时间上"滞后"。据曹卫东在2001年哈贝马斯访华之后所撰写的文章《哈贝马斯的文化间性——哈贝马斯中国之行记述》，中国学界邀请他，最初可以追溯到1980年：

> 这一年，中国社会科学院和北京大学一个学术代表团应邀访问德国，重点访问了法兰克福大学社会研究所，并专程前往慕尼黑，拜访了时任马普学会生活世界研究所所长哈贝马斯。据哈贝马斯本人和他的弟子杜比尔（Helmut Dubiel）教授的回忆，中国的这个代表团给了他们很深的印象，并正式向哈贝马斯发出了访华的邀请。①

这次邀请停留在了书面上，后来1996年6月哈贝马斯应邀访问香港；1999年4月本来决定正式访问中国最终也未成行；直到2001年，哈贝马斯偕夫人受中国社会科学院哲学研究所之约，终于在4月15日至4月29日完成访华之行。在中国停留的15日，共发表七次演讲，此刻才算是哈贝马斯终于"把他和中国之间的

---

① 乐黛云、李比雄主编：《跨文化对话》（第7辑），上海文化出版社2001年版，第51—52页。

文化间性付诸了实践"①。

由于哈贝马斯专门论述"现代性"的文章进入中国较晚，我们延后叙述。但是哈贝马斯关于"晚期资本主义中的合法性"问题却很早就进入中国理论界的视野。在中国最早发表哈贝马斯文章的是《哲学译丛》，整个80年代我国知识界一共翻译了7篇哈贝马斯的文章，全部发表于《哲学译丛》，其中有3篇是由中国社会科学院哲学研究所的郭官义先生翻译，他是中国最早译介哈贝马斯的人。其中在《哲学译丛》1979年第5期和1981年第5期上发表的两篇哈贝马斯的文章：《哲学在马克思主义中的作用》和《何谓今日之危机？——论晚期资本主义中的合法性问题》，是哈贝马斯所做的一系列有关"晚期资本主义"特征的总结和探讨。此外由张继武先生翻译并发表在《哲学译丛》1983年第6期的《论晚期资本主义社会革命化的几个条件》也是一篇非常重要的文献。哈贝马斯在文中所概括的"晚期资本主义"有如下几点特征：

第一，"资产阶级文化的新状况，表现在对于资产阶级文化要素的评价的变化上"。如"在西方工业社会中，宗教思想正在解体"，在基督教内部出现了新的政治神学，主张"宁可在现世，而不在来世"；"资产阶级的思想意识放弃了它在资产阶级革命时期所宣扬的、具有普遍价值的、理性的天赋权利和形式主义的伦理学"；"技术科学把生产力发展到了空前未有的进步"。②

第二，晚期资本主义的最重要的结构特征发生了改变，这表现在经济系统、行政系统和合法性系统；生态的平衡、人本学的

---

① 乐黛云、李比雄主编：《跨文化对话》（第7辑），上海文化出版社2001年版，第52页。
② 〔德〕J.哈贝马斯：《哲学在马克思主义中的作用》，《哲学译丛》1979年第5期。

平衡、国际的平衡；科学主义，还有无所不包的道德问题等①。确切地说，晚期资本主义社会是一个在转变中的社会形态，它存在各种各样的实验和政策的调整，但无论怎样，哈贝马斯的立场是：这是一个在调适中的社会形态，有其"合法性"，对它的前景应该充满信心。哈贝马斯在文中说："使用'晚期资本主义'这个词汇的人，都有一种明确的论点：在由国家管理的资本主义中，社会的发展也是'充满矛盾'，或曰蕴含着危机的。"②因此，他首先解释的就是危机的概念问题。他从危机作为医学术语讲起，然后又从"医学上所说的危机（危象）概念转向戏剧上所讲的危机（或转折点）概念"，这时他说了一段很重要的话：

> 从亚里士多德到黑格尔的古典美学中，危机指的是一个注定的过程的转折点，这种转折点尽管具备一切客观条件，但是，它是不会简单地从外面突然发生的。在极其尖锐的行为冲突中表现出来的矛盾，植根于主人公的行为和个性中。人的命运是在揭示对立的规范中结束的；在揭示对立规范的时候，如果人们不拿出自己的力量，粉碎命运的神秘性，重新获得自身的自由，那么，人们的统一性就会在这里遭到破坏。③

哈贝马斯对危机的定义是"一个注定的过程的转折点"，这种

---

① 〔德〕J. 哈贝马斯：《何谓今日之危机？——论晚期资本主义中的合法性问题》，《哲学译丛》1981 年第 5 期。
② 〔德〕J. 哈贝马斯：《何谓今日之危机？——论晚期资本主义中的合法性问题》，《哲学译丛》1981 年第 5 期。
③ 〔德〕J. 哈贝马斯：《何谓今日之危机？——论晚期资本主义中的合法性问题》，《哲学译丛》1981 年第 5 期。

看法与尼采的"危机观"一脉相承。危机必然由社会内部的矛盾中产生，它的出现必然导致原本社会规范的结束。在哈贝马斯看来，晚期资本主义社会出现的各种"危机趋势"是社会向前发展的必经阶段，不能因为晚期资本主义社会的飞速发展使这个世界性的社会制度面临了一些矛盾和问题，就把这些问题"理解成为这个制度所特有的危机现象"，如临大敌，否定一切地进行批判，在哈贝马斯看来，这些危机恰恰是社会向更好的方向发展的动力。他的"危机"概念实际上针对的是丹尼尔·贝尔等人的保守的反现代立场。

由以上分析可知，事实上贝尔、詹明信、哈贝马斯、韦伯等人对后工业社会、后现代主义特征的分析大多是类似的，不同的是他们对待后现代主义各自的立场：贝尔是鲜明地批判，哈贝马斯却从危机中看到"初端"。无论纷争几许，中国学者们有关"现代性"概念的解释就是在这些沸沸扬扬的论争之中建构起来的。因此，确切地说，后现代主义代表着一个新的社会发展阶段，那么，就像有些学者问道的："我们如何认识后现代主义"，"运用后现代主义这一名义去定期，这件事究竟为着什么？""是争辩我们处在一个主体死亡的时代（波德莱尔）抑或大师叙事失落的时代（欧文斯）？是断言我们生活在一个反抗已成困难的消费社会（杰姆逊）抑或栖息于一个人道确实已位居边际的庸人政治中（赛德）？这类观念并不是启示录式的：它们标志着不平坦的发展，不清晰的断裂，和新的发展时期。那末，后现代主义大致最好被视为种种新旧模式——文化模式与经济模式，一个有不完全自主性而另一个呈不完全决定性——之间的冲突，和种种被归属于其中的利益之间的冲突。"①

---

① 〔英〕霍尔·福斯特：《反审美：后现代主义的走向》，王一川译，见王岳川、尚水编：《后现代主义文化与美学》，北京大学出版社1992年版，第255页。

第二节　哈贝马斯与利奥塔：现代性对抗后现代性

20世纪60年代初，随着科技和经济的迅速发展，现代西方社会进入了后工业阶段，而现代西方文化也经历了一次次新的裂变，随之全面推进到后现代时代。新时期以来，随着卢卡契、布莱希特、本雅明、韦伯、贝尔、哈贝马斯等人作品的逐渐介入，80年代后期詹明信来华将"后现代主义"理论介绍到中国学界，越来越多的中国学者开始关注"后现代"理论。中国知识界渐渐将理论焦点聚焦在有关"现代性"概念的论争上。"后现代"理论的出现导致有关"现代性"的言说出现了更为复杂的局面——有人说"后现代性"是"现代性"最后的可能性的方式或意识形态；可另外一种观点却认为"后现代性"是"现代性"最新的观念形式（"现代性"正以其可能的最好的方式发展着），直到今日，这两派的论争依旧持续着。"后现代性"理论的出现导致"现代性"概念重新被界定，"现代性"成了一个更具有开放性和复杂性的概念。前文提到过，哈贝马斯对"现代性"的言说，是建立在对以贝尔为代表的学术权威的批判之上的。而以贝尔、韦伯为代表的这些思想家们对启蒙社会、后工业社会的批判，采取的是"反现代性"的立场，利奥塔继承了这个传统，提出了"后现代"概念，这就与哈贝马斯的现代性立场发生了分歧。可以说围绕"现代性"的概念进行讨论的热度长年居高不下，完全就是源于这些人的争论所带来的"喧嚣"。

一、哈贝马斯："现代性"尚未完成

前面我们提到哈贝马斯关于"现代性"言说的两篇非常重要的文献，进入中国比学界接触哈贝马斯的"晚期资本主义"论述晚。

第一篇《现代性：一项未竟的工程》，进入汉语世界时有两个译本，第一个译介时间是1992年，收录在王岳川、尚水主编的《后现代主义文化与美学》中，1992年2月北京大学出版社出版，文章题为《论现代性》，文章由严平翻译；第二个译本的时间是1994年，由行远翻译，分上下部发表在《文艺研究》1994年第5、6期上。第二篇《现代性对抗后现代性》，此文的首次演讲也是1980年，当年9月哈贝马斯被法兰克福市授予阿多诺奖时在德国发表了此篇演讲，第二年即1981年3月5日在美国纽约大学人文科学院詹姆斯讲座上又做了此篇演讲，而中文的译本直到2010年才由周宪译自《新德意志批评》杂志，后收录于他主编的《文化现代性》论文集，事实上两次演讲内容是完全一样的。哈贝马斯在这些著述中，主要强调以下问题：一、"考察为什么人们急于通过'现代'这一历史处境走向'后现代'"；二、"哈贝马斯力图弄清楚，现代性为何成为问题，遭遇到危机？现代性是否已经终结？"；三、哈贝马斯坚持认为，"现代性"是一项宏伟的工程，尚未完成，它具有开放性，远未终结。因此，"后现代性"是不可能的。

哈贝马斯和大多数批评家不同，他在后工业社会的危机中看到了前进的力量，因此决定了他的"现代性"立场与其他人不同，赵一凡先生曾对其论点作过比较精炼而准确的总结：

（1）从哲学上讲，人们争议的现代主义，只涉及现代性的一个侧面，即文艺/美学现代性。解决这一问题的办法，是扩展视野，从头研究现代性。（2）在伏尔泰、卢梭那里，现代性是一项社会设计，它精致和谐，充满自由平等博爱的光辉。依康德之说，这一社会由科学、道德、艺术三领域组成，分别由认知工具理性，道德实践理性和艺术表达理性所支配。

三理性默契运转,即可导向完美未来。历史的发展,日益暴露出启蒙缺陷。尼采因而攻击现代性是权力意志,海德格尔批评它是"现代迷误",福柯指它为话语权力机构,利奥塔干脆笑它是一套崩溃的宏伟叙事。(3)现代化进程加强了科技思维与商品经济,人们日常交流也因此受到侵害。艺术,为抗衡资本主义文化逻辑而走向反叛,并在精神领域不断引发抗议。哈贝马斯坚信,启蒙工程并未失败,我们不可放弃理想,也不能把文化紊乱的责任全推给艺术现代性。①

由于在一片对"现代性"的批判声中,哈贝马斯完全采取了不同的立场,因此也就越发引起了有关"现代性"争论的混乱。哈贝马斯对后工业社会的各种危机现象一清二楚,他也承认工业科技发展所带来的弊端,但是他认为这源于在较为正统的社会学分析中,人们把"现代性"和"现代化"看作是同一的或一致的东西,他认为正是这种前提性的定义,将"现代化"的后果强加在了"现代性"身上。"哈贝马斯认为,文化现代性包括由理性分化而来的三个领域——即科学、道德和艺术。启蒙哲学家们想用理性在不同文化领域的成就来丰富日常生活,而哈贝马斯所希望的就是执行这些哲学家们的'现代性计划'。甚至当哈贝马斯完全意识到霍克海默和阿多尔诺所说的启蒙运动的消极面时,他仍试图证明可以通过某种方式恢复和重建启蒙运动的理想——实现真正的自由。在哈贝马斯看来,在现代社会中所发生的是某种经过选择的合理化过程,而现代性的病态现象是发展中的失误","哈贝马斯担心的是,新保守主义逐渐与某种拒斥理性的后结构主义

---

① 赵一凡:《现代性的趋势》,《美术观察》2002年第6期。

走到一起了；如果它一味要求毫无例外地反现代性，那么'现代性的不同方面'的重要区别就一笔勾销了，于是这种后现代性就会表现为反现代性"。① 事实上，哈贝马斯是继承了批判理论精神的，他也考察过"工具理性膨胀后的启蒙意识形态的强硬推进造成社会制度的颓变"。因此，他是看到了"西方现代文化所面临的危机"的，但是，"他不同意到近代文化母体中去寻找孽因，将标志西方近代文明的'启蒙''理性'当作祸源的作法。他并不认为近二百年来带领整个西方文明进入现代文明高峰的'现代性'大潮——启蒙、理性、正义、主体性、人体学就此会突然枯竭"。所以，哈贝马斯的问题是："向'现代性'进攻的历程是否能说明后现代必然成为可能？"有人说"'后现代性'的提出，意味着'现代性'的终结，而现代性是否真的终结？"② 哈贝马斯的回答是否定的。

为了支持自己的观点，哈贝马斯回溯了那些"向'现代性'进攻的历史发展脉络"，他认为只有这样才能有资格准确判断"现代性"的命运。哈贝马斯认为，"现代性从启蒙运动诞生以后，就不断遭到进攻，黑格尔是使'现代性'产生动摇的关键人物"。他指出，是黑格尔、尼采、后结构主义持续对现代性的攻击，使原本美学现代性的"主体性、总体性、同一性、本源性、语言深层结构性"发生了全面颠覆，进而被后现代思潮的"非中心、非主体、非整体、非本质、非本源"进行冲击。他说"现代性"是在"黑格尔后学、尼采以及新尼采主义、解构主义的攻击下，导致主体性丧

---

① 〔荷〕A. 里奇特尔斯：《现代性与后现代性的争论》，夏光译，《国外社会科学》1989年第 9 期。
② 王岳川：《后现代主义文化逻辑（代序）》，见王岳川、尚水编：《后现代主义文化与美学》，北京大学出版社 1992 年版，第 13 页。

失、同一性消解、整体性解散、中心消散，而最终导致'哲学的终结'"①。而"哈贝马斯对于这一股'哲学的终结'运动所作的说明，是他对于康德以来的哲学史概观的一部分。他认为康德把高等文化分成科学、道德和艺术是正确的，而黑格尔把这一分法看作是'关于现代性的最标准的阐释'，也是对的"。问题在于，并不能仅仅"把一切事物看成是科学、或政治、或美学"，而没有其他的什么。"哈贝马斯相信，老年黑格尔所展现的'主体哲学'在这方面已经有所改变，已经把理性看成是社会性的了"，只是那些"哲学的终结"的思想家们"始终对这样的理性缺乏了解"。② 所以，哈贝马斯坚持康德依旧是现代哲学的源头，认为"主体性"问题依旧是现代哲学史的主要线索。我们可以对现代性进行改革，但是不能放弃作为改革的理论基础，它是"启蒙时代以来以民主为重心的西方历史的特质"，我们用来批判现代世界的社会制度与经济制度，也要用到这种理念。因此，"这一立足点，即使不是先验的，至少也具有'普遍性'。在哈贝马斯看来，放弃这一立足点，就等于放弃了社会的希望，而这也正是自由体制的政治核心"。尽管哈贝马斯"虽然清楚地知道整体性哲学存在着许多问题，还是坚持不肯放弃"③，原因就在于自由体制的政治理念是他的信仰。

无独有偶，20世纪80年代中期到90年代中期，中国美学界出现了一大批研究德国古典美学的理论成果，如朱立元《黑格尔美学论稿》（1986年）和《黑格尔喜剧美学思想初探》（1986年），

---

① 王岳川：《后现代主义文化逻辑（代序）》，见王岳川、尚水编：《后现代主义文化与美学》，北京大学出版社1992年版，第14页。
② 〔美〕理查·罗蒂：《哈贝马斯与利奥塔德论后现代》，王晓明译，见王岳川、尚水编：《后现代主义文化与美学》，北京大学出版社1992年版，第61—63页。
③ 〔美〕理查·罗蒂：《哈贝马斯与利奥塔德论后现代》，王晓明译，见王岳川、尚水编：《后现代主义文化与美学》，北京大学出版社1992年版，第55页。

陈望衡、李丕显合著《黑格尔美学论稿》(1986年)，马新国《康德美学研究》(1995年)等。这是否也证明着，中国学者也像哈贝马斯一样，是"后现代"的出现，让他们再一次发现了回溯黑格尔、康德理论体系的必要性。

总之，"在对向'现代性'进攻的历程研究之后，哈贝马斯感到后现代思潮其来有自，不可轻视。为了捍卫'现代性'，哈贝马斯对向现代性'进攻'进行批判，在批驳的基础上，提出'后现代性'是不可能的，必须重建'现代性'的观点"。他说："'后现代性'是不可能的，因为，主体性尚未充分发展，它仍在'权力'概念中闪现出'生命'的底色。启蒙以来的理性也未被完全消解，仍与'话语'粘连。而且，'现代性'是一项'尚未完成的计划'，它是向未来敞开的，它的启蒙理想尚未实现，它的使命尚未完成，它的生命远未终结。"①

二、利奥塔：后现代是"叙事危机"

让-弗朗索瓦·利奥塔（Jean-Francois Lyotard，1924—1998），是法国当代著名哲学家，后现代思潮理论家，解构主义哲学的杰出代表。作为"后现代"一词的提出者，他最早进入中国视野的时间是1987年，《国外社会科学》第11期上翻译了同年在法国《文学杂志》第239—240期上发表一篇题为《关于"后现代"一词的正确用法——J.-F.利奥塔尔答记者问》的文章，在文中利奥塔明确说："后现代"是与"现代"完全不同的立场。

据文中"原编者按"（法国《文学杂志》编者）介绍，关于

---

① 王岳川：《后现代主义文化逻辑（代序）》，见王岳川、尚水编：《后现代主义文化与美学》，北京大学出版社1992年版，第14页。

"后现代"一词的提出,"J. -F. 利奥塔尔曾向人透露说,他提出'后现代'一词完全是心血来潮,仅仅是想指出一个思想阶段的结束,一些重要的体系和根据事实建立的'立法学说'的结束,还有就是易于划分范畴。《后现代的条件》(法国子夜出版社)一书证实了他的这些想法"①。但是当他提出此术语之后,他意识到,如果使用这一术语就必须加以说明,因为有关"后现代"的定义已经不由利奥塔本人决定,"后现代"这一表达方式得到了人们的承认但同时也引起了无数的论战。在文中利奥塔说在"后现代"概念出现之后出现了各种各样的解释,比如曾出现过两种完全不同的说法,"第一种说法认为后现代表现为犬儒主义或虚无主义、幼稚或钻牛角尖";"第二种说法因打着新工艺和协调一致的幌子而成为一种更现代的现代,或者说是从享乐中产生出的一种思想"。②利奥塔说他改变用法重新使用"后现代"一词,有着非常重要的目的:

> 主要是出于一种挑衅,为了在这种文字游戏中改变过去人们对现代性的分析,同时告诉人们已陷入难以摆脱的困境。我援用"后现代"一词来抵制德国哲学界权威集团的观点,特别是哈贝马斯的观点。我认为继续像他那样思想,或者不加思考地去做,就犹如现代计划将永久存在,这是根本不可能的。依我看,凡属毫无保留地重新以解放为主题的哲学都对最重要的东西——现代计划的失败视而不见。这种哲学旨在使200年来由于现代理想而造成的无法治愈的创伤重新愈合。人类并非

---

① 《关于"后现代"一词的正确用法——J. -F. 利奥塔尔答记者问》,《国外社会科学》1987年第11期。
② 《关于"后现代"一词的正确用法——J. -F. 利奥塔尔答记者问》,《国外社会科学》1987年第11期。

没有进步，但科学技术、艺术、经济和政治的发展却导致全面的战争、极权制、不断扩大的南北隔阂以及失业和贫困现象，致使人们普遍脱离传统文化以及教育出现危机。①

利奥塔非常鲜明地表达了他对哈贝马斯"现代计划将永久存在"的反对立场，他认为，这根本不可能，因为事实证明"现代计划"已经失败了，"启蒙的后果"所造成的创伤无法治愈，脱离传统文化和教育所造成的危机在加剧。

利奥塔对"后现代"的定义和表述主要还是集中在他的代表作《后现代状态：关于知识的报告》一书中。对此书的翻译，最早是收录在王岳川和尚水主编的《后现代主义文化与美学》的两篇节译文章，均译自明尼苏达大学出版社 1984 年的英文版的《后现代状态：关于知识的报告》：一篇是该书的前言部分，由赵一凡翻译；另一篇由王宁翻译，题为《何谓后现代主义？》。该书的全译本 1997 年由车槿山翻译，由生活·读书·新知三联书店出版发行。同年上海人民出版社也发行了另一本利奥塔的译著《后现代性与公正游戏：利奥塔访谈、书信录》，该书由谈瀛洲翻译，收录在包亚明主编的《当代思想家访谈录》中。以上这两本书是我们了解利奥塔有关"后现代"讨论的重要文献。

利奥塔在《后现代状态：关于知识的报告》一书的"引言"部分开篇即交代了他对"后现代"的定义，他的表述如下：

> 本书研究的对象是有关发达社会里的知识状态。我决定

---

① 《关于"后现代"一词的正确用法——J.-F.利奥塔尔答记者问》，《国外社会科学》1987 年第 11 期。

以后现代一词表述这种状态。该词目前在美洲大陆的社会学家和批评家中间颇为流行,人们用它来指示我们眼下的文化处境:历经十九世纪末以来的多重变革,从科学、文学到艺术的游戏规则均已改换。①

利奥塔的总体目标是以"叙事危机"为中心,"展示后现代的文化变迁图景",因此"他将知识问题放在高度发展的工业社会的构架中,在叙事知识与科技知识之间做出区别"。他分析的结果是"科学独霸的内在冲动"损毁了"叙事知识的历史根基",因此导致"元叙事"被瓦解,基于此种分析利奥塔最终抛弃了"宏大叙事",强调多样性,而哈贝马斯与利奥塔恰恰相反,认为一种首尾一致的认识论是可能存在的,所以他得出结论认为现代性是"一项未完成的事业",这就是二者最根本的区别。

利奥塔说,"他要以'现代'一词来指称那些科学,那些把自己的合法性建立在一种特殊的元话语(metadiscourse)之上的科学。这一元话语毫不隐讳的诉诸一些堂皇叙事,如精神辩证法、意义的解释、理性主体或劳动主体的解放、或财富的创造",他说"所谓'后现代',就是'不相信元叙事',而要问'在元叙事之后,到哪里去找知识的合法性?'"②因此,利奥塔与哈贝马斯的观点截然相反,其核心要点就在于,利奥塔讨论的是否存在"叙事危机"的问题,他要求重新检验"合法性"问题。他认为,哈贝马斯对现代性的坚持,和对康德现代哲学"主体性"的辩护,其

---

① 王岳川:《后现代主义文化逻辑(代序)》,见王岳川、尚水编:《后现代主义文化与美学》,北京大学出版社1992年版,第25页。
② 〔美〕理查·罗蒂:《哈贝马斯与利奥塔德论后现代》,王晓明译,见王岳川、尚水编:《后现代主义文化与美学》,北京大学出版社1992年版,第54页。

下面不过依旧掩盖着"回归统一、重树霸主地位的实质"。

相对于其他讨论后现代的思想家们,利奥塔面对"后现代"的态度可以说是最积极的,他从不认为后现代是可怕的,需要用所谓的"新宗教"去救治,或以所谓的"新理性"来对抗。他敏感地察觉到"后现代氛围标志着历史气候的深刻变化,标志着对一种永恒的幻象的承诺的失效"。所以,他表示,既然"不管你采用怎样悲天悯人的态度也阻挡不了后现代的来临,因此,倒不如以一种真正的多元、宽容、'怎么都行'的态度去对待"。①

在新时期结束之际美学译文中有关"现代性"的定义停留在了哈贝马斯和利奥塔、哈贝马斯与贝尔的争论声中。接着会有更多的人加入到这场论战之中,"现代性"的含义也变得越来越不确定,"现代性"越来越成为一个开放性的概念。它指向的是快速变迁的现代社会,作为一个时刻体现当代意识的概念,它的变化即是时代的变化。每一个关注自身命运、人类命运的现代哲人都会试图一次又一次地对它进行新的阐释。

第三节 后现代主义对"逻各斯"的解构

20世纪90年代初,有两场以"后现代主义"为主题的学术讨论会在北京举行,这两场会议标志着中国理论界对"后现代主义"理论全面介入及展开。第一场是由中国社会科学院外国文学研究所于1990年举办的一场"关于后现代主义的小型讨论会",会上赵一凡、王宁、盛宁、陈晓明等学者做了发言;第二场是1993年

---

① 王岳川:《后现代主义文化逻辑(代序)》,见王岳川、尚水编:《后现代主义文化与美学》,北京大学出版社1992年版,第18页。

3月11日至13日在北京大学召开的由北京大学、中国社会科学院文学研究所、中国比较文学学会后现代研究中心、德国歌德学院北京分院和南京《钟山》杂志社联合发起的"后现代文化与中国当代文学"国际研讨会,国际比较文学协会后现代主义研究项目主任汉斯·伯顿斯等专家学者出席会议并作了学术报告。与这两场会议相关,由北京大学出版社发行的《文艺美学丛书》中,有两本关于"后现代主义"的经典论文集先后出版并产生了非常大的影响,这是新时期以来中国学术界对"后现代主义"理论的一次最大规模的译介和讨论。这是一场由中西学者共同参与的对于"后现代主义"文艺思潮的讨论。这两个论文集分别是:《走向后现代主义》论文集,荷兰学者汉斯·伯顿斯和杜威·佛克马主编,该书由王宁等翻译,于1991年5月出版;第二本是由王岳川和尚水主编的《后现代主义文化与美学》一书,该论文集中收录了哈贝马斯、利奥塔、詹明信、丹尼尔·贝尔、福柯、查尔斯·纽曼、伊哈布·哈桑等人关于后现代主义文化理论、美学观念以及艺术形态的经典文本,于1992年2月出版。

上述以"后现代主义"为题的两场学术研讨会及两本论文集,应该算是新时期最后一场"文化热",相比较80年代的那几场文艺思潮,这次有关后现代主义的讨论大多只停留在学术领域,有一种"思想淡出,学术凸显"的倾向。在1990年举办的那场"关于后现代主义的小型讨论会"上,赵一凡、王宁、盛宁、陈晓明等人对"后现代主义"的理解已经非常深入。相关论文如王宁的《西方文艺思潮与新时期中国文学》(《北京大学学报》[哲学社会科学版]1990年第4期),《后现代主义与中国文学》(《当代电影》1990年第6期);赵一凡《利奥塔与后现代主义论争》(《读书》1990年第6期);陈晓明《最后的仪式——"先锋派"的历史及其评估》(《文学评论》1991年第5期)等。以上各位学者都是后现代主义译著的译者,他们对后现代主义的批判和分析要比其他学者更早也更为深入。

从两次会议及两部文集的主要内容来看,从译者对"后现代"的接受史来看,中国学界对"后现代"的讨论,更集中于作为一种文艺、哲学思潮的"后现代主义",而作为一种社会发展阶段的"后现代社会"却相对被冷落。这自然与新时期时中国自身的社会发展形态还未出现更明显的"后工业社会"特征有关,但同时也与意识形态的影响有关。那么,我们不妨就讨论一下,新时期中国文艺理论家们更为关注的"后现代主义"到底具有什么样的特征,新世纪王德胜等人讨论的"新的美学原则"所指向的单纯感官性质的世俗享乐生活和对康德理性主义美学的现实颠覆是否就来源于"后现代主义"。如果说孙绍振的"新的美学原则"可以用现代主义风格或叙事来概括,那么王德胜的"日常生活的美学现实"是否也可归为后现代主义范畴?从一个"新的美学原则"走向一个更"新的美学原则",现代主义和后现代主义之间的差异是根本性的。

一、现代主义与后现代主义特征

事实上,在詹明信来华在北京大学开设"西方文化理论专题课"之前,就有人提到过了"后现代主义",只是其影响远不如詹明信那场带来"飓风效应"的演讲来得猛烈。在中国,首谈"后现代主义"的两位学者,一位是董鼎山,另一位,依然是袁可嘉。

董鼎山在《读书》1980年第12期上发表题为《所谓"后现代派"小说》的文章。这是新时期以来,首次提到"后现代主义"的文本。他在文中开篇即说:

"后现代主义"（post modernism 或译超现代主义）这个名词在字典、辞汇、百科全书中还找不到，可是自从第二次大战终止以来，特别是在过去二十年间的美国，所谓"后现代主义"（或"后现代派"）的美术或小说创作相当流行。有的大学课程中有专门讨论"后现代主义"文学的；在期刊中，也至少有一份季刊专门研究"后现代主义"文学。①

但是他也在文中说，"所谓'后现代主义'到底是怎么一回事呢？即连文学作家也觉得难以捉摸"。而且，在"批评家之间，学术讨论会中，也意见分歧，不能同意所谓'后现代主义'的定义"。②既然字典上"尚无'后现代主义'的定义"，那么董鼎山是在对现代主义特征的总结之上归纳后现代主义的特征的。他的看法归结为以下几点：第一，"现代主义的动机起于文学作家对19世纪中产阶级社会秩序及其世界观的批评。这类作家的技巧是用特殊的写作方法，推翻了19世纪中产阶级现实主义的风格"，打破了19世纪现实主义的传统。第二，"现代主义的写作方法已脱离了现实主义的客观性。'后现代主义派'更进一步，所写的着重于自我（self），着重于小说的本身及其过程，自我沉醉的避免描绘世界上的生活与客观现实"。第三，"现代主义是反理性，反现实，反中产阶级的。'后现代主义'在这方面更趋极端"。第四，"进入20世纪下半期后，即连现代主义也有陈旧，因此便有所谓'后现代主义'的产生"。③

由此可见，董鼎山只是意识到了出现了一种有别于现代主义

---

① 董鼎山：《所谓"后现代派"小说》，《读书》1980年第12期。
② 董鼎山：《所谓"后现代派"小说》，《读书》1980年第12期。
③ 董鼎山：《所谓"后现代派"小说》，《读书》1980年第12期。

的文学风格；也表明，尽管在西方目前字典里还没有关于后现代主义的定义，但是已经开始有意识的区别于现代主义，在与其进行比较中进行特征总结。到了袁可嘉在《国外社会科学》1982年第11期发表《关于"后现代主义"思潮》，"后现代主义"已经拥有自己独立的领域。袁可嘉在文中引用伊哈布·哈桑在《后现代主义》（1971年）里所列的"现代主义和后现代主义关系表"来明确表明，后现代主义的反现代主义特征。表格如下：

表4 伊哈布·哈桑现代主义和后现代主义关系对照表[①]

	现代主义	后现代主义
1	城市主义 大自然受到怀疑	科幻小说（改造自然） 无政府和片断性 绿色革命，城市骚乱
2	技术主义 城市和机器互相促进变化 人类意志的异化 现代主义艺术家在技术方面的斗争	征服空间 新媒体，一切艺术材料的改变 公众媒介的大量散布 计算机替代了意识
3	非人性化 文体占主导地位，任生活和群众去照顾自己 特权主义：贵族的或隐蔽的法西斯倾向 反讽（Irony）：游戏，复杂性，形式主义 抽象性：非人格化、简化和重建，时间的分解和空间化	反特权主义，反极权主义 艺术成为公众的，可选择的，无政府状态的 反讽：变为语根，意义熵 抽象性：走到极端，回过头来成为具体派，自我反射，事实与虚构的交融
4	原始主义 以神话仪式作为结构 从人类的共同梦幻（集体潜意识）中取得比喻	离开神话 走向存在主义哲学 嬉皮士运动

---

① 袁可嘉：《关于"后现代主义"思潮》，《国外社会科学》1982年第11期。

（续表）

	现代主义	后现代主义
5	色情主义 视性爱为疾病	同性恋小说 视性爱为游戏
6	反唯名论 超法律，处于矛盾状态 超越反唯名论，走向启示派	反文化 极端实用主义的艺术和政治 反西方传统的哲学思想和"方式"
7	实验主义 创新，变化，新语言 关于结构的新概念	支离破碎的结构 使事物同时呈现的艺术方法 各类形式的溶合 "反对释义"

确切地说，袁可嘉是把"后现代主义"作为一个局限于文学叙事规则的概念来进行阐述的，所以他更关注后现代主义文学在写作原则上面的特点，如：矛盾（"后一句话推翻前一句，全书的叙述者摇摆于不可调和的欲望之间"）；排列（"后现代主义作家有时把集中可能性组合排列起来，以显示生活和故事的荒谬"）；不连贯性；随意性（"后现代主义作品的创作和阅读成了一种随随便便的行为"，"任读者去拼凑阅读的次序，从哪一页读起都可以"）；虚构与事实的结合。① 因此，在袁可嘉看来，后现代主义文学的本质就在于，它解决了高级文学与通俗文学的分歧，填平了贵族文化和通俗文化之间的鸿沟，消除了高级艺术和通俗艺术的差别。但是，他也强调，现代主义与后现代主义的区别是否已经达到引起质变的程度，目前还尚难判断。

接下来伴随着詹明信来华讲学，后现代主义才算全面进入中国。詹明信在深圳大学举办的中西比较文学讲习班上的讲稿，后被行远翻译，单独命题为《现实主义、现代主义、后现代主义》后发表在《文艺研究》1986年第3期上。在此文中，詹明信以现

---

① 袁可嘉：《关于"后现代主义"思潮》，《国外社会科学》1982年第11期。

代主义、现实主义为参照概括了后现代的特征——他用了一个词——浅薄,若按照这篇文章的描述制作一表格或可一目了然地看到后现代主义具有的特点:

表5 詹明信现实主义、现代主义、后现代主义特征对照表

现实主义	现代主义	比较项	后现代主义
金钱	时间化、主观	关键词	浅薄、新的平淡感、失去深度
标志着金钱社会作为一种新的历史形势带来的问题和神秘	有解释不完的意义	解释性作品	拒绝任何解释
	异化和焦虑的经验	经验	不是焦虑而是心理上的分裂
	关于时间的新的历史经验,对往昔怅然若失	历史	历史只存在于纯粹的形象和幻影;过去、未来的时间观念已经失踪
	蒙太奇	组合意象的形式	东拼西凑的大杂烩
		技术	对新技术狂热追求和迷恋

如本章开头所述,詹明信是把现实主义、现代主义、后现代主义特征放置入他的"文化分期"中来加以界定的,所以詹明信是文化批评家,而不是文学评论家。詹明信明确地表示——后现代主义是晚期资本主义的症候,标志着对现代主义深度模式的彻底反叛。至此,我们再回过头来去看看在詹明信将后现代主义带入中国七年之后,当中国学者已经对后现代主义有了比较理性的认识之后,后现代主义的具体表征。我们以王宁的《西方文艺思潮与新时期中国文学》为例,他在文中区分了"现代主义、后现代主义和先锋派这三个不同的"却常常"在中国文学界被混为一谈或误用"的概念。为了方便比较,我们还是以表格的形式予以

展示,请见下表:

表 6 王宁现代主义、后现代主义、先锋派概念对比表 ①

	现代主义 Modernism	后现代主义 Postmodernism	先锋派 Avant garde
崛起 (衰落) 时间	发轫于 1890 年左右,衰竭于 1930 年左右	崛起于二战后,一直延续到现在尚未结束	最早出现于 1794 年
含义	第一,指宽泛的现代主义创作原则,以超越浪漫主义和反叛现实主义、向传统的理性观念挑战为己任,注重在作品中表现和弘扬自我,即现代主义精神。(中国作家普遍接受并认同的一种原则或艺术精神);第二,是一场文学运动	作为一种文化思潮或文学运动,并不只是一种特定的风格,而是旨在超越现代主义的一系列企图。今天,已发展成为一个具有"广泛包容性"的术语,把二战后崛起的、不归类为现实主义或现代主义的所有文学现象都包容了进来,但其空间界限仍主要以西方国家为主	最初意指法国军队中的前卫部队;1830 年,演化为乌托邦社会主义者圈子里的一个流行的政治学概念;1870 年后逐步进入文学艺术界,专指当前新崛起的现代主义作家和艺术家;1986 年以来又被批评界继续沿用,指后现代作家艺术家中锐意创造者。因此先锋派的含义并非一成不变,昨日的先锋派今天也许已成既成的"传统"或"经典"

1986 年以来先锋派被指"为后现代作家艺术家中的锐意创造者",王宁先生也说"用这一术语来描述近十年来先后活跃在新时期中国文坛的一批作家是颇为恰当的"。这种观点在新时期的中国特别受到肯定,并成为 1993 年 3 月"后现代文化与中国当代文学"国际研讨会上的一个中心议题。这场为期三天的会议由来自荷兰、英国、美国、德国和加拿大的专家学者出席与中国学者一起全面探讨了有关后现代主义的相关问题,会议主要议题包括四个方面:

---

① 王宁:《西方文艺思潮与新时期中国文学》,《北京大学学报》(哲学社会科学版) 1990 年第 4 期。

"1.对后现代主义研究在西方之现状的回顾与思考;2.后现代主义在中国文学创作和理论批评中的接受与变形;3.中国当代先锋小说中的后现代性;4.新写实小说与后现代主义文学比较研究;其他艺术门类及表现领域内的后现代因子考察。"① 就会议上各位专家学者的发言来看,这是中国学界近三十年里最为集中的一次有关后现代主义讨论的会议。在会上汉斯·伯顿斯为"后现代主义"的定义再次做了总结,按照他的看法,有三种层面上的后现代主义,即:

1. 反表现、反形式、反叙事的激进的先锋派后现代主义;
2. 作为反文化力量的一种指向通俗的后现代主义;
3. 哲学思辨层次上的后结构主义的后现代主义。②

汉斯·伯顿斯在会上也强调了后现代主义定义的不确定性,因此几乎每隔五年就要对之进行重新界定。因此就会议举行的年份——1993年来说,此时的"后现代主义"理论中有一种倾向,即将其与先锋批评关联在一起进行分析讨论。比如艾伦·伍德就在分析视觉艺术中的后现代主义之上,表现出了"对中国当代先锋画派作品中的后现代性的强烈兴趣";赵毅恒也讨论了"中国当代文学中先锋派的退却和妥协";陈晓明和张颐武先生则"分别以先锋派批评家的身份考察了先锋小说中的后现代性和大众文化中的后现代主义因素,同时指出,作为特定文学现象的'新时期'已结束,文化的转型使得文学进入了'后新时期',其中的一

---

① 斯义宁:《后现代文化与中国当代文学国际研讨会综述》,《文艺研究》1993年第3期。
② 斯义宁:《后现代文化与中国当代文学国际研讨会综述》,《文艺研究》1993年第3期。

个特征就是商品经济大潮的冲击和通俗文学的充斥文坛"；朱立元先生更具体地分析了中国当代先锋小说中的后现代特征，如"叙述的游戏性，故事的编造，写作的即兴性和表演性等"①。并不是所有学者都完全不质疑"后现代主义"、"后现代性"的合法性，"大多与会者并不否认中国当代文学中具有后现代主义因素这一事实，但同时又指出了其中的混杂性：传统的，浪漫的，现实主义的和后现代主义的"。比如王一川先生就"不赞同用后现代主义这一概念来描述先锋小说，他使用的术语是'泛现代主义'"；同时也有学者担心，"由于后现代主义这一概念的不确定性，会不会出现'后、后、后……'之类的状况"；张隆溪先生就推论说："后现代并非只是一个时间上的先后问题，后出现的也许是现代的，甚至是传统的，而先出现的则可能是后现代的，这就显示出了后现代主义概念本身所隐含的悖论。"②事实上早在《走向后现代主义》论文集出版之后，孙津就曾撰文质疑过"我们一定要走向后现代主义吗？'后'什么'现代'，而且还要'主义'一番？"他说："由于后现代主义是作为一个生成着的概念而成为我们的言说客体的存在方式的，那么不仅不用担心概念是否确定一致，而且在现代主义和后现代主义划分中，时间的方向也就失去意义了：以为'后'既不意味着古典的过去，也不意味着尚不存在的将来，它就是生成着的现实。"③

由以上的复述我们可知，在新时期结束时，中国学者对后现代主义等问题已经有了成熟的思考。有关"后现代"问题的矛盾性的讨论，不只在西方，在中国学者群体中也时刻存在着，

---

① 斯义宁：《后现代文化与中国当代文学国际研讨会综述》，《文艺研究》1993年第3期。
② 斯义宁：《后现代文化与中国当代文学国际研讨会综述》，《文艺研究》1993年第3期。
③ 孙津：《后什么现代，而且主义》，《读书》1992年第4期。

因此有关后现代性到底是对"现代性"的反叛还是承续问题的回答,事实上已经上升到了后现代主义是否真的打破了审美原则的高度。

二、现代美学与后现代美学的区分

到底是否存在着一种和"现代美学"有着本质区别的"后现代美学"?这是讨论现代主义和后现代主义矛盾关系的实质所在。两本文集收录的译文无论各方论者出发点如何,站在什么样的立场,是从阐释学、诗学、本体论,抑或是社会政治学的研究方法,最后仿佛都殊途同归地将论点归结于此问题。所有批评家,包括哈贝马斯,都秉持有一个共同的信念:现代性,至少是审美现代性,已经终结了。

例如,美国当代著名文艺理论家威廉·斯潘诺斯就认为,从本体论上说,从西方文学的传统一直到现代主义,一直是一种"传递的、超感官的、永恒的和绝对的逻各斯","无论这种逻各斯是理想的或实证的,主观的或客观的,象征的或现实的,有机的或机械的,空间的或时间的"。[①] 后现代主义"解构了一种全球性阴谋小说——这类小说,在严格确定的结构表现主题上,把现实主义推向末途——现实主义小说日益明显地假定有一个完美构成的牛顿式宇宙"[②]。此外,尽管现代主义的小说,在构建形式上异于现实主义小说,"表现出了一种对现实的以词语理解为中心的意象",比如结构主义者热拉尔·热内;比如伍尔芙的《到灯塔去》、

[①] 〔美〕W. V. 斯潘诺斯:《后现代文学及其机遇》,罗选民、刘有元译,见王岳川、尚水编:《后现代主义文化与美学》,北京大学出版社1992年版,第239页。

[②] 〔美〕W. V. 斯潘诺斯:《后现代文学及其机遇》,罗选民、刘有元译,见王岳川、尚水编:《后现代主义文化与美学》,北京大学出版社1992年版,第240页。

刘易斯的《水手》、乔伊斯的《尤利西斯》。虽然这种由"'推论构成的种种规则'所制作的小说同这种种规则所构成的现实主义叙述的小说处在二元的对立之中,然而最终它们是一回事"。也就是说,尽管现代主义和现实主义看似处在二元对立的形态之中,但实际上在斯潘诺斯看来它们还在同一个美学体系之中,即"所谓的现代诗歌和小说的空间形式在基本意义上是与线型表现方法的现实主义小说所作的努力相似"①。因此,无论是"现实主义的",还是"现代主义"的小说形式,均是"以词语为中心的'真实'——这一'存在'——非但成为一种使读者从历史的或现存的世界中解脱(或使读者超脱)的手段,而且还成为一种判断其规范的尺度的规律化的工具,以掌握这一世界的固定性和不可确定的偶然性",而"对后现代主义的文学意识来说,真实既不是计时性的(牛顿式的)时间"——即现实主义,"也不是空间性的(康德式的)时间"——即现代主义,而是"一种排除偶然性的必然性的时间"。②

所以如果回到本雅明的"光晕消失"的概念,此"光晕"就是指向"逻各斯",同时也是利奥塔要解构的"元叙事"。在艺术表现形式上它无论表现为现实主义还是现代主义,它都是一种关于崇高的美学。"处于这一崇高的美之境界中的艺术家",具有类似于"基督教《圣经》的权力",像是一个"隐匿的和不可思议的显示全貌的神",艺术家是作品的"绝对意义上的'创始者',具有非凡的想象,能想象一种统一的同时存在的艺术世界;在这一

---

① 〔美〕W. V. 斯潘诺斯:《后现代文学及其机遇》,罗选民、刘有元译,见王岳川、尚水编:《后现代主义文化与美学》,北京大学出版社1992年版,第241页。
② 〔美〕W. V. 斯潘诺斯:《后现代文学及其机遇》,罗选民、刘有元译,见王岳川、尚水编:《后现代主义文化与美学》,北京大学出版社1992年版,第242—243页。

世界里，哪怕是像燕雀之死这类看似偶然和表面的事件，也可得到充分的阐释"。现实主义者和现代主义者都可归结为"传统的文学艺术家"，"他是一位有特权的作家，他的声音是神谕的，他的视角是窥见全貌的，一个超出自由游戏的历史王国之上的洞察秋毫者"。但"后现代作者已经意识到作为享有特权的主体的作者或目击者（无论是创造者或是预言家）同占统治地位的文化的优越的经济之间的复杂性，于是他们对作者的权威性提出了质疑"①。这才是波德莱尔与本雅明那"与唯一的、绝对的美的理论相对立"的美学。格林伯格将现代主义归结为一种形式主义的艺术追求，其实表明的是，现代主义除了在形式上的创新，追根究底它还是和现实主义、古典主义一样遵循着审美现代性的规则。因此，就像丹尼尔·贝尔所说，尽管"现代主义渗入了各种艺术。不过，从具体例子来看，它似乎没有单纯的、统一的原则。它包括马拉美的新句法，立体主义的形体错位，维吉尼亚·伍尔芙和乔伊斯的意识流，以及贝尔格的无调主义。其中每一种在它初次问世时都是'难以理解'的。事实上，正如不少学者表明的那样，开头费解是现代主义的标志。它故作晦涩，采用陌生的形式，自觉地开展试验，并存心使观众不安——也就是使他们震惊、慌乱，甚至要像引导人皈依宗教那样改造他们。显然，这种费解的性质是强烈吸引初学者的根源，因为运用高深莫测的知识有如古代占星家和炼金术士念动咒语时的特别仪式，强化了那种凌驾于俗鄙与懵懂之上的统摄威力"②。也就是说无论现代主义在表现形式上有多

---

① 〔美〕W. V. 斯潘诺斯：《后现代文学及其机遇》，罗选民、刘有元译，见王岳川、尚水编：《后现代主义文化与美学》，北京大学出版社1992年版，第248—250页。
② 〔美〕丹尼尔·贝尔：《文化：现代与后现代》，赵一凡译，见王岳川、尚水编：《后现代主义文化与美学》，北京大学出版社1992年版，第1—2页。

混乱，多叛逆，但它在本质上依旧没有改变，它依旧遵循的是崇高的美学原则。

事实上，哈贝马斯与利奥塔——现代性与后现代性——的对抗，其争论的本质就在于，是否还存在着审美现代性。当然，哈贝马斯的"审美现代性"是等同于"现代主义"来使用的，就像袁可嘉当年将"审美现代性"与"现代主义"同义使用一样。什么是"审美现代性"？哈贝马斯做过清晰的阐述。他表示：

> 审美现代性的精神和规则在波德莱尔的作品中形成明显的轮廓，之后在各色先锋派运动中展开，最终在达达主义者聚会的伏尔泰咖啡馆和超现实主义中达到顶峰。审美现代性的特征是一致强调时间意识的变化。这种变化了的时间意识通过先锋之类的隐喻表达自己。先锋派对自己的理解是：勇闯未知的领域、敢于面对突如其来的、令人胆战的危险、去征服尚未被占有的未来。他们必须去探索那些尚未有人冒险涉足的领域。然而，这些摸索前进的努力，这种对朦胧不明的未来的预测，以及对新生事物的狂热崇拜，事实上暗含着拔高现在的意思。出现在伯格森哲学著作中的这种新的时间意识，表达的远不止于那种社会中变动不居的经验、历史中的加速感和日常生活中的不连续感。这种强调变化无常、难以捉摸、转瞬即逝和物力论的新价值揭示了一种对纯洁、稳定的现在的渴望。……我们看到那种打破历史连续性的无政府主义企图，也能够用这种新审美意识的破坏性力量来解释它。现代性反叛传统的那种规范性功能，它所依赖的是，反叛一切规范的经验，这种反叛是中和道德标准和功利标准的

一个途径。①

他说:"这种审美现代性的精神最近臻于成熟。它在60年代曾被再次采用,然而,我们应该承认,70年代之后,这种现代主义引起的反响比起15年前的确要微弱得多。""我们正在体验现代艺术观的终结。"尽管哈贝马斯一直强调"现代性的事业尚未完成",他将后现代性看作现代性的延续,但他也承认,布莱希特和本雅明关于艺术品失去光辉的讨论是有道理的,到20世纪60年代的时候,审美现代性(即现代主义,他在文中将审美现代性、现代主义混用)的确已经终结了。

相比较于哈贝马斯的纠结——他既要说明现代性尚未结束,又要证明审美现代性的确已出现了问题——利奥塔的立场更为明确。利奥塔在他的报告中详细地论证了后现代主义如何终结了"审美现代性"。如前所述,利奥塔把后现代主义带来的变革置于"叙事危机的范围内加以考察",他说"人们用它来指示我们眼下的文化处境:历经十九世纪末以来的多重变革,从科学、文学到艺术的游戏规则均已改换"。他认为,无论古典美学还是现代美学,无论现实主义抑或现代主义都一直遵循着"启蒙叙事","在这类叙事中,知识英雄是朝着理想的伦理——政治终端——宇宙的和谐迈进"。他说:"科学始终同叙事发生冲突,依照科学的标准来衡量,大部分叙事不过是寓言传说。但是,科学除了在陈述有用常规和追求真理方面可以不受限制,它仍然不得不证明自己游戏规则的合法性。于是它便制造出有关自身地位的合法性话语,即一种被叫作哲学的话语。我将使用现代一词来指示所有这一类

---

① 〔德〕于尔根·哈贝马斯:《现代性:一项尚未完成的事业》(上、下),行远译,《文艺研究》1994年第5、6期。

科学:它们依赖上述元话语来证明自己合法,而那些元话语又明确地援引某种宏伟叙事,诸如精神辩证法,意义阐释学,理性或劳动主体的解放,或财富创造的理论。"①而关于"后现代主义",他说,"用极简要的话说,我将"其"定义为针对元叙事的怀疑态度。这种不信任态度无疑是科学进步的产物,而科学进步反过来预设了怀疑。与合法化叙事构造瓦解的趋势相呼应,目前最突出的危机正发生在思辨哲学领域,以及向来依赖于它的大学研究部门。叙事功能正在失去它的运转部件,包括它伟岸的英雄主角,巨大的险情,壮阔的航程及其远大目标"②。这就是他说的"在当代社会与文化——即后工业社会和后现代文化之中","宏伟叙事总归已经失去了它的可信性质"。因此,相比较现代而言,"后现代应当是这样一种情形:在现代的范围内以表象自身的形式使不可表现之物实现出来;它本身也排斥优美形式的愉悦,排斥趣味的同一,因为那种同一有可能集体来分享对难以企及的往事的缅怀;它往往寻求新的表现,其目的并非是为了享有它们,倒是为了传达一种强烈的不可表现之感。后现代艺术家或作家往往置身于哲学家的地位:他写出的文本,他创作的作品在原则上并不受制于某些早先确定的规则,也不可能根据一种决定性的判断,并通过将普通范畴应用于那种文本或作品之方式,来对他们进行判断"③。

也由此,利奥塔能够清醒地认识到后现代文艺美学比照现代美学发生了深刻的变化,那么后现代主义美学的特征是什么呢?

---

① 〔法〕让-弗朗索瓦·利奥塔德:《后现代状态:关于知识的报告》,赵一凡译,见王岳川、尚水编:《后现代主义文化与美学》,北京大学出版社1992年版,第25页。
② 〔法〕让-弗朗索瓦·利奥塔德:《后现代状态:关于知识的报告》,赵一凡译,见王岳川、尚水编:《后现代主义文化与美学》,北京大学出版社1992年版,第26页。
③ 〔法〕让-弗朗索瓦·利奥塔德:《何谓后现代主义?》,王宁译,见王岳川、尚水编:《后现代主义文化与美学》,北京大学出版社1992年版,第52页。

利奥塔认为:"后现代主义是不同于现实主义、现代主义的一个历史时期";"后现代是一种精神,一套价值模式。它表征为:消解、去中心、非同一性、多元论、解'元话语'、解'元叙事';不满现状,不屈服于权威和专制,不对既定制度发出赞叹,不对已有成规加以沿袭,不事逢迎,专事叛逆;睥睨一切,蔑视限制;冲破范式,不断地创新……"[1] 因此,他说:

> 现代美学与后现代美学的区别在于:现代美学注重表现人对再现能力的无力感,以及伴此而生的以人性自由解放为主题去感受生命存在状况而引发的怀旧情绪。现代美学属于崇高的美学,它对那不可表现之物以无内容的形式表现出来。而后现代是在现代中,以表现自身的形式使不可表现之物表现出来。后现代不再追求形式的优美愉悦,不再凭借趣味上的共识,去达成对永难企及之物的缅怀。[2]

审美历险由一个伟大的现代叙事构成,而后现代主义的表现是"反审美",后现代主义的一切表现都询问:基于审美概念而敷设的诸范畴仍然可靠吗?就像丹尼尔·贝尔指出的那样:"现代性不断宣布新的美学、新的形式、新的风格。然而这些'主义'现在成了'明日黄花',所有的'主义'(isms)现在都成了'过时论'(wasms)。没有中心,只有边缘。"成为反审美,甚至反文化的后现代主义"鼓励文化渎神与信仰悼亡"。后现代主义"它反对

---

[1] 王岳川:《后现代主义文化逻辑(代序)》,见王岳川、尚水编:《后现代主义文化与美学》,北京大学出版社 1992 年版,第 25 页。
[2] 王岳川:《后现代主义文化逻辑(代序)》,见王岳川、尚水编:《后现代主义文化与美学》,北京大学出版社 1992 年版,第 24 页。

美学对生活的证明和反思,张扬非理性";"后现代主义打破了现代艺术的界限""艺术和生活的界限消失了";"后现代主义是一种视觉美学。视觉美学否定艺术的单一等级观念,视觉文化成为现代文化的重要方面。电影、电视、声音和景象造成的巨大冲击力、眩晕力,成为审美主导潮流。视觉艺术为现代人看见和想看见的事物提供了大量优越的机会,这与当代观众渴望行动、参与、追求新奇刺激、追求轰动效应相合拍。至此,传统艺术解体了"。[①] 更确切地说是"审美现代性"终结了。

总之,如果说波德莱尔和本雅明的"光晕消失"与"新的美学"原则尽管已经与传统的美学观有了区别,但至少它还在美学的自律原则之内,而后现代主义早已打破了所有边界,它不在乎所有与心灵相关的深层意义,它只追求纯粹的感官刺激与无深度的表象世界。后现代主义抨击传统艺术所保持的观念:艺术不是生活,因为生活是短暂的、变化的、偶然的,而艺术却是永恒的。波德莱尔说,艺术的一半是生活,另一半是永恒。后现代主义——抛弃了"永恒",只剩下"生活"。

[①] 王岳川:《后现代主义文化逻辑(代序)》,见王岳川、尚水编:《后现代主义文化与美学》,北京大学出版社1992年版,第9—10页。

余 论

从某种意义上说，整个20世纪中国学术思想史的脉络，都可以用所谓"西学东渐"一言以蔽之，中国知识分子和主流社会对于西学的热情，除特定的历史时期外，似乎少有间断。即便在"文革"十年中，我们在今天所能见到的知识界、文化界的知名人物的回忆文字中，也均能读到他们阅读西学典籍的故事。这就不难理解，当所谓"新时期"的闸门开放时，人们是以怎样的热情放眼世界、不知疲倦地译介西学典籍、思想和文化思潮的。

从本书所描述的历史脉络来看，"现代性"之进入中国学界，尤其是文艺和美学家的视野，在滥觞之初就暗含着一种"横向"的比较意识。此处所言的"横向比较"，既暗含了"中—西"两种文化传统、历史的比较，更突出地呈现出一种明确的"当下"意识，也就是说，了解西方文艺、美学的最新动向。"二周"作为中国现代文学、文化史上并峙而立的双峰，尤其是鲁迅，在20世纪中后期以来的中国文艺、美学乃至思想文化建构中，依然成为最重要的参照系之一。他们对于"现代性"的发现——不管是自觉的，还是无意间的，与其对西方文学、艺术思潮之新动向的关注，其实是相伴偕行的；此后尼采之"现代性"批判的译介，以及袁可嘉等现代派诗人对于"现代诗""现代主义"与"现代性"的张扬和诠释，虽然在具体理解和阐释"现代性"之内涵、外延上看似方枘圆凿，然而，这种对于"现代性"不约而同地关注，已然暗示出今后很长一段历史时期内关于中国文艺和美学界对于西方理论中的"现代性"问题的关注重心，那就是"新"，新的时代、新的社会构造、新的社会主体、新的经验以及在这种全新的土壤中所生发出来的新的文学、新的艺术。"十七年"文艺理论译介中的"现代性"被诠释为"社会主义现实主义"，被赋予激进的"革命"色彩和"人民性"意识形态内涵，也是从社会、历史之线性进化的视野所做的判断。这表明，现代文艺史三十年和新中国早期"十七年"的理论译介和建构中的"现代性"，挟带着激进的反传统锋芒，这与20世纪前期中国社会以"革命"为基调的整体性历史文化语境是一致的。"现代性"在这一历史时期内，似乎拥有先天的历史优越性，代表着历史挥别过往、辞旧迎新，向当下走来的趋势。甚至可以说，"现代性"具有了某种意识形态所具有的特征。我们看到，周作人对"人道主义"的标榜、鲁迅对"主体意识"的强调，甚至现代都市诗人们对于"现代主义"的狂热，都将他们所理解的"现代性"做了超历史的阐释。至于"十七年"中文艺理论译文中的"现代性"及其本土化阐释，更直接转换成为主流意识形态服务的理论工具。

这构成了新时期美学译文中"现代性"问题的基本历史背景。所不同的是，进入新时期以后，中国社会的历史基调，已经从"革命""建设"走向了"改革"。这必然影响人们对于外部思想、文化资源的选择。在"现代性"理论翻译、介绍最为集中的"三大丛书"中，能够明确地体会到强烈的反思意识，也就是反思20世纪前期中国的历史，甚至延续了"五四"以来对于整个中国文化传统的冷峻省察。这种反思和批判精神，借由文艺、美学、思想文化的形式呈现出来,集中反映到人们对于西方"现代性"理论资源的选择上。我们知道,新时期的西方美学思想、思潮和论著的引进、翻译、介绍,尤其是"现代性"理论的译介,并非遵循"现代性"这一学术话题在西方语境中自然生长的顺序和次第而来——其实,任何跨文化的交流都不可能严格遵循这一顺序,那我们就更有理由追问,为何在浩如烟海的有关"现代性"的讨论和争鸣的资料中,选择了这些文本?这自然与选择、翻译者本人的知识构成、学术兴趣有一定的关联,然而,当它参与到所谓"美学热""理论热""方法热"等的大潮中,并成为其突出症候时,这种学术旨趣的内在相似性就足以表露出其现实关切。于是我们看到,虽然,满怀憧憬地拥抱"现代性"的理论文本依然源源不断地被引进和介绍,但能够最大程度上反映出人们选择好尚的,却是那些反思、批判、质疑乃至全面消解"现代性"的观念、思潮。这与20世纪前期人们对"现代性"的热衷与痴迷形成了强烈的反差。所谓"现代性"概念的内涵,也逐渐拓展、延伸,直至容纳进自反性的意义。

如果暂时搁置诸多美学译文中"现代性"概念具体内涵的差异,而从纵向的整体加以反思,我们大概可以承认,所谓"现代性"已然成为一个开放性、生长性的语义场了,其外延几乎无所不包,想完整地呈现,几乎是不可能的,反而会使有此企图的人陷入语言和意义的泥淖。要大致描述所谓"现代性"的轮廓,唯一可行的办法,就是从其内涵、意义的发生基点上加以考察,那就是"现代"。具体而言,是指文艺复兴、启蒙运动以来西方社会在社会形态、思想哲学、文艺风貌、美学观念等各个层面所呈现出的"现代"症候——它有可能是"现代的",也有可能是"反现代"的,但无一例外,都被贴上了"现代性"的标签。这就是说，从"时间"这一维度来看，不管在何种意义上使用"现代性"这一概念，历史线性进化论还是与此相反，都构成了"现代性"意义最根本的生长点。相对于"古典"而言，"现代性"几乎无须论证自身。尽管人们在"现代性"反思中已经警惕到"现代性"之意识形态化的危险，但谁又能跳脱自身的"现代"立场呢？毕竟，我们都生活在一种现代的语境中。从这种意义上说，所谓的"后现代主义"或曰"后现代性"，乃是"现代性"经过历史的沉淀之后又一次华丽的借尸还魂。当"后现代"的碎片化、解构性思维广泛延伸到文学、艺术、思想、学术等各个领域甚至人们的日常生活中时，这又何尝不是"后现代主义"或"后现代性"在消解了"现代性"的意识形态之魅后又一次的自我赋魅？

"现代性"问题之所以最先为文学、艺术领域所关注，最集中地反映到美学译文中来，并非偶然。与历史上的每一次时代变革，如魏晋、晚明、"五四"等相似，整个社会的蜕变或革新，似乎总是以人的感性和审美活动之异动为征兆的。在古典美学观念中，"感性"虽被视为"低级的"认识世界的方式，"美学"也呈现出一种超越感性、"回归"理性的理论诉求，但是，感性毕竟是人类体验、感受世界最为直接、敏感的方式。"现代性"之所以为美学研究领域所注意并标举出来，就在于人类在感性、体验的层面最先表达出了对于"现代"这一新的社会形态的敏感。中国知识界在高度紧张的"革命""建设"和"改革"的历史征程中，之所以对美学、"现代性"问题念兹在兹，恐怕就在于此。这似乎延续了自轴心时代以来的中西先哲们一贯地、不约而同地将审美活动与人生、社会相关联的做法，因此，我们在新时期美学译文中有关"现代性"的译介与讨论中，看到了有关传统与现代、东方与西方、地域性与全球化、当下与未来、美学与社会实践、都市、环境、人口、市场经济、消费文化等一系列宏大理论和现实命题，这些都远远超出了所谓"美学"的学科范畴，其中所暴露出的问题和弊端，也远非"美学"所能解决的，其之所以进入美学家和美学工作者们的视野，原因就在于美学能够从最根本的层面给出自己的见解和回应。

关于现有的"现代性"译文的言说，其实远远没有到结束时候，甚至可能恰恰才刚刚开始。如果我们把研究对象的范围略略放宽——在时间上适度延长的话，越来越多的理论家就会进入我们的视野：福柯、阿多诺、伯格、霍克海默、鲍曼、卡里内斯库、吉登斯、阿瑟·丹托、沃尔夫冈·韦尔施、戴维·哈维、布迪厄、比格尔、泰勒、德里达、维特根斯坦……他们充满锐度和社会关切度的思想以及理论的斑驳与交互回响，混淆了"现代性"的辨识度也构成了"现代性"理论的丰富性。后新时期、新世纪的美学译文中的"现代性"概念呈现出更为复杂多元的景观，后现代、全球化、意识形态、社会图景交织在一起，甚至当"后现代社会、后工业社会"也渐成一个过时的术语，人们越来越热衷于讨论创意经济、技术美学、智能城市这些话题的时候，"现代性"仿佛又有新的美学原则可以讨论。

附 录
（以作品出版/发表时间排序）

一、"现代性"译文（1918—1992）

〔英〕W. B. 特里狄斯著，周作人译：《陀思妥夫斯奇之小说》，《新青年》1918年第4卷第1号。

〔日〕三木清著，卢勋译：《尼采与现代思想》，《时事类编》1935年第3卷第20期。

〔意〕Guglielmo Ferrero著，景明译：《现代的不安》，《真知学报》1942年第1卷第6期。

〔英〕史班特著，袁可嘉译：《释现代诗中底现代性》，《文学杂志（1937年）》1948年第3卷第6期。

〔苏联〕斯·卡夫坦诺夫著，江文译：《全力改进高等学校中马克思—列宁主义基本知识的讲授》，《人民教育》1950年第2期。

〔苏联〕伊·聂斯齐耶夫著，高学源译：《人民性与现代性》，《音乐译文》1955年第3期。

〔苏联〕盖·胡鲍夫著，张伯藩译：《音乐与现代性：论苏联音乐的发展问题》，《音乐译文》1955年第5期。

〔苏联〕K. 朱波夫著，江帆译：《小剧院与斯坦尼斯拉夫斯基体系》，《电影艺术译丛》1956年第2期。

〔苏联〕艾德林著，郭应阳译：《关于毛主席的诗文创作》，

《华南师院学报》(社会科学)1959年第2期。

〔苏联〕B.斯卡捷尔希科夫著，佟景韩译:《修正主义者反现实主义的十字军东征》，《美术研究》1959年第1期。

〔苏联〕伊林著，刘骥译:《寓意和象征》，《美术研究》1959年第2期。

〔苏联〕A.库卡尔金著，李溪桥译:《卓别林与现代性》，《电影艺术》1959年第2期。

〔苏联〕斯别什涅夫著，李溪桥译:《电影剧作与现代性:苏联代表斯别什涅夫同志的报告》，《电影艺术》1959年第3期。

〔苏联〕德·尼古拉也夫著，邹正译:《文学和现代性》，《学术译丛》1959年第3期。

〔苏联〕亚历山德罗夫斯卡雅著，张守慎译:《这里也有我们的过错》，《戏剧报》1960年第1期。

〔苏联〕波·特洛非莫夫:文学和艺术中的现代性，《学术译丛》1960年第6期。

〔荷兰〕阿尔-卡西姆著，沈允译:《我们研究的结果:辞典编写和评价的标准》，《辞书研究》1979年第2期。

〔法〕埃内贝勒著，徐昭译:《"戈达尔艺术"的美学革命》，《电影艺术译丛》1980年第6期。

〔美〕艾兹拉·庞德著，老安、张子清译:《回顾》，《诗探索》1981年第4期。

〔苏联〕М.Ф.奥伏先尼柯夫著，吴兴勇译:《评A.A.巴仁诺娃:〈俄国美学思想和现代〉》，《现代外国哲学社会科学文摘》1982年第8期。

〔日〕川越敏孝著，陈弘译:《"现代化"和"近代化"》，《中国翻译》1983年第5期。

〔英〕英克尔斯、史密斯著，冯凭译：《怎样衡量人的现代性》，《现代外国哲学社会科学文摘》1983年第12期。

〔苏联〕安德列耶夫著，周启超译：《二十世纪艺术美学探索》，《文艺理论研究》1984年第1期。

〔法〕N.格里马尔迪著，新慰译：《哲学的当前趋势》，《国外社会科学》1984年第7期。

〔苏联〕M.罗姆著，富澜译：《艺术中的现代性》，《世界电影》1985年第1期。

〔法〕蒂洛·夏伯特著，姜其煌、润之译：《现代性与历史》，《第欧根尼》1985年第1期。

〔苏联〕瓦·卡达耶夫著，汀化译：《深远的过去，无限的未来：同记者斯·塔罗希娜谈创作》，《苏联文学》1985年第5期。

〔美〕尼·布朗著，郝大铮、陈犀禾译：《中国近在咫尺》，《世界电影》1986年第1期。

〔美〕埃布雷著，袁惠松译：《晚近传统中国的家庭生活》，《现代外国哲学社会科学文摘》1986年第2期。

〔法〕波德莱尔著，王小箭、顾时隆译：《现代生活的画家》，《世界美术》1986年第1期。

〔英〕戴维·洛奇著，陈先荣译：《现代小说的语言：隐喻与转喻》，《文艺理论研究》1986年第4期。

〔匈牙利〕伊芙特·皮洛著，崔君衍译：《世俗神话：日常生活领域的亲电影性》，《世界电影》1987年第1期。

〔美〕D.贝尔著，子华译：《对现代性的反抗》，《国外社会科学》1987年第2期。

〔美〕鲍勃·努恩、克里斯·洛克编，玛瑞译：《什么是艺术？》，《美苑》1987年第1期。

〔苏联〕B.日丹著,于培才、富澜译:《继承与探索》,《世界电影》1987年第3期。

〔苏联〕Л.科兹洛夫著,白嗣宏译:《形式与传统》,《世界电影》1987年第3期。

〔瑞士〕J.科能-胡特尔著,殷才译:《后工业社会和都市的社交形式》,《国外社会科学》1987年第3期。

〔法〕J.-M.费里著,江小平译:《现代化与协商一致》,《国外社会科学》1987年第6期。

〔比利时〕埃德蒙·拉达尔著,阿劳译:《危机与文明》,《第欧根尼》1987年第1期。

〔澳大利亚〕K-w.布兰特著,姜晓辉译:《新社会运动:一种超政治的挑战》,《国外社会科学》1987年第9期。

〔美〕R.科林斯著,晓新译:《八十年代的社会学毫无生气吗?》,《国外社会科学》1987年第9期。

〔法〕G.巴朗迪埃著,江小平译:《1966—1986年的意识形态》,《国外社会科学》1987年第11期。

〔法〕A.贝古尼乌著,江小平译:《经得起现代性考验的社会主义思想》,《国外社会科学》1987年第11期。

〔法〕J.-F.利奥塔尔:《关于"后现代"一词的正确用法:J.-F.利奥塔尔答记者问》,《国外社会科学》1987年第11期。

〔巴西〕弗兰西斯科·德·奥里维拉著,冯炳昆译:《巴西的政治与社会科学:1964—1985年》,《国际社会科学杂志》(中文版)1988年第1期。

〔美〕格雷戈里·克莱斯著,新蔚译:《大众文化和世界文化:论"美国化"和文化保护主义政策》,《第欧根尼》1988年第1期。

〔法〕让·戈东著,罗芄译:《具体的诗和总体的诗》,《国外文学》1988年第2期。

〔苏联〕列夫·罗沙利著,吴泽林译:《历史的现实性和现实性的历史》,《世界电影》1988年第2期。

〔美〕D. G. 希契纳、C. 莱维著,曹哲译:《发展与现代化》,《国外社会科学》1988年第2期。

〔印度〕A. 南迪著,薛彦平译:《社会变迁的文化结构》,《国外社会科学》1988年第2期。

〔美〕D. 卡尔著,陆建申、曾清宙译:《过去的将来:论历史时间的语义学》,《现代外国哲学社会科学文摘》1988年第6期。

〔美〕Ch. 伯格著,吴芬译:《艺术的消失:后现代主义争论在美国》,《国外社会科学》1988年第7期。

〔英〕史蒂文·康纳著,刘艳秋译:《作为历史的现代派和后现代派》,《黄淮学刊》(社会科学版)1989年第1期。

〔美〕西里尔·E. 布莱克著,杨豫译:《现代化与政治发展》,《国外社会科学》1989年第4期。

〔美〕G. L. 安德森著,曲跃厚、陈启华译:《和平理论研究的哲学基础》,《国外社会科学》1989年第4期。

〔英〕A. 阿莱托、J. 科恩著,夏光译:《市民社会与社会理论》,《国外社会科学》1989年第7期。

〔瑞典〕马茨·弗里贝格、比约恩·黑特内著,陈思译:《地区性动员与世界系统的政治》,《国际社会科学杂志》(中文版)1989年第3期。

〔美〕马吉德·拉尼玛著,冯炳昆译:《微观区域:其权力及其更新过程》,《国际社会科学杂志》(中文版)1989年第3期。

〔荷〕A. 里奇特尔斯著,夏光译:《现代性与后现代性的争论》,《国外社会科学》1989年第9期。

〔法〕E. G. 努扬著,高国希译:《作为谱系学的历史:富科的历史方法》,《国外社会科学》1989年第9期。

〔法〕克罗隆·弗隆提兹著,关键等译:《印象主义的太阳:艺术史和艺术史志》,《美术研究》1989年第3期。

〔美〕约翰·W. 墨菲著,新蔚译:《后现代主义对社会科学的现实意义》,《第欧根尼》1989年第2期。

〔瑞士〕简·玛丽科著,刘利圭译:《合法性和现代性:若干新定义》,《第欧根尼》1989年第2期。

〔法〕P. 迪尤斯著,智河译:《富科后期思想中的主体回归》,《国外社会科学》1990年第1期。

〔法〕阿兰·图雷纳著,程云平译:《现代性与文化特殊性》,《国际社会科学杂志》(中文版)1990年第1期。

〔美〕罗杰·沙特克著,刘明、杨波译:《现代派的贫困:师生对话录》,《文艺研究》1990年第1期。

〔美〕J. 马什著,黄书进译:《后现代主义对理性批判的悖论》,《国外社会科学》1990年第4期。

〔美〕R. S. 哈尔著,王爵兰译:《博帕尔之谜:现代技术、法律和价值准则的失败》,《国际社会科学杂志》(中文版)1990年第2期。

〔美〕A. 戈登著,黄育馥译:《现代化和发展的神话》,《国外社会科学》1990年第5期。

〔美〕B. 巴比奇著,文兵译:《从尼采到海德格尔的后美学观点》,《国外社会科学》1990年第6期。

〔美〕J. 安娜丝著,郑一明译:《麦金泰尔论传统》,《国外社会科学》1990年第6期。

〔法〕彼得·波尔著,阿劳译:《世纪的终结,"包罗万象风格"的终结？——现代艺术中的对象概念》，《第欧根尼》1990年第1期。

〔美〕J. C. 亚历山大著，未名译：《社会理论与20世纪的理性之梦》，《国外社会科学》1990年第8期。

〔美〕T. 罗克莫尔著，郭小平译：《现代性与理性：哈贝马斯与黑格尔》，《国外社会科学》1991年第1期。

〔苏联〕Е. Д. 鲁特凯维奇著，由之译：《贝格尔与现象社会学》，《国外社会科学》1991年第1期。

〔美〕金·莱文著，薛林译：《告别现代派》，《美苑》1991年第1期。

〔美〕R. 麦金尼著，丁信善、张立译：《后现代主义的起源》，《国外社会科学》1991年第3期。

〔瑞士〕焦万尼·布西诺著，魏丁译：《社会学，有缺陷的科学》，《第欧根尼》1991年第1期。

〔苏丹〕H. A. 埃尔-塔依布著，李志更译：《行政管理的现代化》，《国外社会科学》1991年第9期。

〔美〕B. 兰格著，博凡译：《评〈批判理论、马克思主义与现代性〉》，《国外社会科学》1991年第9期。

〔苏联〕谢·福罗洛夫著，张洪模译：《历史与现代》，《人民音乐》1991年第11期。

〔以色列〕S. N. 艾森斯塔德著，晓良译：《论传统社会、现代社会和后现代社会》，《国外社会科学》1991年第12期。

〔美〕L. 杰泽斯基著，陈晖译：《空间政治学：评〈后现代地理学〉和〈后现代性的条件〉》，《国外社会科学》1992年第1期。

〔美〕T. S. 希布斯著，曾乐译：《〈超越后现代思想〉述评》，《国外社会科学》1992年第1期。

〔美〕M. J. 夏皮罗著,李黎译:《政治经济学与欲望》,《国外社会科学》1992年第2期。

〔美〕詹·纳尔摩尔著,龚文声、李迅译:《作者的名分和电影批评的文化政治学》,《世界电影》1992年第3期。

〔德〕斯特凡·布罗伊尔著,仕琦译:《文明的结局:埃利亚斯与现代性》,《国际社会科学杂志》(中文版)1992年第2期。

〔美〕K. 曼佐著,侯宏勋译:《现代主义学说与发展理论的危机》,《国外社会科学》1992年第5期。

〔美〕A. 鲍尔格曼著,孟庆时译:《结束与过渡》,《哲学译丛》1992年第6期。

〔法〕米歇尔·福舍著,阿劳译:《文学与丧失魔力的世界》,《第欧根尼》1992年第1期。

〔智利〕诺伯托·莱希纳著,陈思译:《寻找失去的共同体:民主在拉美遇到的挑战》,《国际社会科学杂志》(中文版)1992年第3期。

〔美〕菲什曼著,杨健译:《新型的美国城市》,《现代外国哲学社会科学文摘》1992年第8期。

〔捷克〕米兰·昆德拉著,唐晓渡译:《六十三个词》,《文艺理论研究》1992年第6期。

二、贡布里希译著 / 文

〔英〕冈布里奇著,周彦译:《艺术与幻觉:绘画再现的心理研究》,湖南人民出版社1987年版。

〔英〕冈布里奇著,党晟、康正果译:《艺术的历程》,陕西人民美术出版社1987年版。

〔英〕贡布里希著,杨思梁、徐一维译:《秩序感:装饰艺术的心理学研究》,浙江摄影出版社 1987 年版。

〔英〕贡布里希著,林夕等译:《艺术与错觉:图画再现的心理学研究》,浙江摄影出版社 1987 年版。

〔英〕冈布里奇著,卢晓华、赵汉平译:《艺术与幻觉》,工人出版社 1988 年版。

〔英〕贡布里希著,范景中译:《艺术发展史:艺术的故事》,天津人民美术出版社 1988 年版。

〔英〕贡布里希著,范景中等译:《图像与眼睛:图画再现心理学的再现研究》,浙江摄影出版社 1989 年版。

〔英〕贡布里希著,范景中编选:《艺术与人文科学:贡布里希文选》,浙江摄影出版社 1989 年版。

〔英〕贡布里希著,范景中等译:《理想与偶像:价值在历史和艺术中的地位》,上海人民美术出版社 1989 年版。

〔英〕贡布里希著,杨思梁、范景中编选:《象征的图像:贡布里希图像学文集》,上海书画出版社 1990 年版。

〔英〕贡布里希著,徐一维译:《木马沉思录:艺术理论文集》,北京大学出版社 1991 年版。

〔英〕贡布里希著,杨思梁、徐一维译:《秩序感:装饰艺术的心理学研究》,浙江摄影出版社 1991 年版。

〔英〕冈布里奇著,马文启、平野译:《世界美术之旅》,辽宁美术出版社 1991 年版。

〔英〕E. H. 贡布里希著,范景中等译:《理想与偶像:价值在历史和艺术中的地位》,上海人民美术出版社 1998 年版。

〔英〕E. H. 贡布里希著,杨思梁等译:《艺术与科学:贡布里希谈话录和回忆录》,浙江摄影出版社 1998 年版。

〔英〕贡布里希著,范景中译:《艺术的故事》,生活·读书·新知三联书店 1998 年版。

〔英〕贡布里希著, 范景中译:《艺术发展史: 艺术的故事》, 天津人民美术出版社 1998 年版。

〔英〕E. H. 贡布里希著, 范景中等译:《秩序感: 装饰艺术的心理学研究》, 湖南科学技术出版社 1999 年版。

〔英〕E. H. 贡布里希著, 林夕等译:《艺术与错觉: 图画再现的心理学研究》, 湖南科学技术出版社 1999 年版。

〔英〕E. H. 贡布里希著, 李本正、范景中译:《文艺复兴: 西方艺术的伟大时代》, 中国美术学院出版社 2000 年版。

〔英〕恩·贡布里希著, 张荣昌译:《写给大家的简明世界史: 从远古到现代》, 广西师范大学出版社 2003 年版。

〔英〕贡布里希著, 范景中译:《艺术发展史:"艺术的故事"》, 天津人民美术出版社 2006 年版。

〔英〕贡布里希著, 范景中译:《艺术的故事》, 广西美术出版社 2008 年版。

〔英〕恩斯特·贡布里希著, 张荣昌译:《写给大家的简明世界史: 从远古到现代》, 广西师范大学出版社 2009 年版。

〔英〕克里斯滕·利平科特、翁贝托·艾柯、贡布里希著, 刘研、袁野译:《时间的故事》, 中央编译出版社 2010 年版。

〔英〕E. 根布瑞区著, 迟轲译:《产生现代艺术的一些因素》,《美术译丛》1982 年第 3 期。

〔英〕贡布里希著, 沈慧伟译:《从文字的复兴到艺术改革: 尼科利和布鲁内莱斯基》,《美术译丛》1983 年第 3 期。

〔英〕贡布里希著, 默一译:《古代希腊的美术》,《美术译丛》1984 年第 1 期。

〔英〕贡布里希著, 柳柳译:《文艺复兴时期的美术理论及风景画的兴起》,《美术译丛》1984 年第 1—2 期。

〔英〕贡布里希著,范景中译:《〈维纳斯的诞生〉的图像学研究》,《美术译丛》1984 年第 2 期。

〔英〕贡布里希著,宋潆译,范景中校:《图像学的目的和范围》,《美术译丛》1984 年第 3—4 期。

〔英〕贡布里希著,潘耀、陈虹译:《黑格尔的方法论对西方美术史论研究的影响》,《美术译丛》1984 年第 4 期。

〔英〕贡布里希著,林夕译,那佳校:《现代美学文选:论艺术再现》,《美术译丛》1985 年第 1 期。

〔英〕贡布里希著,劳诚烈译,范景中校:《规范和形式——美术史上的风格范畴及其在文艺复兴观念中的起源》,《美术译丛》1985 年第 2 期。

〔英〕贡布里希著,范景中译:《沃尔夫林的艺术批评两极法》,《美术译丛》1985 年第 2 期。

〔英〕贡布里希著,林夕、木易、恺几译:《实验性美术——西方二十世纪前半叶的美术》,《美术译丛》1985 年第 3 期。

〔英〕贡布里希著,姚晶静、范景中译:《木马沉思录——论艺术形式的根源》,《美术译丛》1985 年第 4 期。

〔英〕贡布里希著,越城译:《抽象艺术的流行》,《新美术》1986 年第 1 期。

〔英〕贡布里希著,子黟译,那佳校:《论艺术的程式和经验》,《美术译丛》1986 年第 1 期。

〔英〕贡布里希著,蒋明明、温时幸译:《波普尔的方法论和艺术理论》,《美术译丛》1986 年第 1 期。

〔英〕贡布里希著,邱建华译:《文艺复兴时期的艺术发展观及其影响》,《美术译丛》1986 年第 1 期。

〔英〕贡布里希著，欧阳英译：《风格主义：史料编纂的基本情况》，《美术译丛》1986年第1期。

〔英〕贡布里希著，叶小红、汪小明译：《皮革马利翁的力量》，《美术译丛》1986年第1期。

〔英〕贡布里希著，列勃译：《论观画者的任务》，《美术译丛》1986年第1期。

〔英〕贡布里希著，任荣译：《从再现到表现——论康斯坦布尔》，《美术译丛》1986年第1期。

〔英〕贡布里希著，姚晶静译：《视觉艺术的规范及价值——与昆廷·贝尔的通信》，《美术译丛》1986年第1期。

〔英〕贡布里希著，曹意强译：《印度的美术》，《美术译丛》1986年第1、3期。

〔英〕贡布里希著，振濂、思梁译：《心理学和风格之谜》，《新美术》1986年第2期。

〔英〕贡布里希著，杨成凯、林夕译：《漫画实验》，《美术译丛》1986年第2期。

〔英〕贡布里希著，邹予夥译：《论希腊艺术的革新》，《美术译丛》1986年第2—3期。

〔英〕贡布里希著，樊小明译：《光、形和质感——十五世纪阿尔卑斯山南北绘画的比较》，《美术译丛》1986年第2期。

〔英〕贡布里希著，章利国译：《错觉与视觉僵持》，《美术译丛》1986年第2期。

〔英〕贡布里希著，江伟强译：《精神分析与艺术史》，《美术译丛》1986年第2期。

〔英〕贡布里希著，徐一维、彭力群译：《弗洛伊德的美学理论》，《美术译丛》1986年第2期。

〔英〕贡布里希著，黄继功译：《古典艺术传统的两面价值（论艾比·瓦尔堡的文化心理学）》，《美术译丛》1986年第2期。

〔英〕贡布里希著，曹意强译：《艺术的研究和人的研究——与克里斯合作的回忆》，《美术译丛》1986年第2期。

〔英〕贡布里希著，刘迟译：《艺术中的视觉发现》，《美术译丛》1986年第2期。

〔英〕贡布里希著，河清译：《图像和常规：习惯在图像再现中的范畴及界限》，《美术译丛》1986年第2期。

〔英〕贡布里希著，周晓康译：《常识的传统》，《美术译丛》1986年第2期。

〔英〕贡布里希著，杨思梁译：《艺术与人文科学的交汇》，《美术译丛》1986年第2期。

〔英〕贡布里希著，樊小明译：《光、形和质感——十五世纪阿尔卑斯山南北绘画的比较》，《美术译丛》1986年第3期。

〔英〕贡布里希著，劳诚烈译：《批评在文艺复兴艺术中的影响：文章与轶事》，《美术译丛》1986年第3期。

〔英〕贡布里希著，欧阳英译：《"仿古"风格：模仿与同化》，《美术译丛》1986年第3期。

〔英〕E. H.冈布里奇著，周彦译：《艺术中视觉的分析》，《世界美术》1986年第3、4期，1987年第1期。

〔英〕贡布里希著，邹莹译：《艺术和自我超越》，《新美术》1986年第4期。

〔英〕贡布里希著，宋忠权、吴幼牧译，潘耀昌校：《美术与学术》，《美术译丛》1987年第2期。

〔英〕贡布里希著，范景中译：《真实与艺术套式》，《美术译丛》1987年第2期。

〔英〕冈布里奇著，李维琨译:《样式主义：编史工作的背景资料》,《世界美术》1987年第2期。

〔英〕贡布里希著，杨思梁译:《〈新发明〉：东方的发明，西方的反应》,《新美术》1987年第4期。

〔英〕贡布里希著，潘耀昌译:《浪漫主义时代的形象和艺术》,《美术译丛》1987年第4期。

〔英〕贡布里希著，王之光译:《表现与交流》,《美术译丛》1988年第2期。

〔英〕贡布里希著，徐一维、王玮译:《贡布里希谈话录》,《美术译丛》1988年第4期。

〔英〕E. H. 贡布里希著，殷企平译:《古代修辞学中对原始艺术的辩论》,《美术译丛》1988年第4期。

〔英〕E. H. 贡布里希著，陈亦尚译:《原始性及其在艺术中的价值（一）：对腐败的恐惧》,《美术译丛》1988年第4期。

〔英〕E. H. 贡布里希著，鄢小凤译:《原始性及其在艺术中的价值（二）：潮流的转变》,《美术译丛》1988年第4期。

〔英〕E. H. 贡布里希著，彭力群译:《原始性及其在艺术中的价值（三）：图案优先》,《美术译丛》1988年第4期。

〔英〕E. H. 贡布里希著，张洁译:《原始性及其在艺术中的价值（四）：知识之树》,《美术译丛》1988年第4期。

〔英〕E. H. 贡布里希著，陈文娟译:《五十年前维也纳的艺术史和心理学》,《美术译丛》1988年第4期。

〔英〕E. H. 贡布里希著，王之光译:《漫画家的武库》,《美术译丛》1988年第4期。

〔英〕E. H. 贡布里希著，潘英来译:《归属鉴别术：一种微妙的评析》,《美术译丛》1988年第4期。

〔英〕E. H. 贡布里希著，劳诚烈译：《艺术中的进化》，《美术译丛》1988年第4期。

〔英〕E. H. 贡布里希著，李本正译：《希腊的艺术》，《美术译丛》1988年第4期。

〔英〕E. H. 贡布里希著，徐一维译：《中国山水画》，《美术译丛》1988年第4期。

〔英〕E. H. 贡布里希著，张洁译：《十七世纪荷兰的油画和地图绘制：评阿尔珀斯的〈描绘性艺术〉》，《美术译丛》1988年第4期。

〔英〕E. H. 贡布里希著，徐一维译：《欧文·潘诺夫斯基（1892年3月30日—1968年3月14日）》，《美术译丛》1989年第1期。

〔英〕恩·汉·贡布里希著，陈刚林译：《艺术科学》，《世界美术》1989年第1期。

〔英〕贡布里希著，王为民译：《手段和目的：对湿壁画历史的反思》，《新美术》1990年第3期。

〔英〕贡布里希著，钱一非译：《莱奥纳尔多·达·芬奇》，《新美术》1990年第3期。

〔英〕贡布里希著，亦尚译：《莱奥纳尔多论绘画科学——评〈绘画论〉》，《新美术》1990年第3期。

〔英〕贡布里希著，彭定鼎译：《论艺术中的傲慢与成见》，《新美术》1991年第1期。

〔英〕贡布里希著，王彤译：《20世纪艺术中的图像和词语》，《新美术》1991年第3期。

〔英〕贡布里希：《象征的图像象征的哲学及其对艺术的影响》，《新美术》1991年第4期。

〔英〕贡布里希著，徐文曦译：《文艺复兴：时期还是运动》，

《新美术》1992 年第 3 期。

〔英〕贡布里希:《批评家为何缩手缩脚》,《美术观察》1996 年第 1 期。

〔英〕贡布里希著,周小英译:《艺术中的主客观性和趣味问题》,《新美术》1997 年第 4 期。

〔英〕贡布里希著,胡荣发译:《艺术的黎明:肖伟岩洞,世界已知最古壁画》,《新美术》1998 年第 2 期。

〔英〕贡布里希著,范景中译:《博物馆的过去,现在和未来》,《新美术》1999 年第 3 期。

〔英〕贡布里希著,曹意强译:《"艺术史之父"读 G. W. F. 黑格尔（1770—1831）的〈美学讲演录〉》,《新美术》2002 年第 3 期。

〔美〕迈耶尔·夏皮罗、〔美〕H. W. 詹森、〔英〕E. H. 贡布里希著,常宁生译:《欧洲艺术史的分期标准》,《南京艺术学院学报》（美术与设计）2005 年第 1 期。

〔英〕E. H. 贡布里希著,郑弋译:《巫、神话及隐喻:对讽刺画的思考》,《美术观察》2005 年第 12 期。

〔英〕贡布里希著,梅娜芳译:《博物馆应当是活跃的吗?》,《新美术》2006 年第 3 期。

〔英〕E. H. 贡布里希著,郑弋译:《涂鸦、移情和无意识》,《美术观察》2007 年第 2 期。

〔英〕贡布里希著,王晶译:《招贴画设计的大师盖姆斯:一本展览目录的前言》,《新美术》2007 年第 5 期。

〔英〕E. H. 贡布里希著,潘中华译:《从考古学到艺术史:罗马式艺术重新发现的几个阶段》,《新美术》2008 年第 5 期。

〔英〕E. H. 贡布里希著,万木春译:《周年纪念的历史:时间、数字与符号》,《新美术》2009 年第 4 期。

〔英〕E. H. 贡布里希著，李本正译，范景中校：《严阵以待的人文学科：大学处于危急中》，《新美术》2009 年第 4 期。

三、詹明信译著 / 文

〔美〕弗·杰姆逊讲演，唐小兵译：《后现代主义与文化理论：弗·杰姆逊教授讲演录》，陕西师范大学出版社 1986 年版。

〔美〕弗雷德里克·詹姆逊著，钱佼汝、李自修译：《语言的牢笼：马克思主义与形式》，百花洲文艺出版社 1995 年版。

〔美〕弗·杰姆逊著，唐小兵译：《后现代主义与文化理论：杰姆逊讲演》，北京大学出版社 1997 年版。

〔美〕詹明信著，张旭东编，陈清桥等译：《晚期资本主义的文化逻辑：詹明信批评理论文选》，生活·读书·新知三联书店 1997 年版。

〔美〕弗雷德里克·詹姆逊著，钱佼汝、李自修译：《语言的牢笼：结构主义及俄国形式主义述评马克思主义与形式：20 世纪文学辨证理论》，百花洲文艺出版社 1997 年版。

〔美〕弗雷德里克·詹姆逊著，王逢振译：《时间的种子》，漓江出版社 1997 年版。

〔美〕弗雷德里克·詹姆逊著，陈永国译：《布莱希特与方法》，中国社会科学出版社 1998 年版。

〔美〕弗雷德里克·詹姆逊著，王逢振等译：《快感：文化与政治》，中国社会科学出版社 1998 年版。

〔美〕弗雷德里克·詹姆逊著，王逢振、陈永国译：《政治无意识：作为社会象征行为的叙事》，中国社会科学出版社 1999 年版。

〔美〕弗雷德里克·詹姆逊著，胡亚敏等译：《文化转向》，中国社会科学出版社 2000 年版。

〔美〕弗雷德里克·杰姆逊著，〔美〕三好将夫编，马丁译：《全球化的文化》，南京大学出版社 2002 年版。

〔美〕F. R. 詹姆逊著，王逢振主编：《詹姆逊文集：第 1 卷 新马克思主义；第 2 卷 批评理论和叙事阐释；第 3 卷 文化研究和政治意识；第 4 卷 现代性、后现代性和全球化；第 5 卷：论现代主义文学》，中国人民大学出版社 2004 年（第 1—4 卷）、2010 年第 5 卷。

〔美〕弗雷德里克·詹姆逊著，王逢振、王亚丽译：《单一的现代性》，天津人民出版社 2005 年版。

〔美〕弗雷德里克·詹姆逊著，王逢振译：《时间的种子》，江苏教育出版社 2006 年版。

〔美〕弗雷德里克·杰姆逊著，李永红译：《晚期马克思主义：阿多诺，或辩证法的韧性》，南京大学出版社 2008 年版。

〔美〕弗雷德里克·詹姆逊著，王逢振、王亚丽译：《单一的现代性》，中国人民大学出版社 2009 年版。

〔美〕弗雷德里克·詹姆逊著，钱佼汝、李自修译：《语言的牢笼》，百花洲文艺出版社 2010 年版。

〔美〕詹明信著，行远译：《现实主义、现代主义、后现代主义》，《文艺研究》1986 年第 3 期。

〔美〕杰姆逊著，唐小兵译：《后现代主义：商品化和文化扩张——访杰姆逊教授》，《读书》1986 年第 3 期。

〔美〕弗雷德里克·杰姆逊著，张京媛译：《处于跨国资本主义时代中的第三世界文学》，《当代电影》1989 年第 6 期。

〔美〕弗雷德里克·杰姆逊著，张旭东译：《雅克·拉康的"幻想"、"符号"与意识形态批评的主体位置》，《当代电影》1990 年第 2 期。

〔美〕弗雷德里克·詹姆逊著，孙盛涛、徐良译：《鲁迅：一个中国文化的民族寓言——第三世界文本新解》，《鲁迅研究月刊》1993年第4期。

〔美〕弗·R.杰姆逊著，李迅译：《电影中的魔幻现实主义》，《世界电影》1994年第4期。

〔美〕F.杰姆逊著，张旭东译：《"政治"、"美学"与马克思主义的创造性》，《文艺理论研究》1996年第6期。

〔美〕詹明信著，张旭东译：《理论的历史性》，《读书》1996年第8期。

〔美〕弗里德里克·詹姆逊著，王则译：《论现实存在的马克思主义》，《马克思主义与现实》1997年第1期。

〔美〕弗·詹姆逊著，王逢振译：《反乌托邦与后现代》，《南方文坛》1997年第3期。

〔美〕弗雷德里克·詹姆逊：《后现代主义中的旧话重提》，《华中师范大学学报》（哲学社会科学版）1997年第6期。

〔美〕弗雷德里克·詹姆逊著，陈永国译：《论作为哲学问题的全球化》，《外国文学》2000年第3期。

〔美〕弗雷德里克·詹姆逊著，胡亚敏译：《后现代的诸种理论》，《外国文学》2001年第1期。

〔美〕弗里德里克·詹姆逊著，刘春荣译：《全球化与政治策略》，《当代国外马克思主义评论》2001年第9期。

〔美〕弗雷德里克·詹姆逊著，王逢振译：《论全球化的影响》，《马克思主义与现实》2001年第5期。

〔美〕弗雷德里克·詹姆逊著，王逢振译：《论全球化和文化》，《南方文坛》2002年第2期。

〔美〕弗雷德里克·詹姆逊著，胡亚敏译：《马克思主义与后现代主义》,《马克思主义与现实》2002 年第 2 期。

〔美〕弗雷德里克·詹姆逊:《"当前时代的倒退"》,《中华读书报》2002 年 8 月 14 日。

〔美〕弗雷德里克·杰姆逊著,张旭东译:《现代性的幽灵》,《文汇报》2002 年 8 月 10 日。

〔美〕詹明信著,张敦敏译:《回归"当前事件的哲学"》,《读书》2002 年第 12 期。

〔美〕弗雷德里克·詹姆逊著,王丽亚译:《对现代性的重新反思》,《文学评论》2003 年第 1 期。

〔美〕弗雷德里克·詹姆逊著,孟登迎译:《新版〈列宁和哲学〉导言》,《国外理论动态》2003 年第 1 期。

〔美〕弗雷德里克·詹姆逊著,王逢振译:《全球化和政治策略》,《江西社会科学》2004 年第 3 期。

〔美〕杰姆逊著,曾艳兵译:《马克思主义与乌托邦思想》,《东方论坛(青岛大学学报)》2004 年第 4 期。

〔美〕詹姆逊:《詹姆逊题词》,《当代国外马克思主义评论》2004 年第 4 期。

〔美〕弗雷德里克·詹姆逊著,张旭东译:《现代性的神话:当前时代的反动》,《当代国外马克思主义评论》2004 年第 4 期。

〔美〕弗雷德里克·詹姆逊著,陈永国译:《全球化与赛博朋克》,《文艺报》2004 年 7 月 15 日。

〔美〕詹姆逊著,郝素玲、郭英剑译:《再现全球化论》,《郑州大学学报》(哲学社会科学版)2004 年第 5 期。

〔美〕詹姆逊著,胡亚敏、李恒田译:《批评的历史维度》,《华中师范大学学报》(人文社会科学版)2004 年第 5 期。

〔美〕弗雷德里克·詹姆逊著,王逢振译:《论全球化的再现问题》,《外国文学》2005年第1期。

〔美〕弗雷德里克·詹姆逊著,王逢振译:《什么是辩证法》,《西北师大学报》(社会科学版)2005年第5期。

〔美〕弗雷德里克·詹姆逊著,王逢振译:《乌托邦作为方法或未来的用途》,《马克思主义与现实》2007年第5期。

〔美〕弗雷德里克·詹姆逊著,王逢振译:《"现时乌托邦"和"多种多样的乌托邦"》,《华中师范大学学报》(人文社会科学版)2008年第3期。

〔美〕弗雷德里克·詹姆逊著,杨慧译:《马克思主义辨析》,《国外理论动态》2010年第4期。

四、《美学译文丛书》(共49种)

〔美〕乔治·桑塔耶纳著,缪灵珠译:《美感——美学大纲》,中国社会科学出版社1982年版。

〔美〕苏珊·朗格著,滕守尧、朱疆源译:《艺术问题》,中国社会科学出版社1983年版。

〔美〕鲁道夫·阿恩海姆著,滕守尧、朱疆源译:《艺术与视知觉:视觉艺术心理学》,中国社会科学出版社1984年版。

〔意〕贝尼季托·克罗齐著,王天清译:《作为表现的科学和一般语言学的美学的历史》,中国社会科学出版社1984年版。

〔苏联〕列·斯托洛维奇著,凌继尧译:《审美价值的本质》,中国社会科学出版社1984年版。

〔英〕克莱夫·贝尔著,周金环、马钟元译:《艺术》,中国社会科学出版社1984年版。

〔美〕托马斯·门罗著,石天曙、滕守尧译:《走向科学的美学》,中国文艺联合出版公司1984年版。

〔德〕席勒著，徐恒醇译：《美育书简》，中国文艺联合出版公司1984年版。

〔苏联〕莫伊谢依·萨莫伊洛维奇·卡冈著，凌继尧译：《美学和系统方法》，中国文艺联合出版公司1985年版。

〔法〕米盖尔·杜夫海纳著，孙非译：《美学与哲学》，中国社会科学出版社1985年版。

〔苏联〕A.齐斯著，彭吉象译：《马克思主义美学基础》，中国文联出版公司1985年版。

〔英〕罗宾·乔治·科林伍德著，王至元、陈华中译：《艺术原理》，中国社会科学出版社1985年版。

〔苏联〕鲍列夫著，乔修业、常谢枫译：《美学》，中国文联出版公司1986年版。

〔美〕李普曼著，邓鹏译：《当代美学》，光明日报出版社1986年版。

〔美〕苏珊·朗格著，刘大基、傅志强、周发祥译：《情感与形式》，中国社会科学出版社1986年版。

〔匈牙利〕卢卡契著，徐恒醇译：《审美特性》（第一卷），中国社会科学出版社1986年版。

〔美〕V.C.奥尔德里奇著，程孟辉译：《艺术哲学》，中国社会科学出版社1986年版。

〔美〕鲁道夫·阿恩海姆著，滕守尧译：《视觉思维：审美直觉心理学》，光明日报出版社1986年版。

〔波兰〕奥索夫斯基著，于传勤译：《美学基础》，中国文联出版公司1986年版。

〔奥〕弗洛伊德著，张唤民、陈伟奇译：《弗洛伊德论美文选》，知识出版社1987年版。

〔俄罗斯〕瓦·康定斯基著，查立译:《论艺术的精神》，中国社会科学出版社 1987 年版。

〔日〕今道友信等著，崔相录、王生平译:《存在主义美学》，辽宁人民出版社 1987 年版。

〔美〕D. C. 霍埃著，兰金仁译:《批评的循环:文史哲解释学》，辽宁人民出版社 1987 年版。

〔美〕H. G. 布洛克著，滕守尧译:《美学新解:现代艺术哲学》，辽宁人民出版社 1987 年版。

〔德〕H. G. 伽达默尔著，王才勇译:《真理与方法:哲学解释学的基本特征》，辽宁人民出版社 1987 年版。

〔德〕W. 沃林格著，王才勇译:《抽象与移情——对艺术风格的心理学研究》，辽宁人民出版社 1987 年版。

〔美〕S. 阿瑞提著，钱岗南译:《创造的秘密》，辽宁人民出版社 1987 年版。

〔美〕E. 潘诺夫斯基著，傅志强译:《视觉艺术的含义》，辽宁人民出版社 1987 年版。

〔瑞士〕H. 沃尔夫林著，潘耀昌译:《艺术风格学——美术史的基本概念》，辽宁人民出版社 1987 年版。

〔英〕H. 里德著，王柯平译:《艺术的真谛》，辽宁人民出版社 1987 年版。

〔德〕H. R. 姚斯、〔美〕R. C. 霍拉勃著，周宁、金元浦译:《接受美学与接受理论》，辽宁人民出版社 1987 年版。

〔法〕罗兰·巴特著，董学文、王葵译:《符号学美学》，辽宁人民出版社 1987 年版。

〔德〕玛克斯·德索著，兰金仁译:《美学与艺术理论》，中国社会科学出版社 1987 年版。

〔日〕今道友信著，周浙平、王永丽译：《美的相位与艺术》，中国文联出版公司1988年版。

〔法〕马塞尔·马尔丹著，吴岳添、赵家鹤译：《电影作为语言》，中国社会科学出版社1988年版。

〔法〕让·保罗·萨特著，褚朔维译：《想象心理学》，光明日报出版社1988年版。

〔美〕H.加登纳著，兰金仁译：《艺术与人的发展》，光明日报出版社1988年版。

〔美〕C. J.杜卡斯著，王柯平译：《艺术哲学新论》，光明日报出版社1988年版。

〔法〕梅吉奥著，怀宇译：《列维·斯特劳斯的美学观》，中国社会科学出版社1990年版。

〔波兰〕沃拉德斯拉维·塔塔科维兹著，杨力、耿幼壮等译：《古代美学》，中国社会科学出版社1990年版。

〔意〕沃尔佩著，王柯平、田时纲译：《趣味批判》，光明日报出版社1990年版。

〔英〕卡里特著，苏晓离译：《走向表现主义的美学》，光明日报出版社1990年版。

〔美〕H.加登纳著，兰金仁译：《智能的结构》，光明日报出版社1990年版。

〔美〕尼尔森·古德曼著，褚朔维译：《艺术语言》，光明日报出版社1990年版。

〔美〕理查德·乌尔海姆著，傅志强、钱岗南译：《艺术及其对象》，光明日报出版社1990年版。

〔匈牙利〕卢卡契著，徐恒醇译：《审美特性》（第二卷），中国社会科学出版社1991年版。

〔波兰〕塔塔科维兹著，褚朔维译：《中世纪美学》，中国社会科学出版社 1991 年版。

〔德〕伊瑟尔著，金元浦、周宁译：《阅读活动：审美反应理论》，中国社会科学出版社 1991 年版。

〔法〕梅洛·庞蒂著，刘韵涵译：《眼与心——梅洛·庞蒂现象学美学文集》，中国社会科学出版社 1992 年版。

五、《走向未来》丛书（译著 25 种）

〔美〕F. 卡普拉著，灌耕编译：《现代物理学与东方神秘主义》，四川人民出版社 1983 年版。

〔美〕丹尼斯·米都斯等著，李宝恒译：《增长的极限：罗马俱乐部关于人类困境的研究报告》，四川人民出版社 1983 年版。

〔美〕道格拉斯·霍夫斯塔特著，乐秀成改写：《GEB：一条永恒的金带》，四川人民出版社 1984 年版。

〔美〕阿历克斯·英格尔斯著，殷陆君编译：《人的现代化：心理·思想·态度·行为》，四川人民出版社 1984 年版。

〔美〕朱利安·林肯·西蒙著，黄江南、朱嘉明编译：《没有极限的增长》，四川人民出版社 1985 年版。

〔美〕爱德华·奥尔本·威尔逊著，李昆峰编译：《新的综合：社会生物学》，四川人民出版社 1985 年版。

〔德〕韦德里希、哈格著，郭志安、姜璐、沈小峰编译：《定量社会学》，四川人民出版社 1985 年版。

〔美〕小拉尔夫·弗·迈尔斯主编，杨志信、葛明浩译：《系统思想》，四川人民出版社 1986 年版。

〔日〕森岛通夫著，胡国成译：《日本为什么"成功"：西方的技术和日本的民族精神》，四川人民出版社 1986 年版。

〔德〕马克斯·韦伯著,黄晓京、彭强译:《新教伦理与资本主义精神》,四川人民出版社 1986 年版。

〔奥〕弗洛伊德、里克曼选编,贺明明译:《弗洛伊德著作选》,四川人民出版社 1986 年版。

〔美〕R. K. 默顿著,范岱年、吴忠、蒋校东译:《十七世纪英国的科学、技术与社会》,四川人民出版社 1986 年版。

〔美〕约瑟夫·阿·勒文森著,刘伟、刘丽、姜铁军译:《梁启超与中国近代思想》,四川人民出版社 1986 年版。

〔匈牙利〕亚诺什·科尔内著,崔之元、钱铭金译:《增长、短缺与效率:社会主义经济的一个宏观动态模型》,四川人民出版社 1986 年版。

〔美〕艾尔·巴比著,李银河编译:《社会研究方法》,四川人民出版社 1987 年版。

〔美〕肯尼思·阿罗著,陈志武、崔之元译:《社会选择与个人价值》,四川人民出版社 1987 年版。

〔英〕查理斯·帕希·斯诺著,陈恒六、刘兵译:《对科学的傲慢与偏见:查理斯·帕希·斯诺演讲集》,四川人民出版社 1987 年版。

〔英〕弗兰克·帕金著,刘东、谢维和译:《马克斯·韦伯》,四川人民出版社 1987 年版。

〔苏联〕И. Д. 科瓦利琴科主编,闻一、肖吟译:《计量历史学》,四川人民出版社 1987 年版。

〔美〕麦克斯韦·约翰·查尔斯沃斯著,田晓春译:《哲学的还原:哲学与语言分析》,四川人民出版社 1987 年版。

〔美〕胡格韦尔特著,白桦、丁一凡编译:《发展社会学》,四川人民出版社 1987 年版。

〔美〕C. E. 布莱克，段小光译：《现代化的动力》，四川人民出版社 1988 年版。

〔以色列〕约瑟夫·本·戴维著，赵佳苓译：《科学家在社会中的角色》，四川人民出版社 1988 年版。

〔美〕阿瑟·奥肯著，王忠民、黄清译：《平等与效率：重大的权衡》，四川人民出版社 1988 年版。

〔荷兰〕C. A. 范坡伊森著，刘东、谢维和译：《维特根斯坦哲学导论》，四川人民出版社 1988 年版。

六、《文化：中国与世界》丛书（《现代西方学术文库》第一批共 36 种）

〔德〕尼采著，周国平译：《悲剧的诞生：尼采美学文选》，生活·读书·新知三联书店 1986 年版。

〔日〕堺屋太一著，黄晓勇、韩铁英、刘大洪译：《知识价值革命》，生活·读书·新知三联书店 1987 年版。

〔法〕萨特著，陈宣良等译，杜小真校：《存在与虚无》，生活·读书·新知三联书店 1987 年版。

〔瑞士〕荣格著，冯川、苏克译：《心理学与文学》，生活·读书·新知三联书店 1987 年版。

李幼蒸选编：《结构主义和符号学：电影理论译文集》，生活·读书·新知三联书店 1987 年版。

〔奥地利〕卡尔·波普尔著，纪树立编译：《科学知识进化论——波普尔科学哲学选集》，生活·读书·新知三联书店 1987 年版。

〔德〕马丁·海德格尔著，陈嘉映、王庆节译：《存在与时间》，生活·读书·新知三联书店 1987 年版。

〔德〕马克斯·韦伯著,于晓译:《新教伦理与资本主义精神》,生活·读书·新知三联书店1987年版。

〔美〕理查·罗蒂著,李幼蒸译:《哲学和自然之镜》,生活·读书·新知三联书店1987年版。

〔德〕戈特洛布·弗雷格等著,涂纪亮主编:《语言哲学名著选辑(英美部分)》,生活·读书·新知三联书店1988年版。

〔美〕露丝·本尼迪克特著,王炜等译:《文化模式》,生活·读书·新知三联书店1988年版。

〔法〕托多洛夫著,王东亮、王晨阳译:《批评的批评:教育小说》,生活·读书·新知三联书店1988年版。

〔德〕恩斯特·卡西尔著,于晓等译:《语言与神话》,生活·读书·新知三联书店1988年版。

〔法〕罗兰·巴尔特著,李幼蒸译:《符号学原理:结构主义文学理论文选》,生活·读书·新知三联书店1988年版。

〔美〕埃·弗洛姆著,孙依依译:《为自己的人》,生活·读书·新知三联书店1988年版。

〔德〕H.R.耀斯、伊泽尔等著,刘小枫选编:《接受美学译文集》,生活·读书·新知三联书店1989年版。

〔德〕瓦尔特·本雅明著,张旭东、魏文生译:《发达资本主义时代的抒情诗人》,生活·读书·新知三联书店1989年版。

〔俄罗斯〕维克托·什克洛夫斯基等著,方珊等译:《俄国形式主义文论选》,生活·读书·新知三联书店1989年版。

〔瑞士〕J.皮亚杰著,尚新建、杜丽燕、李浙生译:《生物学与认识:论器官调节与认识过程的关系》,生活·读书·新知三联书店1989年版。

〔美〕丹尼尔·贝尔著,赵一凡、蒲隆译:《资本主义文化矛盾》，生活·读书·新知三联书店 1989 年版。

〔法〕萨特著，潘培庆译：《词语》，生活·读书·新知三联书店 1989 年版。

〔美〕哈罗德·布鲁姆著，徐文博译：《影响的焦虑》，生活·读书·新知三联书店 1989 年版。

〔奥地利〕弗洛伊德著，李展开译：《摩西与一神教》，生活·读书·新知三联书店 1989 年版。

〔美〕埃里希·弗罗姆著，关山译：《占有还是生存：一个新社会的精神基础》，生活·读书·新知三联书店 1989 年版。

〔美〕塞缪尔·P.亨廷顿著，王冠华、刘为译：《变化社会中的政治秩序》，生活·读书·新知三联书店 1989 年版。

〔俄罗斯〕列夫·舍斯托夫著，董友、徐荣庆、刘继岳译：《在约伯的天平上》，生活·读书·新知三联书店 1989 年版。

〔德〕马尔库塞著，李小兵译：《审美之维：马尔库塞美学论著集》，生活·读书·新知三联书店 1989 年版。

〔加〕布鲁斯·炊格尔著，蒋祖棣、刘英译：《时间与传统》，生活·读书·新知三联书店 1991 年版。

〔美〕伯纳德·巴伯著，顾昕等译：《科学与社会秩序》，生活·读书·新知三联书店 1991 年版。

〔法〕雅克·马利坦著，刘有元、罗选民译：《艺术与诗中的创造性直觉》，生活·读书·新知三联书店 1991 年版。

〔瑞士〕荣格著，成穷、王作虹译：《分析心理学的理论与实践——塔维斯托克讲演》，生活·读书·新知三联书店 1991 年版。

〔英〕维特根斯坦著，范潮、范光棣译：《哲学研究》，生活·读书·新知三联书店 1992 年版。

〔德〕尼采著，周红译：《论道德的谱系》，生活·读书·新知三联书店 1992 年版。

〔美〕伊恩·P. 瓦特著，高原、董红钧译：《小说的兴起——笛福、理查逊、菲尔丁研究》，生活·读书·新知三联书店 1992 年版。

〔荷〕泰奥多·德布尔著，李河译：《胡塞尔思想的发展》，生活·读书·新知三联书店 1995 年版。

〔俄罗斯〕尼·别尔嘉耶夫著，雷永生、邱守娟译：《俄罗斯思想：十九世纪末至二十世纪初俄罗斯思想的主要问题》，生活·读书·新知三联书店 1995 年版。

参考文献

（以作品出版／发表时间排序）

一、专著

鲁迅研究室编：《鲁迅研究资料》，文物出版社 1977 年版。

中国社会科学院外国文学研究所编：《七十年代社会主义现实主义问题》，中国社会科学出版社 1979 年版。

徐葆耕：《西方文学：心灵的历史》，清华大学出版社 1990 年版。

王岳川：《后现代主义文化研究》，北京大学出版社 1992 年版。

王岳川、尚水编：《后现代主义文化与美学》，北京大学出版社 1992 年版。

袁可嘉：《欧美现代派文学概论》，上海文艺出版社 1993 年版。

周作人：《周作人日记（影印本）》，鲁迅博物馆藏，大象出版社 1996 年版。

熊伟：《自由的真谛——熊伟文选》，中央编译出版社 1997 年版。

汪晖：《汪晖自选集》，广西师范大学出版社 1997 年版。

王德威：《想象中国的方法：历史·小说·叙事》，生活·读书·新知三联书店 1998 年版。

刘小枫：《现代性社会理论绪论——现代性与现代中国》，上海三联书店1998年版。

汪行福:《走出时代的困境——哈贝马斯对现代性的反思》,上海社会科学出版社2000年版。

石元康:《从中国文化到现代性:典范转移?》,生活·读书·新知三联书店2000年版。

王中忱:《越界与想象:20世纪中国、日本文学比较研究论集》,中国社会科学出版社2001年版。

王一川:《中国现代性体验的发生》,北京师范大学出版社2001年版。

郜元宝选编:《尼采在中国》,上海三联书店2001年版。

乐黛云、李比雄主编:《跨文化对话》(7),上海文化出版社2001年版。

李陀、陈燕谷主编:《视界》(第8辑、第12辑),河北教育出版社2002年、2003年版。

牛宏宝:《西方现代美学》,上海人民出版社2002年版。

尹吉男:《独自叩门——近观中国当代文化与美术》,生活·读书·新知三联书店2002年版。

尹吉男:《后娘主义——近观中国当代文化与美术》,生活·读书·新知三联书店2002年版。

汪安民:《福柯的界限》,中国社会科学出版社2002年版。

刘进:《弗雷德里克·詹姆逊:文化诗学研究》,巴蜀书社出版社2003年版。

陈晓明主编:《后现代主义》,河南大学出版社2003年版。

张旭东:《批评的踪迹:文化理论与文化批评(1985—2002)》,生活·读书·新知三联书店2003年版。

汪民安、陈永国、张云鹏主编:《现代性基本读本》,河南出版社 2005 年版。

鲁迅：《鲁迅全集》，人民文学出版社 2005 年版。

余虹：《艺术与归家：尼采、海德格尔、福柯》，中国人民大学出版社 2005 年版。

张意：《文化与符号权利：布尔迪厄的文化社会学导论》，中国社会科学出版社 2005 年版。

焦熊屏：《法国电影新浪潮》，江苏教育出版社 2005 年版。

汪民安：《身体、空间与后现代性》，江苏人民出版社 2006 年版。

陈嘉明：《现代性与后现代性十五讲》，北京大学出版社 2006 年版。

查建英：《八十年代访谈录》，生活·读书·新知三联书店 2006 年版。

甘阳：《八十年代文化意识》，上海人民出版社 2006 年版。

费大为主编：《'85 新潮档案》，上海人民出版社 2007 年版。

王逢振：《交锋：21 位著名批评家访谈录》，上海人民出版社 2007 年版。

汪晖：《去政治化的政治：短 20 世纪的终结与 90 年代》，生活·读书·新知三联书店 2008 年版。

高名潞：《'85 美术运动》，广西师范大学出版社 2008 年版。

高名潞主编：《'85 美术运动历史资料汇编》，广西师范大学出版社 2008 年版。

巫鸿：《美术史十译》，生活·读书·新知三联书店 2008 年版。

巫鸿：《走自己的路——巫鸿论中国当代艺术家》，岭南美术出版社 2008 年版。

巫鸿：《作品与展场——巫鸿论中国当代艺术家》，岭南美术出版社 2008 年版。

邵大箴：《美术，穿越中西——邵大箴自选集》，首都师范大学出版社 2009 年版。

潘耀昌：《中国近现代美术史》，北京大学出版社 2009 年版。

叶舒宪：《现代性危机与文化寻根》，山东教育出版社 2009 年版。

秦晓：《当代中国问题：现代化还是现代性》，社会科学文献出版社 2009 年版。

吴晓明、邹诗鹏：《全球化背景下的现代性问题》，重庆出版社 2009 年版。

北岛、李陀：《七十年代》，生活·读书·新知三联书店 2009 年版。

尚辉、陈湘波主编，关山月美术馆编：《开放与传播——改革开放 30 年中国美术批评论坛文集》，广西美术出版社 2009 年版。

秦晓：《追问中国的现代性方案》，社会科学文献出版社 2010 年版。

焦雄屏：《法国电影新浪潮》，台湾麦田出版社 2010 年版。

许纪霖：《当代中国的启蒙与反启蒙》，社会科学文献出版社 2011 年版。

衣俊卿：《现代性的维度》，黑龙江大学出版社、中央编译出版社 2011 年版。

汪民安：《现代性》，南京大学出版社 2012 年版。

马立诚：《当代中国八种社会思潮》，社会科学文献出版社 2012 年版。

彭小妍：《浪荡子美学与跨文化现代性》，台湾联经出版社 2012 年版。

《读书》编辑部编:《启蒙之星辰(1979—1994):《读书》思想评论精粹》,生活·读书·新知三联书店 2012 年版。

张汝伦:《〈存在与时间〉释义》,上海人民出版社 2012 年版。

二、论文

梁启超:《进化论革命者颉德之学说》,《新民丛报》1902 年 10 月 16 日第 18 号。

守常(李大钊):《介绍哲人尼杰》,《晨钟报》1916 年 8 月 22 日。

〔英〕W. B. 特里狄斯著,周作人译:《陀思妥夫斯奇之小说》,《新青年》1918 年第 4 卷第 1 号。

周作人:《人的文学》,《新青年》1918 年第 5 卷第 6 号。

周作人:《小河》,《新青年》1919 年第 6 卷第 2 号。

施蛰存:《又关于本刊中的诗》,《现代》1934 年第 4 卷第 1 号。

〔日〕三木清著,卢勋译:《尼采与现代思想》,《时事类编》1935 年第 3 卷第 20 号。

袁可嘉:《新诗现代化——新传统的寻求》,《大公报·星期文艺》1947 年 3 月 30 日。

袁可嘉:《新诗现代化的再分析——技术诸平面的透视》,《大公报·星期文艺》1947 年 5 月 28 日。

〔英〕史班特著,袁可嘉译:《释现代诗中底现代性》,《文学杂志(1937 年)》1948 年第 3 卷第 6 号。

〔苏联〕伊·聂斯齐耶夫著,高学源译:《人民性与现代性》,《音乐译文》1955 年第 3 期。

〔苏联〕盖·胡鲍夫著,张伯藩译:《音乐与现代性——论苏联音乐的发展问题》,《音乐译文》1955 年第 5 期。

〔苏联〕K. 朱波夫著,江帆译:《小剧院与斯坦尼斯拉夫斯基体系》,《电影艺术译丛》1956年第2期。

王琦:《现代资产阶级的形式主义艺术》,《美术研究》1958年第1期。

〔苏联〕B. 斯卡捷尔希科夫著,佟景韩译:《修正主义者反现实主义的十字军东征》,《美术研究》1959年第1期。

〔苏联〕A. 库卡尔金著,李溪桥译:《卓别林与现代性》,《电影艺术》1959年第2期。

〔苏联〕伊林著,刘骥译:《寓意和象征》,《美术研究》1959年第2期。

〔苏联〕斯别什涅夫著,李溪桥译:《电影剧作和现代性:苏联代表斯别什涅夫同志的报告》,《电影艺术》1959年第3期。

〔苏联〕德·尼古拉也夫著,邹正译:《文学和现代性》,《学术译丛》1959年第3期。

〔苏联〕波·特洛非莫夫:《文学和艺术中的现代性》,《学术译丛》1960年第6期。

邵大箴:《西方现代美术流派简介》,《世界美术》1979年第1、2期。

〔德〕H. M. 格拉赫著,熊伟译:《评海德格尔的存在主义》,《哲学译丛》1979年第2期。

〔荷兰〕阿尔-卡西姆著,沈允译:《我们研究的结果——辞典编写和评价的标准》,《辞书研究》1979年第2期。

〔德〕J. 哈贝马斯:《哲学在马克思主义中的作用》,《哲学译丛》1979年第5期。

朱光潜:《从具体的现实生活出发还是从抽象概念出发》,《学术月刊》1979年第7期。

〔法〕克莱尔·克卢佐著,顾凌远、崔君衍译:《法国"新浪潮"和"左岸派"》,《电影艺术译丛》1980 年第 2 期。

〔法〕埃内贝勒著,徐昭译:《"戈达尔艺术"的美学革命》,《电影艺术译丛》1980 年第 6 期。

孙绍振:《新的美学原则在崛起》,《诗刊》1981 年第 3 期。

程代熙:《评〈新的美学原则在崛起〉——与孙绍振同志商榷》,《诗刊》1981 年第 4 期。

〔德〕J. 哈贝马斯:《何谓今日之危机?——论晚期资本主义中的合法性问题》,《哲学译丛》1981 年第 5 期。

洁泯:《读〈新的美学原则在崛起〉后》,《诗刊》1981 年第 6 期。

傅子玖、黄后楼:《认清方向,前进!——评〈新的美学原则在崛起〉及其他》,《诗刊》1981 年第 8 期。

王庆璠:《评"新的美学原则"》,《诗刊》1982 年第 3 期。

〔苏联〕M. Ф. 奥伏先尼柯夫著、吴兴勇译:《评 A. A. 巴仁诺娃:〈俄国美学思想和现代〉》,《现代外国哲学社会科学文摘》1982 年第 8 期。

郑伯农:《在"崛起"的声浪面前——对一种文艺思潮的剖析》,《诗刊》1983 年第 12 期。

〔法〕蒂洛·夏伯特著,姜其煌、润之译:《现代性与历史》,《第欧根尼》1985 年第 1 期。

〔苏联〕瓦·卡达耶夫著,汀化译:《深远的过去,无限的未来……》,《苏联文学》1985 年第 5 期。

〔美〕尼·布朗等著,郝大铮、陈犀禾译:《中国近在咫尺》,《世界电影》1986 年第 1 期。

〔法〕波德莱尔著,王小箭、顾时隆译:《现代生活的画家》,《世界美术》1986 年第 1 期。

甘阳:《传统、时间性与未来》,《读书》1986年第2期。

任新、欣悦:《〈走向未来〉丛书给我们什么启示》,《编辑学刊》1986年第4期。

〔英〕戴维·洛奇著,陈先荣译:《现代小说的语言:隐喻与转喻》,《文艺理论研究》1986年第4期。

傅世悌:《一切为了饥渴者和盗火者——对〈走向未来〉丛书的一点回顾和思考》,《出版工作》1986年第10期。

〔匈牙利〕伊·皮洛著,崔君衍译:《世俗神话:日常生活领域的亲电影性》,《世界电影》1987年第1期。

〔美〕R.科林斯著,晓新译:《八十年代的社会学毫无生气吗?》,《国外社会科学》1987年第9期。

熊伟:《"在"的澄明——谈谈海德格尔的〈存在与时间〉》,《读书》1987年第10期。

《关于"后现代"一词的正确用法——J.-F.利奥塔尔答记者问》,《国外社会科学》1987年第11期。

王宁:《弗洛伊德主义在中国现代文学中的影响与流变》,《北京大学学报》(哲学社会科学版)1988年第4期。

〔美〕D.卡尔著,陆建申、曾清宙译:《过去的将来:论历史时间的语义学》,《现代外国哲学社会科学文摘》1988年第6期。

周国平:《尼采与现代人的精神危机》,《中国青年报》1988年7月22日。

〔美〕Ch.伯格著,吴芬译:《艺术的消失:后现代主义争论在美国》,《国外社会科学》1988年第7期。

张旭东:《现代"文人"——本雅明和他笔下的波德莱尔》,《读书》1988年第11期。

〔荷〕A.里奇特尔斯著,夏光译:《现代性与后现代性的争论》,《国外社会科学》1989 年第 9 期。

〔法〕E. G. 努扬著,高国希译:《作为系谱学的历史:富科的历史方法》,《国外社会科学》1989 年第 9 期。

龙春:《〈走向未来〉命运如何?》,《中国图书评论》1990 年第 1 期。

〔德〕瓦·本亚明著,张旭东译:《机械复制时代的艺术作品》,《世界电影》1990 年第 1 期。

王宁:《西方文艺思潮与新时期中国文学》,《北京大学学报》(哲学社会科学版)1990 年第 4 期。

范景中、杨思梁:《贡布里希的图像学研究——〈象征的图像〉编者序》,《美术》1990 年第 5 期。

〔德〕T. 罗克莫尔著,郭小平译:《现代性与理性:哈贝马斯与黑格尔》,《国外社会科学》1991 年第 1 期。

王宁:《"弗洛伊德热"的冷却》,《文学自由谈》1991 年第 3 期。

孙津:《后什么现代,而且主义》,《读书》1992 年第 4 期。

陈华中:《对李泽厚主编的〈美学译文丛书〉的几点意见》,《文艺理论与批评》1992 年第 6 期。

陈晓明:《"新时期终结"与新的文学课题》,《文汇报》1992 年 7 月 8 日。

〔美〕S. A. 艾里克逊著,曹远溯译:《尼采与后现代性》,《哲学译丛》1993 年第 2 期。

李泽厚:《关于"美学译文丛书"》,《读书》1995 年第 8 期。

〔美〕弗雷德里克·詹姆逊著,陆扬译:《后现代主义中的旧话重提》,《华中师范大学学报》(哲学社会科学版)1997 年第 11 期。

〔美〕R. 沃林著,李瑞华译:《艺术与机械复制:阿尔多诺和本雅明的论争》,《国外社会科学》1998 年第 2 期。

〔美〕迈克尔·鲍德温、查理·哈里森、梅尔·兰斯顿著，易英译：《艺术史、艺术批评和解释》，《美术馆》网络版（广东美术馆出版）2001年第1期。

郭绍华：《1919—2000：波德莱尔在中国》，《绥化师专学报》2002年第3期。

赵一凡：《现代性的趋势》，《美术观察》2002年第6期。

王德胜：《视像与快感——我们时代日常生活的美学现实》，《文艺争鸣》2003年第6期。

雷达：《新世纪文学初论》，《文艺争鸣》2005年第3期。

赵和平：《张黎群和〈走向未来〉丛书》，《河南教育》（高校版）2005年第6期。

雷达：《新世纪文学：概念生成，关联性及审美特征》，《文艺争鸣》2006年第4期。

於可训：《从新时期文学到新世纪文学》，《文艺争鸣》2007年第2期。

程光炜：《一个被重构的"西方"：从"现代西方学术文库"看八十年代的知识范式》，《当代文坛》2007年第4期。

张志忠：《现代性理论与中国现当代文学研究转型》，《文艺争鸣》2009年第1期。

靳希平、李强：《海德格尔研究在中国》，《世界哲学》2009年第4期。

张未民：《"新世纪文学"的命名及其意义》，《文学评论》2009年第5期。

党圣元：《新世纪中国生态批评与生态美学的发展及其问题域》，《中国社会科学院研究生院学报》2010年第3期。

朱国华：《别一种理论旅行的故事——本雅明机械复制艺术理

论的中国再生产》,《文艺研究》2010年第11期。

徐友渔:《记忆犹新》,《经济观察报》2012年9月14日。

王富仁:《"现代性"辨正》,《北京师范大学学报》(社会科学版)2013年第5期。

三、译著

〔苏联〕卢那察尔斯基著,蒋路译:《卢那察尔斯基论文学》,人民文学出版社1978年版。

〔美〕L. J. 宾克莱著,马元德、陈白澄、王太庆等译:《理想的冲突——西方社会中变化着的价值观念》,商务印书馆1986年版。

〔美〕弗雷德里克·杰姆逊讲演,唐小兵译:《后现代主义与文化理论——杰姆逊教授讲演录》,陕西师范大学出版社1987年版。

〔法〕波德莱尔著,郭宏安译:《波德莱尔美学论文选》,人民文学出版社1987年版。

〔德〕马克斯·韦伯著,黄晓京、彭强译:《新教伦理与资本主义精神》,四川人民出版社1988年版。

〔美〕丹尼尔·贝尔著,赵一凡、蒲隆、任晓晋译:《资本主义文化矛盾》,生活·读书·新知三联书店1989年版。

〔美〕波德莱尔著,钱春绮译:《恶之花 巴黎的忧郁》,人民文学出版社1991年版。

〔美〕李欧梵著,毛尖译:《上海摩登——一种新都市文化在中国(1930—1945)》,北京大学出版社2001年版。

〔日〕酒井直树、〔日〕花轮由纪子主编,钱竞等译:《西方的幽灵与翻译的政治》,江苏教育出版社2002年版。

〔美〕马歇尔·伯曼著,徐大建、张辑译:《一切坚固的东西都烟消云散了：现代性体验》，商务印书馆 2003 年版。

〔美〕李欧梵讲演，季进编：《未完成的现代性》，北京大学出版社 2005 年版。

〔日〕柄谷行人著，赵京华译：《日本现代文学的起源》，生活·读书·新知三联书店 2006 年版。

〔德〕黑格尔著，王造时译：《历史哲学》，上海书店出版社 2006 年版。

〔法〕波德莱尔著，郭宏安译：《现代生活的画家》，浙江文艺出版社 2007 年版。

〔美〕阿瑟·丹托著，王春辰译：《艺术的终结之后——当代艺术与历史的界限》，江苏人民出版社 2007 年版。

〔美〕爱德华·W. 萨义德著，李自修译：《世界·文本·批评家》，生活·读书·新知三联书店 2009 年版。

〔美〕伊尔文·史东著，余光中译：《梵谷传》，台北九歌出版社 2009 年版。

〔美〕李欧梵：《现代性的追求》，人民文学出版社 2010 年版。

〔美〕让·克莱尔，何清译：《论美术的现状——现代性之批判》，广西师范大学出版社 2012 年版。

〔德〕瓦尔特·本雅明著，王涌译：《波德莱尔：发达资本主义时代的抒情诗人》，译林出版社 2012 年版。

四、外文文献

W. B. Trites, Dostoievsky, *The North American Review*, Vol. 202, No. 717 (Aug., 1915).

后　记

　　这篇书稿完成于2013年，由我的博士学位论文修订而成，直到如今付梓出版，时间已经过去了六年。六年改变的不止是日常生活中那些"坚固的东西"，就连"现代性"话语本身仿佛也要"烟消云散"了。那么我曾经付出辛苦对一个学术话题、一个概念进行长达几年的思考与实证，到底有什么意义？我没有明确的答案。

　　汇集在文中的这20万字，代表了我二十几年求学生涯的积累。最终能够得以呈现，实际上是恩师王确先生对我用心培养十五年的结果。学术研究是一件苦乐参半的事情，在写作的每一天，人都仿佛被弃置于微弱光线下困惑的柔性荒野中不停地反复质疑自己，又肯定自己。我对"学术"一词的认知是从先生亲自示范并指导我做一些最基础的工作开始的。怎样脚踏实地地搜寻、整理、考察文献资料；如何甘心耗费时日对版本、查阅时间、索书号进行记录和校阅。自2003年跟随先生攻读硕士学位起，这些严格而细致的训练，及最扎实的治学方法最终成了本书写作的基础。2007年秋，先生因腰椎手术，卧床整整五个月。我的博士论题的最初选定是在先生家中，彼时的情景永远铭刻在记忆里：先生腰间缠着厚厚的白色绷带仰卧在床上，四周摆满了触手可及的书。

由于无法翻身或侧卧，与人交谈很是辛苦，因此他只能盯着天花板与我商议问题。最终确定以"现代性"作为切入点讨论新时期美学文本的翻译研究，是因为当时在各个领域无处不遇"现代性"问题，审视中国学术与"现代性"的关系，考察中国现代性的历史具体性和欧美社会理论的关系是一件值得做的工作。后来我便一头扎进了浩如烟海的新时期美学译文中，但新时期以来庞大而复杂的理论体系给我的研究带来了重重困难，这使我一度陷入漫无边际的具体文本而看不清道路。在我的脑子里，该做的工作就像一片汪洋大海，它展现出了一种隐约可见的意念的壮阔和宏伟，但更多的是一知半解、模糊不清的图样、轮廓和计划。我的思想钻到这些作品中，不知道会不会再跳出来。越是试图返回历史现场照顾那些既遥远又新鲜的体验，越是深入理解相关人事的隐情，就越得不出结论；越是脚踏实地大量收集一手讯息，花费大量时间甄别与思考，事物的真相就越扑朔迷离。结论越发渐行渐远，视点越发四分五裂。一方面质疑那些人选用的词汇与陈旧的表达是否还具有现实意义；一方面又觉得他们就是时代的叙述人。要想快刀斩乱麻地将种种线索分开来，痛快地宣称，这就是故事的终局，居然如此困难。追随先生学习多年后，我才渐渐明白一个道理：天下的事在许多情况下并没有结论。事情越是重要，越是如此。人文学术研究的使命永远都不是要传递单一的结论，而在于传递完整的全景。只要突破混沌，亲赴历史现场脚踏实地调查，追寻历史的真实，再用许多时间，唤起感情的质地，经过灵魂积极向上的体验，用恳切的语言诚实地描写在那里逐渐看清的东西，也许就能诞生出有一丝半点价值的文章。这个时候也许我就可以说，"我觉得，我做的这个事情有某种意义"。

感谢先生将我的这本书纳入他的《中国现代美学史论丛书》，

让我有机会将此书献给那些年曾无私给予我关怀的人们。虽然它目前还看不到立竿见影的现实作用,当然我个人就更微不足道,于世间也几乎没有用处,但至少我觉得此时此刻我所做的这件事情,仿佛在与源自柏拉图那里并延绵至今的某种至关重要的事情有关。

感谢师母董胜捷女士,她关心我生活中遇到的所有的大事小情。师母是热爱生活之人,她甚至可以让一些枯燥乏味的工作也拥有一种简洁、精炼到极致的美感。是师母培养了我的效率意识和管理工作的能力,这与先生经由"做学问"一事予我在孤独的耐力和坚定的自信上的锻炼同等重要。

感谢清华大学中文系王中忱先生,先生推荐我去阅读萨义德的跨文化理论,为我的论文提供了方法论上的指导,这终使我察觉到了"现代性"概念游走于交叉地带的独特魅力;感谢台湾"中央研究院"的彭小妍女士在2010年夏季为我提供了"跨文化理论研习营"的学习机会,研习营上对当代艺术理论、波德莱尔及本雅明美学思想的讨论,是本文研究不可或缺的资源;感谢日本佛教大学李冬木先生在尼采哲学与现代性问题上的指教;感谢中国社会科学院的刘悦笛先生曾为我提供公开发表文章的机会。

感谢东北师范大学孙中田先生、刘雨先生、张未民先生、韩秋红女士、张文东先生、刘研女士、北京大学李洋先生在我博士论文开题及答辩中给予的鼓励和建议,多次得到各位老师的悉心教导与帮助,很多意见成了本书修改的方向。

感谢《工人日报》社孙德宏先生提醒我留意到一些相当有参考价值的论著和值得细究的问题;感谢鲁迅美术学院及云辉先生、东北师范大学金昕女士在日常生活中给予我的所有支持和爱护;感谢赵强、王丹、鄂霞、吴洋洋、符晓、谭笑晗、李英歌、孙华泽诸位同门在论文修校过程中提出的珍贵意见,以及在查索和下载资料方面协助甚力,谨致衷心谢忱。

最后,要感谢我挚爱的家人。我的父母,我的弟弟,他们包容了我在写作过程中所有的负面情绪。心疼我的辛苦,也批评我的倦怠。他们为我心无旁骛地读书提供了最优渥的环境,支持我做出的任何决定。

在求学的路上,有家人,有老师,也有伙伴,在个人层面上总是能够领受到温情和幸福,这对我至为宝贵。

2019 年 10 月 10 日